Gravitodynamik

Die Dynamik der Schwerkraftfelder

Von Materie und Antimaterie

von
Werner Traupe

Dipl.-Phys. Werner Traupe
Völkelstr.19
90596 Schwanstetten
Deutschland

E-Mail: werner.traupe@gmx.de

© Copyright 2014 by Werner Traupe
Herstellung und Verlag: BoD - Books on Demand, Norderstedt
ISBN 978-3-7357-4658-0

Dieses Werk ist urheberrechtlich geschützt. Alle Rechte des Drucks und der Vervielfältigung – oder von Teilen daraus – sind vorbehalten. Das gilt auch für Mikroverfilmung und die Vervielfältigung in elektronischen Systemen.

Gravitodynamik

INHALTSVERZEICHNIS

EINLEITUNG 5

A FELDKRÄFTE SCHWINGENDER MASSEN UND ELEKTRISCHER LADUNGEN 6

    A1 Retardierte Schwerkräfte schwingender Massen 7
    A2 Vergleich der Ergebnisse mit denen schwingender elektrischer Ladungen 8
    A3 Einführung einer negativen schweren Masse (Masse mit "negativer Schwere") und eines Schwerkraft-Magnetfeldes ("Gravitomagnetfeld") 11

B GRUNDLAGEN 15

    B1 Die negative Energiedichte des Schwerkraftfeldes G 15
    B2 Die Grundgleichungen für das Schwerkraftfeld G und das Gravitomagnetfeld X 17
        B2.1 Die Kontinuitätsgleichung und die Quellenfreiheit des Rotors von X. 19
        B2.2 Die Wellengleichung der Gravitationswellen 21
        B2.3 Die Lenz'sche Regel der Gravitodynamik 26
        B2.4 Energiebilanz bei Flussänderungen der Feldstärke X und deren negative Energiedichte 27
        B2.5 Die Kräfte und Drehmomente von Gravitomagneten 29
    B3 Der Energiesatz der Gravitodynamik 33
        B3.1 Energiebilanz periodisch schwingender Massen 34
        B3.2 Die Feld-Energiestromdichte im Schwerkraftfeld 36
    B4 Der Feldimpuls der Gravitodynamik 39
        B4.1 Maxwellscher Spannungstensor und der Impulssatz der Gravitodynamik 39
        B4.2 Der negative Feldimpuls einer gleichförmig bewegten schweren Masse und die Reduktion der Trägheit schwerer Massen 43
        B4.3 Die Trägheit von Massen und Kraftfeldern 50
        B4.4 Die spezifische Schwere und die Veränderlichkeit des Verhältnisses von schwerer zu träger Masse .. 53
        B4.5 Die gravitomagnetische Strahlungsleistung einer beschleunigten Masse 54
        B4.5.1 Die gravitomagnetische Strahlungsleistung einer harmonisch schwingenden Masse 55
        B4.5.2 Die gravitomagnetische Strahlungsleistung einer rotierenden Masse (gravitomagnetische Synchrotronstrahlung) 55
        B4.6 Die gravitomagnetische Strahlungsimpulskraft periodisch schwingender Massen 55
    B5 Gravitodynamik für Massen hoher Geschwindigkeit 59
        B5.1 G- und X-Feld einer gleichförmig mit hoher Geschwindigkeit bewegten Masse 59
        B5.2 Die Kräfte zweier bewegter Massen hoher Geschwindigkeit 59
        B5.3 Zeitdilatation einer relativistischen Schwerkraftpendeluhr 60

C GRAVITATIONSWELLEN HARMONISCH SCHWINGENDER MASSEN 63

    C1 Einführung eines Hilfsvektors Z für die Berechnung der Feldstärken X und G eines harmonisch schwingenden Schwerkraftdipols 63
    C 1.1 Berechnung der Schwerkraft-Magnetfeldstärke X 64
    C 1.2 Berechnung der Schwerkraftfeldstärke G 65
    C2 G- und X- Feld einer harmonisch schwingenden Masse positiver Schwere 66
    C3 G- und X-Feld in der Wellenzone und das Paradoxon der Gravitationswellen ... 67
    C4 Emission, Absorption und Reflexion von Gravitationswellen 69
    C5 Die Gesamtkraft zweier harmonisch schwingender Schwerkraft-Dipole bzw. Massen 70
    C6 Die Strahlungsimpulskraft zweier interferierende 73
    r harmonisch schwingender Schwerkraft-Dipole bzw. Massen 73
    C7 Sekundärstrahlung von schweren Massen und die geringe Wechselwirkung von Gravitationswellen mit Materie 73

D ANWENDUNGSBEISPIELE 78

    D1 Gravitomagnetische Strahlung beschleunigter Massen 78
    D1a Gravitomagnetische Strahlung schwingender und rotierender Körper und die gravitomagnetische Synchrotronstrahlung von Erde, Mond und Doppelsternen 78
    D1b Gravitomagnetische Strahlung von Sternen und ihr Energiezufluß aus dem Vakuum durch Gravitationswellen 79
    D1c Wechselwirkung von Photonen und Gravitonen der Sterne 82

D2 Das Gravitomagnetfeld von Spiralgalaxien 87
D3 Die differentielle Rotationsgeschwindigkeit von Galaxien 89
D4 Bestimmung der schweren Masse und des gravitomagnetischen Moments eines Galaxienzentrums 93
D5 Radius und Geschwindigkeit des Maximums und die Steilheit der Rotationskurve von Galaxien 95
D6 Anwendung der Ergebnisse auf die Andromeda-Galaxie 97
D7 Schwerkraft- und Gravitomagnetfeld schnell rotierender Galaxienzentren 102
D8 Der gravitomagnetische Mechanismus der Quasare und der Jets 104
D9 Gravitomagnetische Mechanismen der Pulsare 106
D10 Der Reduktionsfaktor der trägen Masse, der Virialsatz und die „Dunkle Materie" von Galaxienhaufen 109
D11 Die gravitomagnetische Induktion 112
D12 Die gravitomagnetische Lorentzkraft 114

E DIE EXISTENZ BIPOLARER SCHWERER MASSEN 116

E1 Das Impuls- und Divergenzproblem der Schwerkraft bei der Paarerzeugung 116
E2 Der Erhaltungssatz der Schwere und die hohe spezifische Schwere der Neutrinos 119
E3 Die bipolare Struktur der schweren Masse des Kosmos und seine Leerräume (Voids) 120
E4 Die Galaxienflucht 121
E5 Die Entstehung der bipolaren schweren Masse des Kosmos 121

F ANHANG: ELEKTRODYNAMIK 124

F1 Zeitlich gemittelte Gesamtkraft zweier harmonisch schwingender elektrischer Dipole 124
  F1.1 Gesamtkraft zweier longitudinal harmonisch schwingender elektrischer Dipole 126
  F1.2 Gesamtkraft zweier transversal harmonisch schwingender elektrischer Dipole 129
F2 Kraft auf schwingenden Dipol mit kompensierter negativer ruhender Ladung 132
F3 Gegenseitige Kräfte zweier stationärer elektrischer Dipole 133
  F3.1 Kräfte zweier stationärer, parallel zur x-Achse liegender elektrischer Dipole im Abstand a 134
  F3.2 Kräfte zweier stationärer, senkrecht zur x-Achse liegender elektrischer Dipole im Abstand a 134
F4 Gegenseitige Kräfte zweier stationärer magnetischer „Dipole" 135
F5 Strahlungsimpuls zweier interferierender elektrischer Dipole (Kontrollrechnung) 137
  F5.1 Dipole parallel (=) zur x-Achse (longitudinal) 138
  F5.2 Dipole senkrecht ($\perp$) zur x-Achse (transversal) 142

G ANHANG: GRAVITODYNAMIK 147

G1 Retardierte Schwerkräfte schwingender Massen 147
  G1.1 Zeitlich gemittelte Gesamtkraft zweier longitudinal harmonisch schwingender Massen 147
  G1.2 Zeitlich gemittelte Gesamtkraft zweier transversal harmonisch schwingender Massen 150
G2 Energiebilanz bei Flussänderungen der Feldstärke X und deren negative Energiedichte (vgl. auch Kap. B2.4) 153
  a) Virtuelle Arbeit der radialen gravitomagnetischen Gesamtkraft 153
  b) Virtuelle Arbeit der Schwerkraft-Umfangsfeldstärke 155
  c) Die negative Energiedichte des Schwerkraft-Magnetfeldes X 155
G 3 Der Feldtensor der Gravitodynamik, Lorentztransformation und gravitomagnetische Lorentzkraft 157

SACHVERZEICHNIS 159

Einleitung

Bei quasistatischen Vorgängen in der Physik gilt neben dem Energieerhaltungssatz das Gesetz von actio = reactio (**Impulserhaltungssatz**). Bei schnell veränderlichen Vorgängen, bei denen die Wirkung und Gegenwirkung von Kraftfeldern wegen ihrer endlichen Ausbreitungsgeschwindigkeit ("**Retardierung**") nicht mehr der Gesetzmäßigkeit von actio und reactio genügen können, werden in der vektoriellen Summe nicht verschwindende Gesamtkräfte beobachtet, die wegen des Impulserhaltungssatzes eine Existenz von Feld- bzw. Wellenimpuls erfordern. Ein Beispiel aus der Elektrotechnik soll dieses näher erläutern. Im Bild unten sind zwei mit einer Phasendifferenz von $\pi/2$ und gleicher Frequenz schwingende elektrische Antennendipole dargestellt, die einen Abstand von einem Viertel der Wellenlänge haben. Derartige Anordnungen werden in der Rundfunk- und Fernsehtechnik benutzt, um eine Richtwirkung der Sendeenergie zu erhalten.

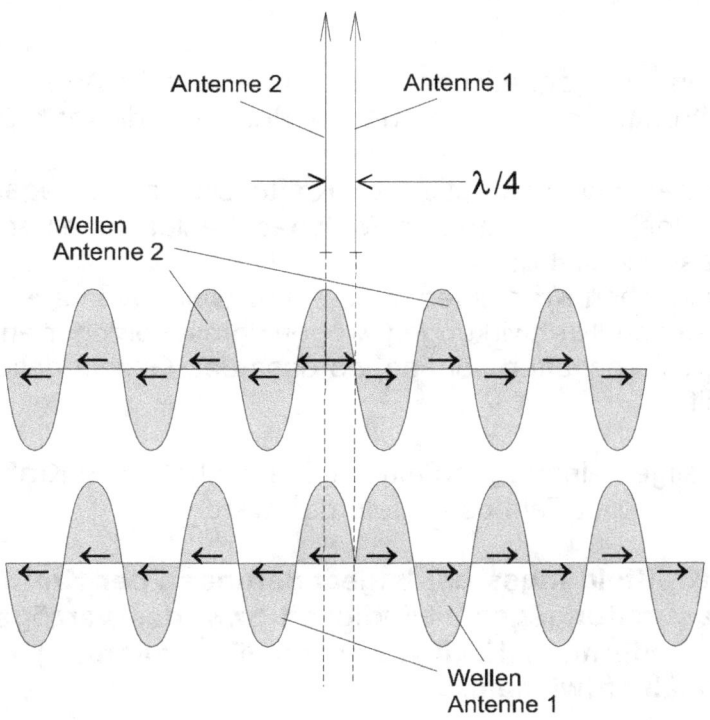

Dabei überlagern sich die Wellen beider Antennendipole: die Feldstärken addieren sich. Während sich die Felder nach links verstärken (Wellenberg und -tal sind in Phase. Phasendifferenz = 0), löschen sie sich nach rechts gegenseitig aus (Wellenberg der einen Antenne fällt mit dem Wellental der anderen zusammen. Phasendifferenz = π).

Wie das Interferenzbild der sich überlagernden Wellen in der Ausbreitungsebene senkrecht zu den Antennen aussieht, zeigt schematisch die Abbildung unten. Da die Wellen sich im Wesentlichen nach links ausbreiten, Wellenenergie und -impuls also überwiegend nach links gerichtet sind, muss aus Gründen der Impulserhaltung auf die Antennen im zeitlichen Mittel eine vektorielle Kraftsumme F_{el} nach rechts ausgeübt werden.

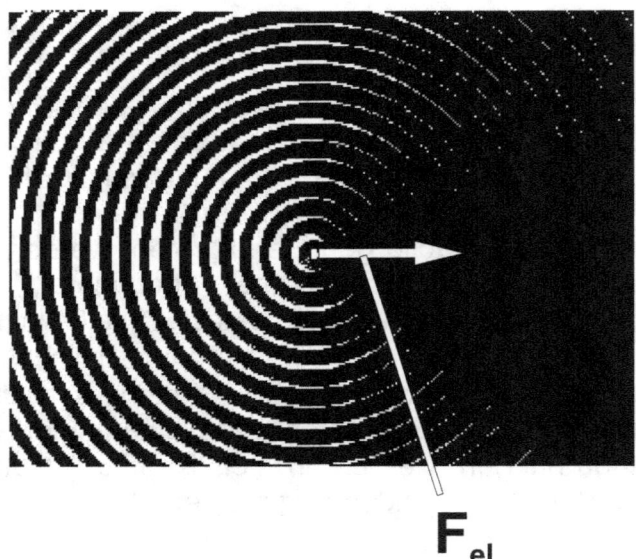

F_{el}

D.h. die elektrischen und magnetischen Felder üben auf die Antennen Kräfte aus, die in der vektoriellen Summe nicht verschwinden. Bezüglich dieser Kräfte allein gilt also:
actio non reactio
Dass die elektrischen und magnetischen Kräfte sich nicht gegenseitig aufheben, scheint hier eine Folge der bevorzugten Wellenabstrahlung in einer Richtung zu sein. In Wirklichkeit ist es umgekehrt:
Bei schnell veränderlichen Kraftfeldern muss prinzipiell davon ausgegangen werden, dass die gegenseitigen Kraftwirkungen wegen ihres verzögerten Eintreffens i. a. keinen Kräfteausgleich schaffen können, so dass das Gesetz actio = reactio für die Kräfte i. a. nicht gilt.

Ist der Impulssatz allgemeingültig, so muss für jedes beliebige Kraftfeld (elektrisches, magnetisches, Schwerkraft-Feld usw.) gefordert werden:

Jedes statische Kraftfeld muss bei Lageänderungen der Kraftfeldquelle wegen der endlichen Ausbreitungsgeschwindigkeit bzw. des verzögerten Eintreffens der sich zeitlich ändernden Kraftwirkungen (Retardierung) ein dynamisches Feld mit Impulsinhalt entwickeln.

Im Folgenden sollen nun die Kräfte, die zwei schwingende Massen unter Berücksichtigung der Retardierung der Feldkräfte gravitativ aufeinander ausüben, diskutiert (Kap. A1) und mit den entsprechenden Kräften zweier schwingender elektrischer Ladungen bzw. Dipole verglichen werden (Kap. A2). Der Vergleich legt die Schaffung von Grundgleichungen einschließlich **Maxwellschen Gleichungen** analog denen der Elektrodynamik nahe (Kap. B2). Ferner wird eine **negative schwere Masse** und ein **Schwerkraft-Magnetfeld** postuliert (Kap. A2 und A3). An Hand der Paarerzeugung von Materie und Antimaterie wird bewiesen, dass die **Antimaterie** eine negative schwere Masse besitzt (Kap. E1).

Die hier diskutierten durch zwei schwingende Massen erzeugten Schwerkraftwellen sind **nicht identisch** mit den sogenannten Gravitationswellen der Raumzeit der **Allgemeinen Relativitätstheorie** (vgl. Kap. B).

A Feldkräfte schwingender Massen und elektrischer Ladungen

A1 Retardierte Schwerkräfte schwingender Massen

Man betrachte zwei auf der x-Achse liegende Massen von Abb. A1. Befinden sich die

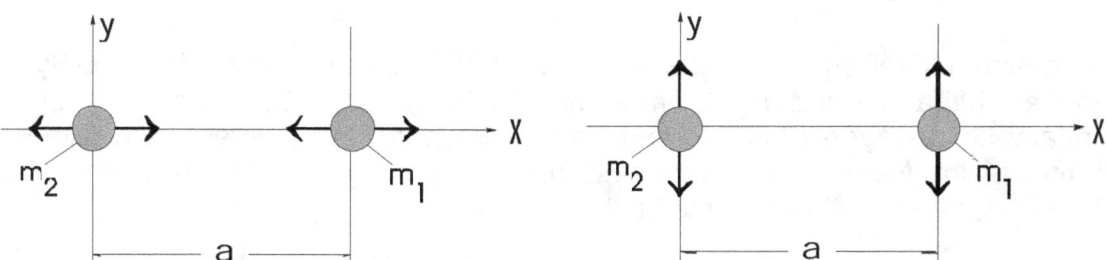

Abb. A1: Zwei im Abstand a schwingende Massen m_1 und m_2 (links: parallel d.h. longitudinal zur x-Achse schwingend, rechts: senkrecht d.h. transversal zur x-Achse schwingend)

Massen in Ruhe (stationärer Fall), so gilt für die Kräfte, die m_1 und m_2 aufeinander ausüben, das bekannte Abstandsgesetz im cgs - Einheitensystem:

$$F = m_1 \cdot m_2 / a^2 \tag{A.1}$$

Hierin bedeuten m_1 und m_2 die schwere Masse – kurz als „**Schwere**" bezeichnet. Die Schwere hat im cgs-Einheitensystem die Dimension $\text{dyn}^{1/2}.\text{cm}$. Danach ist eine schwere Masse **m** von **1 $\text{dyn}^{1/2}.\text{cm}$** mit einer **trägen Masse m_{tr}** von ca. **3870 g** verbunden. Nach der Gleichung (A.1) erfahren demnach zwei kugelförmige Massen von jeweils 3870 g mit homogener Dichte und einem Mittelpunktsabstand von 1cm eine Anziehungskraft von 1dyn (= 10^{-5} Newton) - entsprechend hohe Dichte der Massen vorausgesetzt, damit sich ihre Mittelpunkte bis auf 1cm nähern können.

Im stationären Fall üben die Massen aufeinander entgegengesetzt gleiche Kräfte aus (**actio = reactio**), so dass ihre vektorielle Kraftsumme gleich Null ist. Führen die Massen m_1 und m_2 jedoch **harmonische** (sinusförmige) Schwingungen mit den Phasenwinkeln $\varphi_1 = \omega \cdot t$ bzw. $\varphi_2 = \omega \cdot t - \alpha$ und den Amplituden l_1 und l_2 aus ($\omega = 2\pi/T$ = Kreisfrequenz oder Winkelgeschwindigkeit, T = Periodendauer, t = Zeit, α = Phasenverschiebung von m_2 gegenüber m_1) und zwar longitudinal oder transversal – wie auf der Abbildung A1 angedeutet, so verschwindet die vektorielle Kraftsumme im zeitlichen Mittel nicht, weil die von der einen Masse ausgehende Kraftwirkung retardiert (verzögert) an der gegenüberliegenden Masse eintrifft. In diesem Falle erhält man für die zeitlich gemittelte vektorielle Kraftsumme F_{gr} folgende Ergebnisse (s. **Anhang G**, Gl. (G.6) und (G.7), Annahme: $l \ll a$):

für longitudinal (parallel (=) zur x-Achse) schwingende Massen:

$$\bar{\vec{F}}_{gr=} = -6 \cdot \frac{m_1 l_1 m_2 l_2}{a^4} \cdot \sin\alpha \cdot \sin\delta \cdot \vec{e}_x \qquad \vec{e}_x = \text{Einheitsvektor in x – Richtung} \tag{A.2}$$

für transversal (senkrecht ($\perp$) zur x-Achse) schwingende Massen:

$$\bar{\vec{F}}_{gr\perp} = +3 \cdot \frac{m_1 l_1 m_2 l_2}{a^4} \cdot \sin\alpha \cdot \sin\delta \cdot \vec{e}_x \qquad \vec{e}_x = \text{Einheitsvektor in x – Richtung} \tag{A.3}$$

Gravitodynamik

Hierin bedeuten:

$\delta = 2\pi \cdot a / \lambda$ = Phasenverschiebung wegen der Signallaufzeit von 1 nach 2 und umgekehrt

λ = Wellenlänge der Gravitationswellen

c = Ausbreitungsgeschwindigkeit der Gravitationswellen

Alle relevanten Größen sind dabei – wie bereits oben vermerkt - im **cgs-System** angegeben. Mit $a=\lambda/4$ und $\alpha=\pi/2$ erhält man für (A.2) und (A.3) maximale Kräfte. Sie sind relativ klein wegen a^4 im Nenner im Vergleich zu den Kräften nach Gleichung (A.1) mit a^2 im Nenner. Letztere sind allerdings entgegengesetzt gerichtet und ergeben in der vektoriellen Summe Null.

A2 Vergleich der Ergebnisse mit denen schwingender elektrischer Ladungen

Ersetzt man in Bild A1 die schweren Massen m_1 und m_2 durch elektrische Ladungen q_1 und q_2 und berechnet die elektrischen Kräfte im cgs-System elektrodynamisch mit Hilfe der Maxwellschen Gleichungen (Teil F, Anhang), so erhält man zum Vergleich (e_x = Einheitsvektor in x-Richtung, Annahme: $l << a$):

Für longitudinale Schwingungen, parallel zur x-Achse (Anhang F, Gl. (F.20)):

$$\vec{\vec{F}}_{eldyn=} = 6 \cdot \frac{q_1 l_1 \cdot q_2 l_2}{a^4} \cdot \left\{ \sin \alpha \cdot \sin \delta - \sin \alpha \cdot \left(\frac{\delta^2}{3} \cdot \sin \delta - \delta \cos \delta \right) \right\} \cdot \vec{e}_x \qquad (A.4)$$

und transversale Schwingungen, senkrecht zur x-Achse (Anhang F, Gl. (F.21)):

$$\vec{\vec{F}}_{eldyn\perp} = 3 \cdot \frac{q_1 l_1 \cdot q_2 l_2}{a^4} \cdot \left\{ -\sin \alpha \cdot \sin \delta + \sin \alpha \cdot \left[\frac{2}{3} \delta^2 \sin \delta + \left(\delta - \frac{\delta^3}{3} \right) \cos \delta \right] \right\} \cdot \vec{e}_x \qquad (A.5)$$

Mit (A.2) und (A.3) und den etwas umgeformten Gleichungen (A.4) und (A.5) ergibt sich zusammenfassend folgender Überblick über die bisherigen Ergebnisse:

---

für longitudinal (parallel (=) zur x-Achse) schwingende **Massen**:

$$\vec{\vec{F}}_{gr=} = -6 \cdot \frac{m_1 l_1 m_2 l_2}{a^4} \cdot \sin \alpha \cdot \sin \delta \cdot \vec{e}_x \qquad (A.6)$$

für transversal (senkrecht ($\perp$) zur x-Achse) schwingende Massen:

$$\vec{\vec{F}}_{gr\perp} = +3 \cdot \frac{m_1 l_1 m_2 l_2}{a^4} \cdot \sin \alpha \cdot \sin \delta \cdot \vec{e}_x \qquad (A.7)$$

für longitudinal (parallel (=) zur x-Achse) schwingende **Ladungen**:

$$\vec{\vec{F}}_{eldyn=} = +6 \cdot \frac{q_1 l_1 q_2 l_2}{a^4} \cdot \sin \alpha \cdot \sin \delta \cdot \vec{e}_x - 6 \cdot \frac{q_1 l_1 q_2 l_2}{a^4} \cdot \sin \alpha \cdot \left(\frac{1}{3} \delta^2 \sin \delta + \delta \cos \delta \right) \cdot \vec{e}_x \qquad (A.8)$$

für transversal (senkrecht ($\perp$) zur x-Achse) schwingende **Ladungen**:

$$\vec{\vec{F}}_{eldyn\perp} = -3 \cdot \frac{q_1 l_1 q_2 l_2}{a^4} \cdot \sin \alpha \cdot \sin \delta \cdot \vec{e}_x + 3 \cdot \frac{q_1 l_1 q_2 l_2}{a^4} \cdot \sin \alpha \cdot \left(\frac{2}{3} \delta^2 \sin \delta + \left(\delta - \frac{\delta^3}{3} \right) \cos \delta \right) \cdot \vec{e}_x \qquad (A.9)$$

---

mit $\delta = 2\pi a / \lambda$ $\quad \alpha$ = *Phasenverschiebung* q_2 *gegenüber* q_1 *bzw.* m_2 *gegenüber* m_1

l_1 *und* l_2 = *Amplituden der Schwingungen von* q_1, q_2, m_1 *und* m_2

λ = *Wellenlänge* $\quad \vec{e}_x$ = *Einheitsvektor in x – Richtung*

Vergleicht man (A.6) mit (A.8), so fällt die Ähnlichkeit der jeweils ersten Terme auf:

$$\bar{\bar{F}}_{NCgr=} = -6 \cdot \frac{m_1 l_1 m_2 l_2}{a^4} \cdot \sin\alpha \cdot \sin\delta \cdot \vec{e}_x \quad \text{für die Schwerkräfte} \tag{A.10}$$

$$\bar{\bar{F}}_{NCeldyn=} = +6 \cdot \frac{q_1 l_1 q_2 l_2}{a^4} \cdot \sin\alpha \cdot \sin\delta \cdot \vec{e}_x \quad \text{für die elektrischen Kräfte} \tag{A.11}$$

ebenso beim Vergleich von (A.7) mit (A.9):

$$\bar{\bar{F}}_{NCgr\perp} = +3 \cdot \frac{m_1 l_1 m_2 l_2}{a^4} \cdot \sin\alpha \cdot \sin\delta \cdot \vec{e}_x \quad \text{für die Schwerkräfte} \tag{A.12}$$

$$\bar{\bar{F}}_{NCeldyn\perp} = -3 \cdot \frac{q_1 l_1 q_2 l_2}{a^4} \cdot \sin\alpha \cdot \sin\delta \cdot \vec{e}_x \quad \text{für die elektrischen Kräfte} \tag{A.13}$$

Die **ersten** Terme in (A.6) und (A.8) bzw. (A.7) und (A.9) unterscheiden sich also lediglich durch ihr Vorzeichen und durch q bzw. m.

Diese Terme sollen **Newton-Coulomb-Kräfte** genannt werden (Index NC in (A.10) bis (A.13)). Sie treten sowohl im elektrischen als auch im Gravitationsfall auf (retardierte Kräfte der gravitostatischen bzw. elektrostatischen Felder). Der **zweite** Term in (A.8) und (A.9) stellt die "dynamischen" elektromagnetischen Kräfte dar, die durch die Existenz des magnetischen Feldes H und die Anwendung der Maxwell-Gleichungen zustande kommen. Die Newton-Coulomb-Kraft hat jedoch im Gravitationsfall ein entgegengesetztes Vorzeichen im Vergleich zum elektrischen Fall. Dies ist darauf zurückzuführen, dass die Gravitationskräfte von Massen gleicher Polarität (vgl. Kap. A3) anziehend, die von elektrischen Ladungen gleicher Polarität abstoßend sind. Würde man die zeitlich gemittelte vektorielle Kraftsumme bei schwingenden elektrischen Ladungen analog zur Berechnung schwingender Massen nach der Methode der retardierten statischen Feldkräfte von Anhang G berechnen – d.h. ohne Berücksichtigung der Existenz des magnetischen Feldes H und ohne die Anwendung der Maxwell-Gleichungen - so würde man auch nur die Newton-Coulomb-Kräfte (A.11) und (A.13) erhalten.

Bei der Berechnung der elektrodynamischen Kräfte wurde von elektrischen Dipolen ausgegangen, deren Dipolmomente **q·l** harmonische Schwingungen ausführen (Kapitel F, Anhang). Die Berechnung der elektrodynamischen Gesamtkräfte liefert jedoch das gleiche Ergebnis, wenn man davon ausgeht, dass bei den Dipolen nur eine der beiden Ladungen - entweder positiv oder negativ - mit der Amplitude l schwingt, während die andere ruht bzw. ganz fehlt, d.h. anstelle der Dipole nur elektrische Ladungen **q** mit der Amplitude l schwingen (vgl. Kap. F2). Denn die zeitlich gemittelten Gesamtkräfte zwischen einer bewegten und einer ruhenden Ladung verschwinden (zeitlich gemittelt entgegengesetzt gleiche Kräfte). Ebenfalls verschwinden die Gesamtkräfte zwischen zwei ruhenden Ladungen (in jedem Moment entgegengesetzt gleiche Kräfte). Für diese beiden Fälle gilt: actio = reactio. Es ist daher nicht verwunderlich, dass sich die Newton-Coulomb-Kräfte absolut bis auf m bzw. q gleichen und sich nur durch ihr Vorzeichen unterscheiden (schwere Massen gleicher Polarität anziehend (Kap. A3), elektrische Ladungen gleicher Polarität abstoßend).

Die Vorfaktoren in (A.8) und (A.9) $\quad 6 \cdot \frac{q_1 l_1 \cdot q_2 l_2}{a^4} \quad$ und $\quad 3 \cdot \frac{q_1 l_1 \cdot q_2 l_2}{a^4}$

Gravitodynamik

sind identisch mit den Kräften, die stationäre elektrische Dipole mit den Dipolmomenten $q_1.l_1$ und $q_2.l_2$ aufeinander ausüben, die longitudinal bzw. transversal zueinander angeordnet sind (vgl. Kap. F3). Diese Produkte **q.l** für das elektrische Dipolmoment legen für das Produkt **m.l** in Gl. (A.6) und (A.7) die Einführung des Begriffes „**Schwerkraftdipol-Moment**" nahe. Dafür ist jedoch die Einführung

> **einer zunächst als fiktiv bzw. virtuell angenommenen negativen schweren Masse bzw. Masse mit „negativer Schwere" erforderlich**

Deren physikalische Eigenschaft wird in den folgenden Kapiteln A3 und B näher erläutert.

Die Richtung der überwiegenden Wellenabstrahlung (Interferenzbild) hängt ausschließlich von **α** und **δ** ab. Diese Richtung der überwiegenden Wellenabstrahlung ist bei bestimmten **α** und **δ** sowohl für longitudinale als auch transversale Schwingungen gleich. Setzt man in (A.6) bis (A.9) für die Phasenverschiebung **α = π/2 und δ = π/2** (Abstand der schwingenden Massen **a = λ/4**, vgl. Einleitung) ein, so erhält man:

für **longitudinal** (parallel (=) zur x-Achse) schwingende **Massen**:

$$\bar{\bar{F}}_{gr=} = -6 \cdot \frac{m_1 l_1 m_2 l_2}{a^4} \cdot \vec{e}_x \qquad (A.14)$$

für **transversal** (senkrecht (⊥) zur x-Achse) schwingende **Massen**:

$$\bar{\bar{F}}_{gr\perp} = +3 \cdot \frac{m_1 l_1 m_2 l_2}{a^4} \cdot \vec{e}_x \qquad (A.15)$$

für **longitudinal** (parallel (=) zur x-Achse) schwingende elektrische **Ladungen**:

$$\bar{\bar{F}}_{eldyn=} = +1{,}065 \cdot \frac{q_1 l_1 q_2 l_2}{a^4} \cdot \vec{e}_x \qquad (A.16)$$

für **transversal** (senkrecht (⊥) zur x-Achse) schwingende elektrische **Ladungen**:

$$\bar{\bar{F}}_{eldyn\perp} = +1{,}935 \cdot \frac{q_1 l_1 q_2 l_2}{a^4} \cdot \vec{e}_x \qquad (A.17)$$

e_x = Einheitsvektor in x-Richtung

Im Falle der schwingenden Massen (A.14) und (A.15) zeigt die mittlere vektorielle Kraftsumme für longitudinale Schwingungen in die **negative** x-Richtung, für transversale Schwingungen in die **positive** x-Richtung, obwohl in beiden Fällen die überwiegende Wellenabstrahlung analog dem Interferenzbild der Wellen in die **negative x-Richtung** zeigt (vgl. Interferenzbild der Einleitung). Dies ist ein Verstoß gegen den Impulssatz, der in diesem Fall sowohl für die longitudinale als auch für die transversale Schwingung die gleiche Richtung der zeitlich gemittelten vektoriellen Kraftsumme verlangt, d.h. für beide Gleichungen (A.14) **und** (A.15) **entweder** ein positives **oder** ein negatives Vorzeichen. (Das negative Vorzeichen in (A.14) bedeutet: Die Richtung der überwiegenden Wellenausbreitung und die Richtung der vektoriellen Kraftsumme stimmen paradoxerweise überein. Auf dieses Paradoxon wird in den Kap. B2.2 und C3 bis C6 näher eingegangen).

Im Falle der schwingenden Ladungen (A.16) und (A.17) zeigen die zeitlich gemittelten Gesamtkräfte dagegen beide in die **positive x-Richtung** und damit in die richtige Richtung, wie am Beispiel der transversal schwingenden Antennendipole in der Einleitung dargestellt.

Eine Kontrollrechnung bezüglich des elektromagnetischen Wellenimpulses für beliebige α und δ zeigt darüber hinaus, dass die Ergebnisse (A.8) und (A.9) für die schwingenden Ladungen mit dem Impulssatz – wie nicht anders zu erwarten - vereinbar sind (actio = reactio, vgl. Anhang F, Kap. F5).

Die Gl. (A.2) und (A.3) bzw. (A.6) und (A.7) können also keine Lösungen für den Schwerkraftfall darstellen. Die Retardierung der Feldkräfte ist eben allgemein eine notwendige aber keine hinreichende Bedingung. Es ist daher naheliegend, bei Schwerkraftproblemen auf die in der Elektrodynamik bewährte Methode zurückzugreifen, Lösungen mit Hilfe der **Maxwellschen Gleichungen** zu suchen. Diese müssen allerdings für den Schwerkraftfall eine entsprechende Form besitzen, damit sie mit dem **Energie- und Impulssatz** konform gehen. Dazu wird zunächst einmal die Existenz eines dem Magnetfeld der Elektrodynamik analoges

Schwerkraft-Magnetfeld („Gravitomagnetfeld")

postuliert, dessen physikalische Eigenschaft in den folgenden Kapiteln näher erläutert wird.

A3 Einführung einer negativen schweren Masse (Masse mit "negativer Schwere") und eines Schwerkraft-Magnetfeldes ("Gravitomagnetfeld")

Wie oben bereits erläutert, spielt es bei der Berechnung der Newton-Coulomb-Kräfte keine Rolle, ob bei schwingenden elektrischen Dipolen beide Ladungen um einen gemeinsamen Mittelpunkt mit der Amplitude l/2 schwingen oder ob z.B. die negative Ladung ruht und die positive mit der Amplitude l um die ruhende als Schwingungsmittelpunkt schwingt oder ob die ruhende negative Ladung gänzlich fehlt. Infolgedessen kann für die Berechnung der zeitlich gemittelten Gesamtkraft von schwingenden Massen **eine zunächst als fiktiv bzw. virtuell angenommene negative schwere Masse** (bzw. **Masse mit "negativer Schwere"**) eingeführt werden, ohne bei den folgenden Berechnung einen Fehler zu begehen. Außerdem erleichtert die Masse mit negativer Schwere die Erläuterung aller gravitodynamischen Vorgänge anhand der analogen elektrodynamischen.

Alle Massen der Milchstraße und die der übrigen Galaxien der lokalen Gruppe können wegen ihrer gegenseitigen Anziehung als **gleichnamig** bezüglich der Schwere angenommen werden. **Per Definition** sollen sie eine **positive Schwere** besitzen. Die **reale Existenz** von Massen mit **negativer Schwere** als **Antimaterie** wird in Kapitel E1 näher untersucht.

In der Abbildung A2 ist der Verlauf des Schwerkraftfeldes zwischen Massen mit einer positiven und einer negativen Schwere von gleicher absoluter Größe dargestellt und mit dem Verlauf des entsprechenden Feldes elektrischer Ladungen gleicher absoluter Größe verglichen.

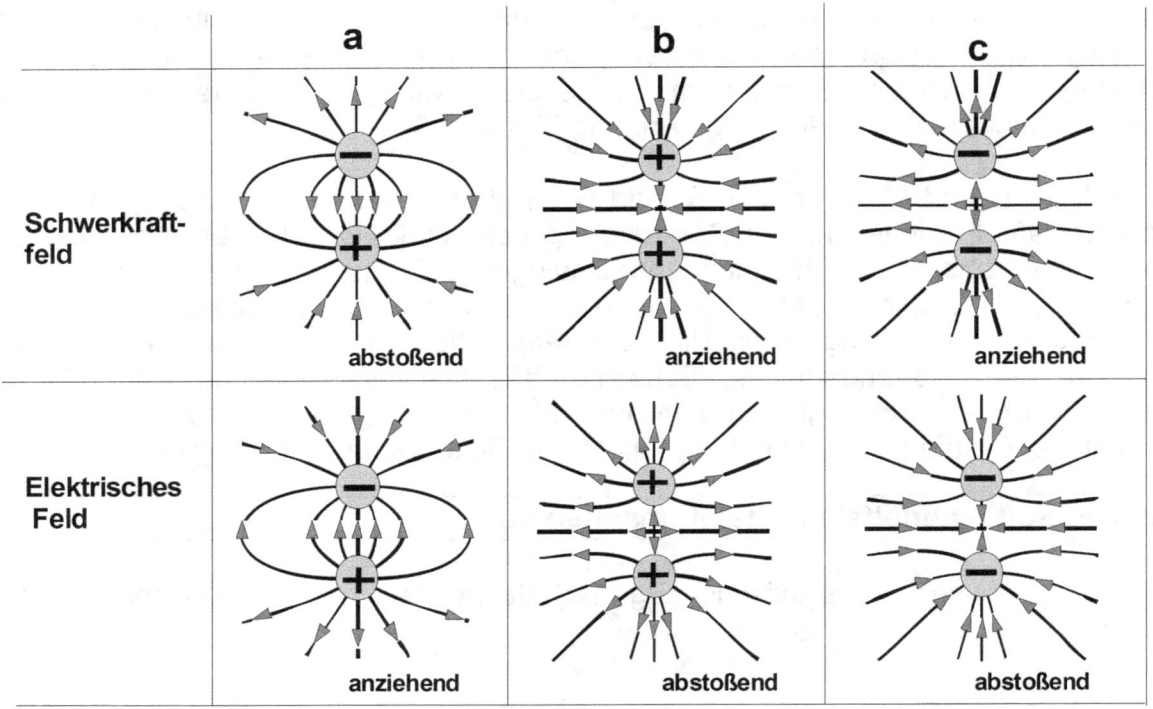

Abb. A2

Die in der Abbildung angegebenen Feldrichtungen sind identisch mit der Richtung der Kraft auf eine in das Feld eingebrachte positive Probeladung bzw. Probemasse mit positiver Schwere. Bei negativen Probeladungen bzw. negativen Probeschweren sind die Kraftrichtungen entgegengesetzt (s. Gleichg. (B.13) und (B.14) von Kap. B2). Daraus folgt, **dass sich im Gravitationsfall zwei Massen mit gleicher Polarität der Schwere anziehen, zwei Massen mit entgegengesetzter Polarität abstoßen** - im Gegensatz zu den elektrischen Ladungen. Infolgedessen stoßen sich die in Abb. A2 in der oberen Zeile dargestellten Massen mit positiver und negativer Schwere (Fall a) ab, während sich jeweils die beiden Massen mit positiver Schwere (Fall b) und die beiden Massen mit negativer Schwere (Fall c) anziehen.

Nach Abbildung A2 ist es offensichtlich, dass die Richtung der elektrischen Feldstärke der der Schwerkraftfeldstärke entgegengesetzt ist. Außerdem überlegt man leicht (s. Kap. B1), dass nach dem Energieerhaltungssatz die Energie des Schwerkraftfeldes negativ ist – im Gegensatz zur positiven Energie des elektrischen Feldes.

> **Ladungen und Schweren verhalten sich also bezüglich ihrer Kraftwirkungen und ihrer Feldenergien konträr.**

Was die Hypothese der Polarität von Materie und Antimaterie betrifft, kann man auch eine umgekehrte Zuordnung der Schwerepolaritäten definieren: normale Materie mit

Gravitodynamik

negativer Schwerepolarität und Antimaterie mit positiver Schwerepolarität. Das ändert an den Kräfteverhältnissen nichts. Diese Definitionsfreiheit gilt z. B. auch für die elektrischen Ladungen der Atome. So kann man dem Elektron eine positive und dem Proton eine negative Ladung bzw. dem Positron eine negative und dem Antiproton eine positive Ladung zuordnen, ohne die Grundgleichungen der Elektrodynamik – insbesondere die Maxwellschen Gleichungen – ändern zu müssen (**Kommutativ-Gesetz der Polaritäten**).

Auch für **Schwerkraftdipole** gilt, wie Abbildung A3 verdeutlicht: Die Kräfte von elektrischen und Schwerkraftdipolen („Massen-Dipolen") sind konträr.

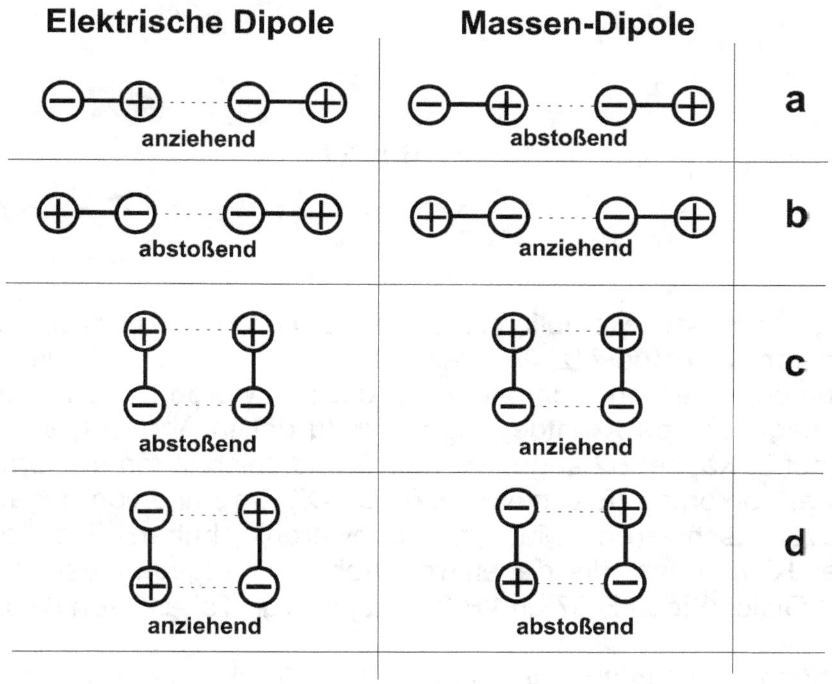

Elektrische Dipole	Massen-Dipole	
⊖—⊕ ... ⊖—⊕ anziehend	⊖—⊕ ... ⊖—⊕ abstoßend	a
⊕—⊖ ... ⊖—⊕ abstoßend	⊕—⊖ ... ⊖—⊕ anziehend	b
⊕ ⊕ / ⊖ ⊖ abstoßend	⊕ ⊕ / ⊖ ⊖ anziehend	c
⊖ ⊕ / ⊕ ⊖ anziehend	⊖ ⊕ / ⊕ ⊖ abstoßend	d

Abb. A3: *Elektrische (links) und Schwerkraftdipole mit negativer schwerer Masse (rechts)*

Das Schwerkraft-Magnetfeld (=**"Gravitomagnetfeld"**) existiert nur im Falle bewegter Materie gegenüber einem ruhenden Beobachter – analog dem Elektromagnetfeld bei bewegter Ladung - wie die nachfolgende Abbildung A4 zeigt. Auf ihr ist rechts eine kugelförmige Masse mit positiver Schwere und Schwerkraftfeld G dargestellt, die sich mit der Geschwindigkeit v nach links bewegt und von einem Gravitomagnetfeld X umgeben ist.
Zum Vergleich sind links die bekannten Verhältnisse an einer elektrisch positiv geladenen Kugel mit elektrischem Feld E und magnetischem Feld H dargestellt, die sich mit der Geschwindigkeit v im Vakuum bewegt. In beiden Fällen ist die Existenz eines Magnetfeldes auf relativistische Effekte gegenüber ruhenden Beobachtern zurückzuführen.

Gravitodynamik

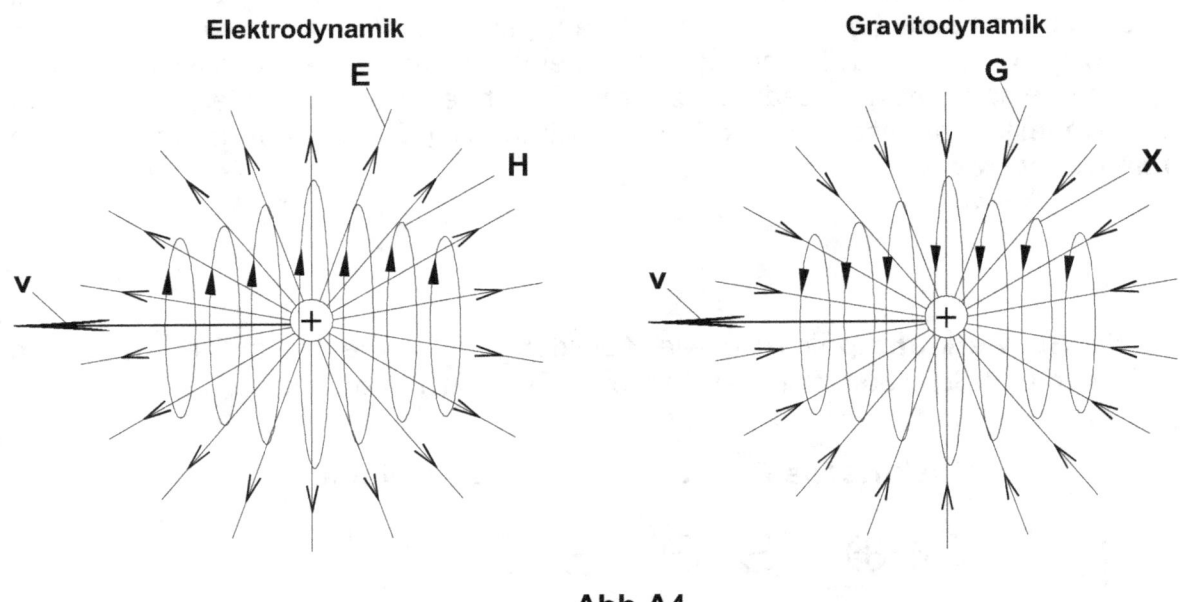

Abb.A4

Die Richtung von H ist – wie üblich („per definitionem") - im Uhrzeigersinn beim Blick in Richtung von v festgesetzt worden. Die Richtung von X ist entgegen dem Uhrzeigersinn beim Blick in Richtung von v gewählt worden. Wählt man die Richtung des Gravitomagnetfeldes X entgegengesetzt zu der in Abb. A4, so ändert sich das Vorzeichen der in Kapitel B2 angegebenen Grundgleichungen der Gravitodynamik, in denen X linear vorkommt (Ersatz von X durch -X). Im Falle von negativen Ladungen und negativen schweren Massen (Schweren) haben die entsprechenden Magnetfelder Richtungen, die denen von Abb. A4 entgegengesetzt sind (folgt aus den Maxwell-Gleichungen B.37 und B.38 mit j=0, vgl. Tabelle von Kap. B2)

Das im Verhältnis zu Elektromagneten konträre Verhalten von **„Gravitomagneten"** wird in Kapitel B2.5 näher beschrieben.

B Grundlagen

B1 Die negative Energiedichte des Schwerkraftfeldes G

Im Folgenden sollen die Energieverhältnisse im Schwerkraftfeld näher erläutert und mit den Verhältnissen im elektrischen Feld verglichen werden. Dazu betrachte man die Abbildung B1. Hier ist eine Hohlkugel überall gleicher Wandstärke und Dichte mit

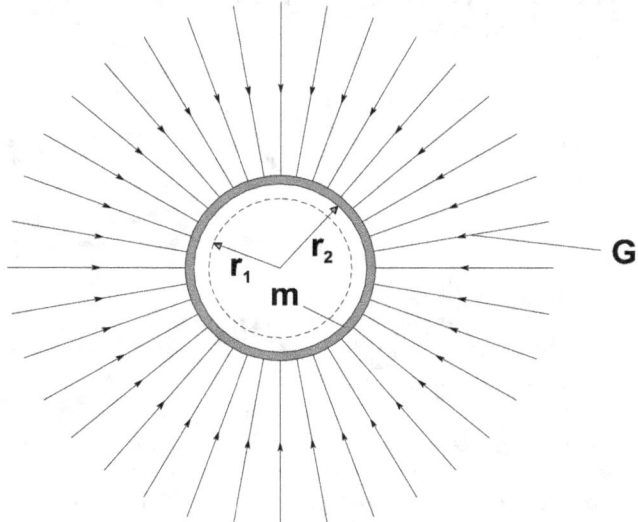

Abb. B1: *Hohlkugel mit Masse: Bei Reduzierung der Hohlkugel vom Radius r_2 auf r_1 wird der Raum zwischen r_2 und r_1, der vorher feldfrei war, mit Schwerkraftfeld ausgefüllt. Die Feldstärke außerhalb r_2 bleibt dabei die gleiche wie vor der Reduzierung.*

der schweren Masse m und dem Radius r_2 dargestellt. Das Innere der Hohlkugel ist feldfrei - genau wie bei elektrisch geladenen Hohlkugeln mit überall gleicher Ladungsdichte an der Oberfläche. Da die Gravitationskräfte die Hohlkugel zu verkleinern suchen, leisten sie bei der Reduzierung des Radius von r_2 auf r_1 Arbeit. Nach der Reduzierung auf r_1 füllt sich der Raum zwischen r_2 und r_1, der vorher feldfrei war, mit Schwerkraftfeld. Die Feldstärke außerhalb r_2 bleibt dabei die gleiche wie vor der Reduzierung. D.h. obwohl das System aus Masse und Schwerkraftfeld Arbeit geleistet hat, ist ein zusätzlicher Raum zwischen r_2 und r_1 mit Gravitationsfeld gefüllt worden. Ein feldfreier Raum beinhaltet demnach mehr Energie als ein mit Schwerkraftfeld ausgefüllter Raum und umgekehrt! Im Gegensatz dazu steht die Erfahrung mit dem elektrischen Feld, bei dem jede Vergrößerung des elektrischen Feldes oder des Feldraumes mit einer Energiezufuhr von außen erfolgen muss. Denn wäre in Abb. B1 die Hohlkugel elektrisch geladen, so würden die abstoßenden elektrischen Kräfte im Gegensatz zum Schwerkraftfall die Hohlkugel zu vergrößern suchen. Bei der Reduzierung des Radius von r_2 auf r_1 muss daher von außen Arbeit zugeführt werden, die sich als elektrische Feldenergie im Raum zwischen r_2 und r_1 wieder findet.

Die gleiche Aussage über die Energie im Schwerkraftfeld erhält man mit Hilfe der virtuellen negativen schweren Masse am Beispiel eines virtuellen "Plattenkondensators" mit positiven und negativen schweren Massen, wie aus der schematischen Abbildung B2 hervorgeht.

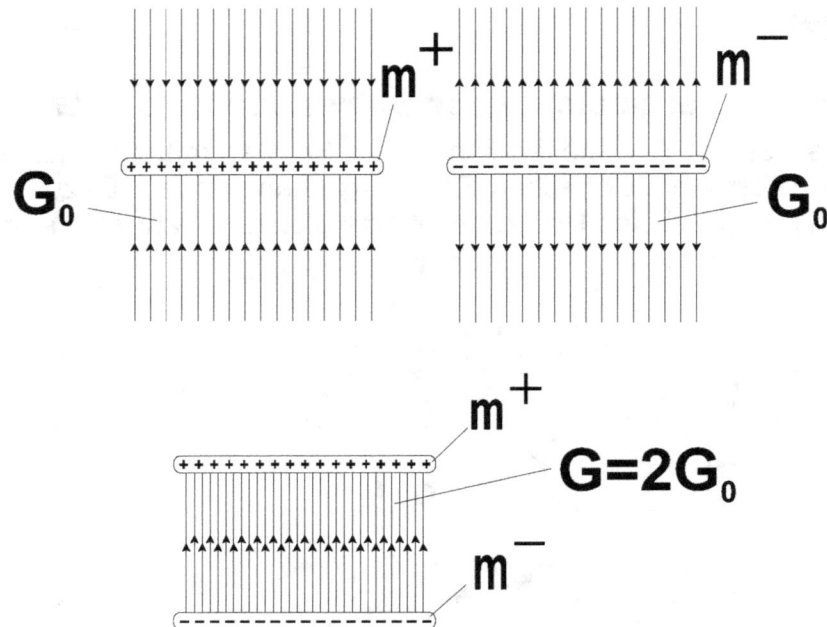

***Abb. B2** (schematische Darstellung):* **Oben**: *zwei gleich schwere Masseplatten, links mit reeller positiver schwerer Masse m⁺, rechts mit virtueller negativer schwerer Masse m⁻ und den entsprechenden Schwerkraftfeldlinien. Die Feldlinien sind auf die positive Masse hin-, von der negativen weggerichtet.*
Unten: *nach der Überlagerung der beiden Felder entsteht ein dem elektrischen Kondensator analoger „Massenkondensator" mit doppelter Feldliniendichte. Die Felder oberhalb und unterhalb der Platten heben sich auf wegen entgegengesetzter Richtung.*

In Abbildung B2, oben, sind zwei gleich schwere Masseplatten, links mit reeller positiver schwerer Masse m⁺, rechts mit virtueller negativer Masse m⁻ und den entsprechenden Schwerkraftfeldlinien (ohne vernachlässigbare Randfelder) abgebildet, die nach der Überlagerung der beiden Felder (unten) zu einem dem elektrischen Kondensator analogen „Massenkondensator" mit doppelter Feldliniendichte zusammengesetzt worden sind. Die Felder oberhalb und unterhalb der Platten heben sich wegen entgegengesetzter Richtung auf. Bei Gültigkeit des Energiesatzes berechnet sich die Energiedichte im Feld des Plattenkondensators folgendermaßen:

Für den Betrag der Schwerkraft-Feldstärke G an der Oberfläche einer Kugel gilt (**m = schwere Masse ="Schwere"**, vgl. Kap.B2, Gl. (B.6b) v. Tabelle):

$$G = \frac{m}{r^2} = 4\pi \cdot \frac{m}{4\pi r^2} = 4\pi \cdot \frac{m}{A} \qquad A = Kugeloberfläche$$

Analog dazu gilt für den Betrag der Feldstärke an der Oberfläche einer einzelnen Platte von Abb. B2 (allg. Berechnung: Kap. B2, Gl. (B.18) v. Tabelle):

$$G_0 = 4\pi \cdot \frac{m}{A} \qquad A = Plattenoberfläche\ (Ober-und\ Unterseite!) \qquad (B.1)$$

$$m = schwere\ Plattenmasse$$

Die **abstoßende (!) Kraft** F (vgl. Abb. A2, Kap. A3), die nach dem Zusammensetzen des Plattenkondensators eine Platte auf die andere ausübt, ist demnach (s. Kap. B2, Gl. (B.14) von Tabelle):

Gravitodynamik

$$F = G_0 \cdot m = 4\pi \cdot \frac{m^2}{A} = \frac{1}{4\pi} G_0^2 \cdot A \qquad A = \text{gesamte Oberfläche einer Platte,} \qquad (B.2)$$

$$m = \text{schwere Plattenmasse}$$

Wenn der Plattenkondensator zusammengesetzt wird, ist die Feldstärke G zwischen den Platten wegen der Überlagerung der Felder beider Platten doppelt so groß wie bei einer Platte allein, d.h.:

$$G = 2 \cdot G_0 \qquad (B.3)$$

Damit ergibt sich aus (B.2) für die Kraft auf eine Platte:

$$F = \frac{1}{4\pi} \cdot \frac{1}{4} \cdot G^2 \cdot A \qquad A = \text{gesamte Oberfläche einer Platte}$$

oder

$$F = \frac{1}{8\pi} \cdot G^2 \cdot \frac{A}{2} \qquad (B.4)$$

Werden die Platten um die Strecke s aufeinander zu bewegt, so wird an den Platten folgende Arbeit W geleistet (negatives Vorzeichen, die Platten stoßen sich ab!):

$$W = -F \cdot s = -\frac{1}{8\pi} \cdot G^2 \cdot \left(\frac{A}{2} \cdot s\right) \qquad (B.5)$$

Nun ist A/2 die Innenfläche einer Platte des Kondensators und A·s/2 das Feldvolumen V, das bei der Annäherung der Platten verschwindet. Die Energiedichte des Gravitationsfeldes ist demnach:

$$u = W/V = -F \cdot s/V = -\frac{1}{8\pi} \cdot G^2 \qquad (B.6)$$

Das negative Vorzeichen bedeutet, dass im Gegensatz zum elektrischen Fall **die Energiedichte mit zunehmender Schwerkraftfeldstärke abnimmt. D.h. der feldfreie Raum beinhaltet mehr Energie als ein mit Schwerkraftfeld ausgefüllter Raum!**

B2 Die Grundgleichungen für das Schwerkraftfeld G und das Gravitomagnetfeld X

Für weitere Berechnungen wird eine der elektromagnetischen Feldstärke H analoge Schwerkraft-Feldstärke X („Gravitomagnetfeld") durch die Gleichungen (B.28) und (B.36) der folgenden Tabelle postuliert (vgl. auch Kap. A3, Abb. A4).

In dieser Tabelle sind alle Gravitationsgrößen und ihre mathematischen Verknüpfungen den elektrischen Größen mit ihren mathematischen Verknüpfungen gegenübergestellt (beide im **cgs-System**). Für das Vakuum gilt im elektrischen Fall: **D=E und B=H.**

Wählt man die Richtung des Gravitomagnetfeldes X entgegengesetzt zu der in Abb. A4 gewählten Richtung, so ändert sich das Vorzeichen der Gleichungen in der Tabelle, in denen X linear vorkommt (Ersatz von X durch –X).

Die in folgender Tabelle zusammengefassten Grundgleichungen gelten sowohl für die Materie allein bzw. für die Antimaterie allein als auch für das Zusammenspiel von Materie und Antimaterie. Dasselbe gilt bekannterweise auch für die positiven Ladungen allein bzw. für die negativen Ladungen allein als auch für das Zusammenspiel von positiver und negativer Ladungen.

Gravitodynamik

Grundgleichungen von Elektro- und Gravitodynamik (Maxwellgleichungen markiert)

Beziehung	Elektrodynamik (Vakuum)	Gravitodynamik
Ladung q bzw. Schwere m	q (+ oder -)	m (+ oder -)
Kraft im Zentralfeld (anziehend für negatives F, abstoßend für positives F)	$(B.6a)\quad F = \dfrac{q_1 \cdot q_2}{r^2}$	$(B.6b)\quad F = -\dfrac{m_1 \cdot m_2}{r^2}$
Einheit v. Kraft F bzw. Radius r	1 dyn = 10^{-5} Newton = 1 g·cm·sec^{-2}	bzw. cm
Definition der Einheit von Ladung/Schwere über Kraft im Zentralfeld	$(B.7)\quad q = \sqrt{|F|} \cdot r$ q in dyn$^{1/2}$·cm	$(B.8)\quad m = \sqrt{|F|} \cdot r$ m in dyn$^{1/2}$·cm
Feldstärke im Zentralfeld und allg. Definition über Potenzial	$(B.9)\quad \vec{E} = \dfrac{q \cdot \vec{r}}{r^3} = -\text{grad}\,\varphi$	$(B.10)\quad \vec{G} = -\dfrac{m \cdot \vec{r}}{r^3} = -\text{grad}\,\varphi$
Potenzial im Zentralfeld	$(B.11)\quad \varphi = \dfrac{q}{r}$	$(B.12)\quad \varphi = -\dfrac{m}{r}$
Kraft auf Ladung/Schwere	$(B.13)\quad \vec{F} = q \cdot \vec{E}$	$(B.14)\quad \vec{F} = m \cdot \vec{G}$
Divergenz von E und G	$(B.15)\quad \text{div}\,\vec{E} = 4\pi \cdot \rho$ $\rho = dq/dV$ = Ladungsdichte	$(B.16)\quad \text{div}\,\vec{G} = -4\pi \cdot \rho$ $\rho = dm/dV$ = Schweredichte
Kraftfluss und Ladung/Schwere	$(B.17)\quad \oint \vec{E} \cdot d\vec{A} = 4\pi \cdot q$	$(B.18)\quad \oint \vec{G} \cdot d\vec{A} = -4\pi \cdot m$
Wirbelfreiheit im Potenzialfeld	$(B.17a)\quad \text{rot}\,\vec{E} = 0$	$(B.18a)\quad \text{rot}\,\vec{G} = 0$
Poissonsche Gleichung	$(B.19)\quad \text{div grad}\,\varphi = \Delta\varphi = -4\pi \cdot \rho$	$(B.20)\quad \text{div grad}\,\varphi = \Delta\varphi = 4\pi \cdot \rho$
Feldenergiedichte u von E / G	$(B.21)\quad u = \dfrac{1}{8\pi}\vec{E}^2$	$(B.22)\quad u = -\dfrac{1}{8\pi}\vec{G}^2$
Stromstärke I von Ladung q / Schwere m	$(B.23)\quad I = \dfrac{dq}{dt}$	$(B.24)\quad I = \dfrac{dm}{dt}$
Stromdichte j und Stromstärke I	$(B.25)\quad \vec{j} = \rho \cdot \vec{v} \quad I = \int \vec{j} \cdot d\vec{A}$	$(B.26)\quad \vec{j} = \rho \cdot \vec{v} \quad I = \int \vec{j} \cdot d\vec{A}$
Wirbel der Feldstärken H / X	$(B.27)\quad \text{rot}\,\vec{H} = (4\pi/c) \cdot \vec{j}$	$(B.28)\quad \text{rot}\,\vec{X} = -(4\pi/c) \cdot \vec{j}$
Divergenz von H / X	$(B.27a)\quad \text{div}\,\vec{H} = 0$	$(B.28a)\quad \text{div}\,\vec{X} = 0$
Lorentz-Kraftdichte f im Feld H / X (Einheit v. f: dyn/cm^3)	$(B.29)\quad \vec{f} = \dfrac{1}{c}\vec{j} \times \vec{H}$	$(B.30)\quad \vec{f} = \dfrac{1}{c}\vec{j} \times \vec{X}$
Lorentz-Kraft, mit (B.29) bzw. (B.30) eng verknüpft	$(B.29a)\quad \vec{F}_L = q \cdot \dfrac{\vec{v}}{c} \times \vec{H}$	$(B.30a)\quad \vec{F}_L = m \cdot \dfrac{\vec{v}}{c} \times \vec{X}$
Feldenergiedichte u von H / X	$(B.31)\quad u = (1/8\pi) \cdot \vec{H}^2$	$(B.32)\quad u = -(1/8\pi) \cdot \vec{X}^2$
Verknüpfung E / H bzw. G / X im Falle j = 0 ((B.33) u. (B.34): Induktionsgesetz)	$(B.33)\quad \text{rot}\,\vec{E} = -\dfrac{1}{c}\dfrac{\partial \vec{H}}{\partial t}$ $(B.35)\quad \text{rot}\,\vec{H} = \dfrac{1}{c}\dfrac{\partial \vec{E}}{\partial t}$	$(B.34)\quad \text{rot}\,\vec{G} = -\dfrac{1}{c}\dfrac{\partial \vec{X}}{\partial t}$ $(B.36)\quad \text{rot}\,\vec{X} = \dfrac{1}{c}\dfrac{\partial \vec{G}}{\partial t}$
Verknüpfung E, H bzw. G, X mit j	$(B.37)\quad \text{rot}\,\vec{H} = \dfrac{1}{c}\left(4\pi \cdot \vec{j} + \dfrac{\partial \vec{E}}{\partial t}\right)$	$(B.38)\quad \text{rot}\,\vec{X} = \dfrac{1}{c}\left(-4\pi \cdot \vec{j} + \dfrac{\partial \vec{G}}{\partial t}\right)$
Feld-Energiestromdichte S	$(B.39)\quad \vec{S} = (c/4\pi) \cdot \vec{E} \times \vec{H}$	$(B.40)\quad \vec{S} = -(c/4\pi) \cdot \vec{G} \times \vec{X}$
Feld-Impulsstromdichte P	$(B.39a)\quad \vec{P} = (1/4\pi) \cdot \vec{E} \times \vec{H}$	$(B.40a)\quad \vec{P} = -(1/4\pi) \cdot \vec{G} \times \vec{X}$

Gravitodynamik 19

Einheit von Ladung q und Schwere m:	$dyn^{1/2} \cdot cm$
Einheit der Feldstärken von E, G, H und X:	$dyn^{1/2} / cm$
$c = 3 \cdot 10^{10}$ cm/s	Lichtgeschwindigkeit

Annahme: Ausbreitungsgeschwindigkeit der Gravitationswellen = Lichtgeschwindigkeit (vgl. dazu Kap. B5.3).

Unter der **Schwere m** ist die mit der **trägen Masse** m_{tr} verknüpfte **schwere Masse** zu verstehen. Deren Einheit ist mit einer **trägen Masse** m_{tr} von ca. **3870 g** verbunden. Nach der Gleichung (B.6b) erfahren daher zwei kugelförmige Massen von jeweils 3870 g mit homogener Dichte und einem Mittelpunktsabstand von 1cm je nach Polarität eine Anziehungs- bzw. Abstoßungskraft von 1dyn - entsprechend hohe Dichte der Massen vorausgesetzt, damit sich ihre Mittelpunkte bis auf 1cm nähern können.

Die Anwendung der in obiger Tabelle zusammengestellten Grundgleichungen der Gravitodynamik auf das im Kapitel A geschilderte Zwei-Körperproblem mit retardierten Schwerkräften liefert - wie in Kapitel C beschrieben - exakte Lösungen. D.h. man kann mit Hilfe der Grundgleichungen der Gravitodynamik analog zu den Grundgleichungen der Elektrodynamik den Beweis führen, dass die zeitlich gemittelte Gesamtkraft zweier schwingender Massen den Strahlungsimpulskräften der in Kap. B2.2 abgeleiteten Gravitationswellen entgegengesetzt gleich ist (actio = reactio).

B2.1 Die Kontinuitätsgleichung und die Quellenfreiheit des Rotors von X.

Die Gleichungen (B.36) bzw. (B.38) ergeben sich - wie im elektrischen Fall - aus der Forderung, dass der Rotor von X an der Stelle, wo die Stromlinien für die Schwerestromdichte j (in $dyn^{1/2}$ /cm·s) enden, quellenfrei ist, d.h. die Divergenz des Rotors von X Null ist. Das soll Abbildung B3 verdeutlichen. Hier zeigt die linke Seite ein Rohr aus negativer schwerer Masse (Masse mit "negativer Schwere"), gefüllt mit

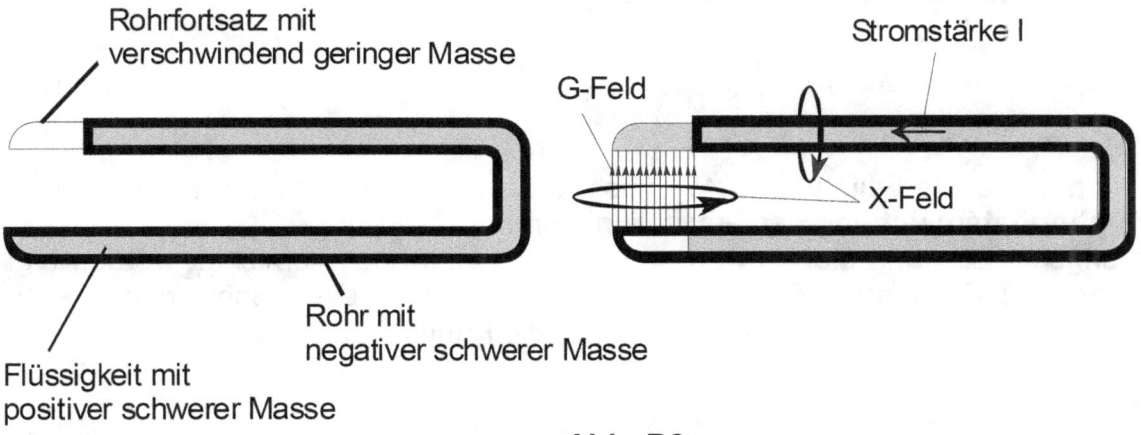

Abb. B3

einer Flüssigkeit aus positiver schwerer Masse (Masse mit "positiver Schwere"). Beide schwere Massen sollen - absolut genommen – pro Längeneinheit des Rohres – mit Ausnahme des Rohrfortsatzes - gleich groß sein, so dass auf Abbildung B3, links, lediglich im Rohrinnern zwischen der Flüssigkeit und dem Rohr ein G-Feld existiert. Wenn nun die Flüssigkeit mit positiver Schwere der Stromstärke I in den Rohrfortsatz strömt, wird zwischen dem unteren Rohrende mit negativer schwerer Masse und der Flüssigkeit im Rohrfortsatz ein G-Feld aufgebaut (rechtes Bild). Bei

Gravitodynamik

dieser Bewegung wird sowohl nach (B.28) um I als auch nach (B.36) um G ein X-Feld aufgebaut. Wegen der Abstoßung von Massen mit pos. und neg. Schwere wird bei dieser Bewegung Arbeit gewonnen (z.B. Reibungsenergie), die durch den Aufbau der negativen Energie des G-Feldes (=Energiedefizit des Vakuums) zwischen den Rohrenden erhalten wird.

Das den Massestrom I umschlingende X-Feld, dessen Richtung per definitionem durch die Ausgangsgleichung (B.28) für das Schwerkraftmagnetfeld vorgegeben ist, wird durch ein X-Feld fortgesetzt, das nach (B.36) das sich zeitlich ändernde G-Feld als „**Verschiebungsstrom**" umschlingt – analog dem **Maxwellschen „Verschiebungsstrom"** der Elektrodynamik.

Für den Rotor des X-Feldes gilt in diesem Fall analog zur Elektrodynamik:

$$rot\vec{X} = \begin{cases} -\dfrac{4\pi}{c}\vec{j} & \text{im Rohr} \quad j = Schwerestromdichte & (B.28) \\ \dfrac{1}{c}\dfrac{\partial \vec{G}}{\partial t} & \text{zwischen den Rohrenden} & (B.36) \end{cases}$$

oder allgemein:

$$rot\vec{X} = \frac{1}{c}\left(-4\pi \cdot \vec{j} + \frac{\partial \vec{G}}{\partial t}\right) \qquad (B.38)$$

Während (B.28) als Postulat bzw. als Analogon zur entsprechenden Gleichung (B.27) der Elektrodynamik anzusehen ist, gilt (B.36) als eine notwendige Ergänzung von (B.28) zur allgemeinen Gleichung (B.38). Denn nach den Regeln der Vektorrechnung muss der Rotor eines Vektors quellenfrei sein, d.h. die Divergenz des Rotors muss Null sein. Somit folgt aus (B.38):

$$div\,rot\vec{X} = 0 = div\frac{1}{c}\left(-4\pi \cdot \vec{j} + \frac{\partial \vec{G}}{\partial t}\right) \qquad (B.41)$$

D.h. auch die rechte Seite von (B.41) muss Null sein. Der Beweis lässt sich mit Hilfe der **Kontinuitätsgleichung** der Gravitation führen:
Erfahrungsgemäß kann die Schwere m weder erzeugt noch vernichtet werden (vgl. auch Kap. E2). Sie kann im Rohrfortsatz nur durch Fließen eines Schwerestromes in den Rohrfortsatz geändert werden. Es gilt hier die Kontinuitätsgleichung:

$$\frac{\partial}{\partial t}\int_V \rho \cdot dV + \int_A \vec{j}\cdot d\vec{A} = 0 \qquad \rho = Schweredichte \qquad (B.42)$$

mit V als Volumen des Rohrfortsatzes und A als Oberfläche dieses Volumens. Formt man das Flächenintegral in (B.42) mit Hilfe des Gaußschen Satzes in ein Volumenintegral um, so erhält man für den Grenzübergang V gegen Null die Kontinuitätsgleichung der Gravitodynamik in differentieller Form:

$$\int_V \frac{\partial \rho}{\partial t}\cdot dV + \int_V div\,\vec{j}\cdot dV = 0 \quad \Rightarrow \quad div\,\vec{j} + \frac{\partial \rho}{\partial t} = 0 \qquad (B.42a)$$

Gravitodynamik

Diese Gleichung ist formal identisch mit der entsprechenden Gleichung der Elektrodynamik (mit ρ als Ladungsdichte und j als Ladungsstromdichte) und der Kontinuitätsgleichung der Hydrodynamik (mit ρ als Dichte und j als Stromdichte der trägen Masse).

Nun gilt ferner die „**gravitostatische**" Beziehung (B.16):

$$div\vec{G} = -4\pi \cdot \rho \tag{B.16}$$

Setzt man ρ aus (B.16) in (B.42a) ein, so folgt:

$$div\,\vec{j} - div\frac{1}{4\pi}\frac{\partial \vec{G}}{\partial t} = 0 \quad \text{oder} \quad div\frac{1}{c}\left(-4\pi \cdot \vec{j} + \frac{\partial \vec{G}}{\partial t}\right) = \mathbf{0} \tag{B.42b}$$

Damit ist bewiesen, dass die rechte Seite von (B.41) verschwindet. Der Rotor von X ist somit an jeder Übergangsstelle, an der die Stromlinien von j enden, quellenfrei. Die Gleichungen (B.36) und (B.38) sind damit auf ihre Richtigkeit geprüft. Es ist bemerkenswert, dass dieses Ergebnis aus der allgemeingültigen Kontinuitätsgleichung und der Gleichung (B.16) der „**Gravitostatik**" folgt.

B2.2 Die Wellengleichung der Gravitationswellen

Die Kombination von (B.34) und (B.36) ergibt - wie im elektrischen Fall - die Wellengleichung der Gravitationswellen. Denn bildet man den Rotor von (B.34) und differenziert (B.36) nach der Zeit, so erhält man

$$rot\,rot\vec{G} = -\frac{1}{c}\frac{\partial rot\vec{X}}{\partial t} \quad \text{bzw.} \quad \frac{\partial rot\vec{X}}{\partial t} = \frac{1}{c}\frac{\partial^2 \vec{G}}{\partial t^2}$$

d.h.

$$rot\,rot\vec{G} = -\frac{1}{c}\frac{\partial rot\vec{X}}{\partial t} = -\frac{1}{c^2}\frac{\partial^2 \vec{G}}{\partial t^2} \tag{B.43}$$

Nun ist aber nach den Regeln der Vektorrechnung:

$$rot\,rot\,\vec{G} = grad\,div\vec{G} - \Delta\vec{G} \tag{B.44}$$

Für den massefreien Raum gilt wegen (B.16) mit ρ = 0

$$div\vec{G} = 0 \tag{B.45}$$

(B.43), (B.44) und (B.45) ergeben somit die Wellengleichung

$$\Delta\vec{G} = \frac{1}{c^2}\frac{\partial^2 \vec{G}}{\partial t^2} \tag{B.46}$$

Eine analoge Gleichung für X erhält man unter Benutzung von (B.28a) durch Elimination von G durch Rotorbildung von (B.36) und Differentiation von (B.34) nach der Zeit:

$$\Delta\vec{X} = \frac{1}{c^2}\frac{\partial^2 \vec{X}}{\partial t^2} \tag{B.47}$$

Gravitodynamik

Betrachtet man nun eine Planwelle, die sich in x-Richtung ausbreitet, bei der die Feldstärken G und X nicht von y und z abhängen, so folgt aus (B.46) und (B.47):

$$\frac{\partial^2 \vec{G}}{\partial x^2} = \frac{1}{c^2}\frac{\partial^2 \vec{G}}{\partial t^2} \quad \text{und} \quad \frac{\partial^2 \vec{X}}{\partial x^2} = \frac{1}{c^2}\frac{\partial^2 \vec{X}}{\partial t^2} \qquad (B.47a)$$

Ferner folgt aus den Divergenzgleichungen (B.16) mit ρ=0 und (B.28a) bei Unabhängigkeit von y und z:

$$\frac{\partial G_x}{\partial x} = 0 \quad ; \quad \frac{\partial X_x}{\partial x} = 0 \qquad (B.48)$$

Nun gilt ferner nach den Regeln der Vektorrechnung für einen Vektor V (Determinantenregel):

$$rot\vec{V} = \nabla \times \vec{V} = \begin{vmatrix} \vec{e}_x & \vec{e}_y & \vec{e}_z \\ \frac{\partial}{\partial x} & \frac{\partial}{\partial y} & \frac{\partial}{\partial z} \\ V_x & V_y & V_z \end{vmatrix} \qquad \vec{e}_x, \vec{e}_y, \vec{e}_z \text{ Einheitsvektoren in } x, y, z - \text{Richtung}$$

Damit lauten die Rotorgleichungen (B.34) und (B.36) explizit:

$$rot\vec{G} = \left(\frac{\partial G_z}{\partial y} - \frac{\partial G_y}{\partial z}\right)\cdot \vec{e}_x - \left(\frac{\partial G_z}{\partial x} - \frac{\partial G_x}{\partial z}\right)\cdot \vec{e}_y + \left(\frac{\partial G_y}{\partial x} - \frac{\partial G_x}{\partial y}\right)\cdot \vec{e}_z = -\frac{1}{c}\frac{\partial \vec{X}}{\partial t} \qquad (B.48a)$$

$$rot\vec{X} = \left(\frac{\partial X_z}{\partial y} - \frac{\partial X_y}{\partial z}\right)\cdot \vec{e}_x - \left(\frac{\partial X_z}{\partial x} - \frac{\partial X_x}{\partial z}\right)\cdot \vec{e}_y + \left(\frac{\partial X_y}{\partial x} - \frac{\partial X_x}{\partial y}\right)\cdot \vec{e}_z = \frac{1}{c}\frac{\partial \vec{G}}{\partial t} \qquad (B.48b)$$

Für eine Planwelle in x-Richtung hängen G und X nicht von y und z ab, also:

$$\frac{\partial \vec{G}}{\partial y} = \frac{\partial \vec{G}}{\partial z} = \frac{\partial \vec{X}}{\partial y} = \frac{\partial \vec{X}}{\partial z} = 0 \qquad (B.48c)$$

Damit folgt aus den Rotorgleichungen (B.48a) und (B.48b):

$$\frac{\partial G_z}{\partial x} = \frac{1}{c}\frac{\partial X_y}{\partial t} \qquad (B.48d) \qquad \frac{\partial G_y}{\partial x} = -\frac{1}{c}\frac{\partial X_z}{\partial t} \qquad (B.48e)$$

$$-\frac{\partial X_z}{\partial x} = \frac{1}{c}\frac{\partial G_y}{\partial t} \qquad (B.48f) \qquad \frac{\partial X_y}{\partial x} = \frac{1}{c}\frac{\partial G_z}{\partial t} \qquad (B.48g)$$

$$\frac{\partial X_x}{\partial t} = 0 \qquad (B.48h) \qquad \frac{\partial G_x}{\partial t} = 0 \qquad (B.48i)$$

Gravitodynamik

Nach (B.48), (B.48h) und (B.48i) sind also G_x und X_x von x und t unabhängig. Es kann sich demnach nur um ein räumlich und zeitlich konstantes Feld handeln, das den Wellen überlagert ist, d. h.:

G_x = const. bzw. X_x = const. (B.49)

Da es sich also hier um ein konstantes Feld handelt, das an der Wellenausbreitung nicht beteiligt ist, kann es auch als nicht vorhanden angenommen werden, d.h. man kann setzen:

G_x = 0 bzw. X_x = 0 (B.49a)

Für die y- und z-Komponenten von G und X erhält man daher aus (B.47a):

$$\frac{\partial^2}{\partial x^2}G_y = \frac{1}{c^2}\frac{\partial^2}{\partial t^2}G_y \quad (B.50a) \qquad \frac{\partial^2}{\partial x^2}G_z = \frac{1}{c^2}\frac{\partial^2}{\partial t^2}G_z \quad (B.50b)$$

bzw.

$$\frac{\partial^2}{\partial x^2}X_y = \frac{1}{c^2}\frac{\partial^2}{\partial t^2}X_y \quad (B.51a) \qquad \frac{\partial^2}{\partial x^2}X_z = \frac{1}{c^2}\frac{\partial^2}{\partial t^2}X_z \quad (B.51b)$$

Die allgemeinen Lösungen von (B.50a) bis (B.51b) lauten:

$G_y = f_1(t - x/c) + g_1(t + x/c)$ (B.52a) $G_z = f_2(t - x/c) + g_2(t + x/c)$ (B.52b)
$X_z = f_1(t - x/c) - g_1(t + x/c)$ (B.52c) $X_y = -f_2(t - x/c) + g_2(t + x/c)$ (B.52d)

Das sind Wellen, die sich im Falle der Funktion f in positive, im Falle der Funktion g in negative x-Richtung mit der Geschwindigkeit c fortpflanzen. Die Verteilung der Funktionen f_1, f_2, g_1, und g_2 in (B.52a) bis (B.52d) auf die Komponenten von G und X geht aus den Rotorgleichungen (B.48d) bis (B.48g) hervor. Die Vorzeichen von f und g sind ebenfalls bedingt durch (B.48d) bis (B.48g). Betrachtet man nur die Lösung der in positiver x-Richtung fortschreitenden Welle, setzt also $g_1=g_2=0$, so erhält man für die Vektoren G und X (e_y und e_z = Einheitsvektoren der y- bzw. z-Achse):

$$\vec{G} = f_1 \cdot \vec{e}_y + f_2 \cdot \vec{e}_z \qquad \vec{X} = -f_2 \cdot \vec{e}_y + f_1 \cdot \vec{e}_z \qquad (B.53a)$$

Daraus folgt sofort, dass die Beträge von G und X gleich sind und G und X aufeinander senkrecht stehen (wie E und H bei elektromagnetischen Wellen im Vakuum):

$$|\vec{G}| = |\vec{X}| = \left|\sqrt{f_1^2 + f_2^2}\right| \quad \text{und} \quad \vec{G} \cdot \vec{X} = -f_1 \cdot f_2 + f_1 \cdot f_2 = 0 \qquad (B.53b)$$

Ferner zeigt sich, dass die **Feld-Energiestromdichte** (vgl. (B.40) und Kap. B3.1 und Kap. B3.2)

$$\vec{S} = -\frac{c}{4\pi}\vec{G} \times \vec{X} = -\frac{c}{4\pi}(G_y \cdot X_z - G_z \cdot X_y)\vec{e}_x = -\frac{c}{4\pi}(f_1^2 + f_2^2)\cdot \vec{e}_x \qquad (B.53c)$$

eine zur Wellenausbreitung entgegengesetzte Richtung besitzt - im Gegensatz zur Elektrodynamik ! (e_x = Einheitsvektor der x-Achse)

Diese Verhältnisse zeigt schematisch Abbildung B3a. Hier sind die Feldstärken von Wellenpaketen mit $g_1=g_2=0$, d.h. einer in x-Richtung fortschreitende Welle, und mit $f_2=0$, d.h. nach (B.53a) $G_z=X_y=0$, dargestellt und mit einem Paket elektromagnetischer Wellen verglichen. Beide Wellenpakete breiten sich in Richtung der positiven x-Achse mit der Geschwindigkeit c aus. Während im Falle der Elektrodynamik (links) die Feldenergiestromdichte S die gleiche Richtung wie die Ausbreitungsgeschwindigkeit c hat (vgl.(B.39)) , ist sie im Falle der Gravitodynamik (rechts) der Ausbreitungsrichtung genau entgegengesetzt. Das gleiche gilt auch für die Feld-Impulsstromdiche P=S/c (vgl. (B.39a) und (B.40a)).

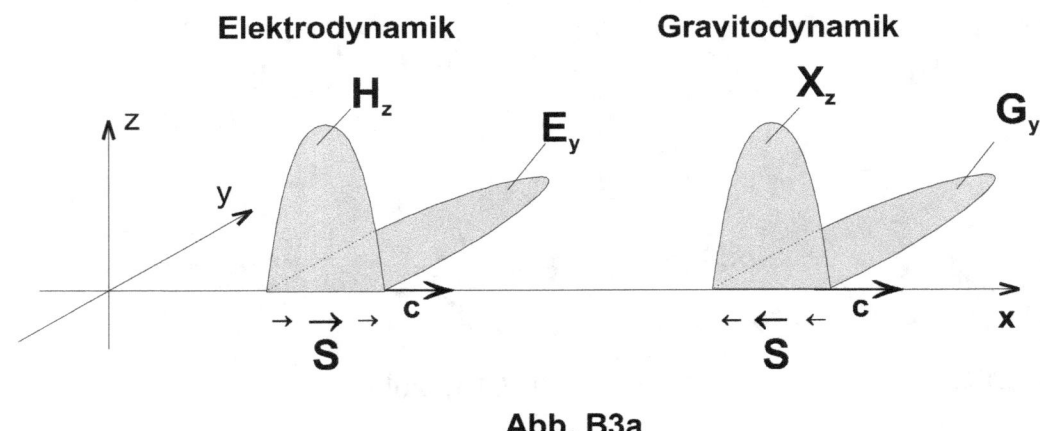

Abb. B3a

Für die Feldenergiedichten u gilt nach (B.21) und (B.31) bzw. (B.22) und (B.32) (vgl. auch Kap. B3):

Elektrodynamik : $u = +\dfrac{1}{8\pi}\left(\vec{E}^2 + \vec{H}^2\right)$ **Gravitodynamik** : $u = -\dfrac{1}{8\pi}\left(\vec{G}^2 + \vec{X}^2\right)$ $(B.53d)$

Nach (B.53d) wird demnach bei der elektromagnetischen Welle die positive Feldenergie (vgl. Abb. B3b) von der Rückseite der Welle zur Frontseite transportiert. Bei der Gravitationswelle mit nach (B.53d) negativem Energieinhalt findet nach (B.53c) der positive Energietransport von der Frontseite zu Rückseite der Welle statt. Denn das feldfreie Vakuum besitzt außerhalb der Gravitationswelle einen größeren Energieinhalt als in der Welle.

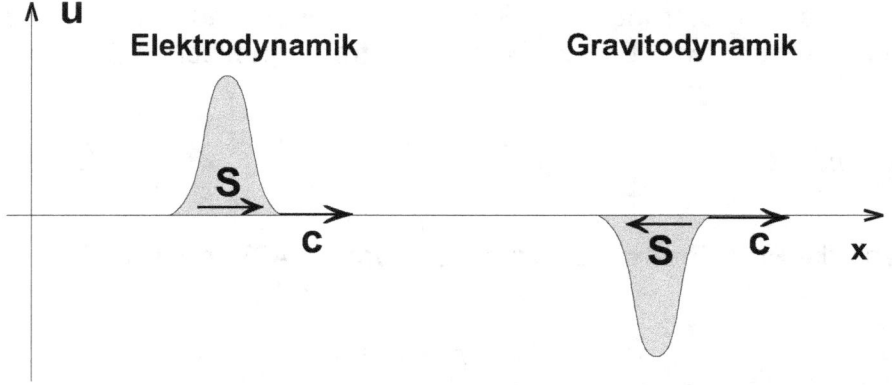

Abb. B3b

Die Ableitungen in diesem Kapitel zeigen, dass die Gleichung (B.34), die als das **Induktionsgesetz** der Gravitodynamik bezeichnet werden kann, eine **notwendige Ergänzung** von Gleichung (B.36) zur Wellengleichung ist. Denn ohne diese Ergänzung gäbe es keine Wellengleichungen (B.46) und (B.47), die fortschreitende Wellen beschreiben.

B2.3 Die Lenz'sche Regel der Gravitodynamik

Der Unterschied zwischen gravitomagnetischer und elektromagnetischer **Induktion** soll an zwei Fallbeispielen der Abbildung B4 verdeutlicht werden. Die Abbildung zeigt einen um seine Achse rotierenden Hohlzylinder, der im Falle

1. der Gravitodynamik aus **positiver** schwerer Masse besteht, elektrisch **neutral** sei und in der Richtung rotiert, wie der Pfeil der Schwerestromstärke I_m andeutet;
2. der Elektrodynamik **positiv** elektrisch geladen sei und in Pfeilrichtung der elektrischen Stromstärke I_q rotiert - also zu 1. in entgegengesetzter Richtung.

In beiden Fällen wird ein magnetisches Feld X bzw. H und ein damit verbundener magnetischer Fluss Φ erzeugt. X und H haben in beiden Fällen die gleiche Richtung.

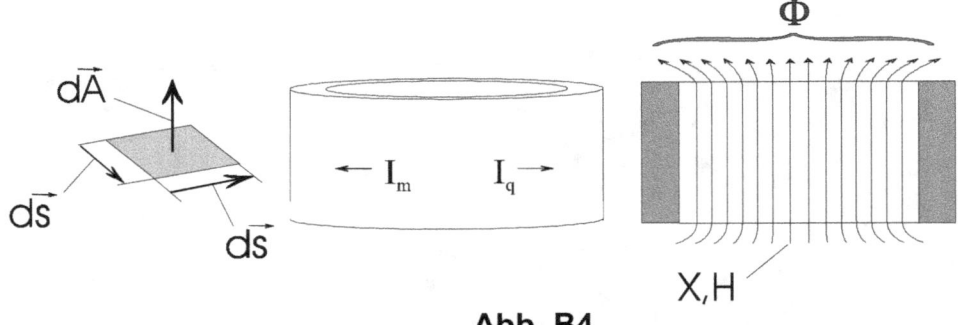

Abb. B4

Ändert sich die Drehzahl des Zylinders, ergibt sich nach den Induktionsgesetzen (B.33) und (B.34) eine Umfangsspannung U_{Umfang}. Die Berechnung dieser Spannung erfolgt nach Stokes, d.h. es gilt:

im Falle der Gravitodynamik :

$$U_{Umfang} = \oint \vec{G} \cdot d\vec{s} = \int rot\vec{G} \cdot d\vec{A} = -\frac{1}{c}\frac{\partial}{\partial t}\int \vec{X} \cdot d\vec{A} = -\frac{1}{c}\frac{\partial \Phi}{\partial t} \qquad (B.54)$$

im Falle der Elektrodynamik :

$$U_{Umfang} = \oint \vec{E} \cdot d\vec{s} = \int rot\vec{E} \cdot d\vec{A} = -\frac{1}{c}\frac{\partial}{\partial t}\int \vec{H} \cdot d\vec{A} = -\frac{1}{c}\frac{\partial \Phi}{\partial t} \qquad (B.55)$$

Hierin bedeuten:

Φ = magnetischer Fluß, $d\vec{A}$ = Flußquerschnittflächenelement, $d\vec{s}$ = Linienelement des

Flußumfangs, Richtung von $d\vec{s}$ und $d\vec{A}$: s. Rechtsschraubenregel : Abb.B4, links

Da X und H in diesen Fallbeispielen die gleiche Richtung haben, wirkt die Umfangsspannung in beiden Fällen in der gleichen Richtung. D.h. aber, dass im elektrodynamischen Falle – wie gewohnt - die Kraft auf die Ladung immer so gerichtet ist, dass eine **Drehzahländerung abgeschwächt** wird (**Lenz'sche Regel der Elektrodynamik**). Im gravitodynamischen Falle ist jedoch die Kraft auf die schwere Masse immer so gerichtet, dass eine **Drehzahländerung verstärkt** wird („**Lenz'sche Regel" der Gravitodynamik**). Es gilt also:

Gravitodynamik

> Die induzierte Feldstärke G bei Änderung von X ist stets so gerichtet, dass **die Ursache der Induktion verstärkt** wird (entgegengesetzt zur **Lenzschen Regel** der Elektrodynamik).

Die Drehzahländerung der Gravitodynamik ist allerdings wegen der geringen Größe der verursachenden Kraft und der großen Trägheit des rotierenden Zylinders kaum messbar (vgl. auch Kap. B4.2: Die Reduktion der Massenträgheit).

B2.4 Energiebilanz bei Flussänderungen der Feldstärke X und deren negative Energiedichte

Im Folgenden soll nun die Energiedichte der Feldstärken X und H berechnet und miteinander verglichen werden (Berechnung mit Hilfe der Lorentzkraft s. Anhang Gravitodynamik, Kap.G2).

Multipliziert man die Gleichungen (B.54) und (B.55) mit der Schwerestromstärke I_m bzw. mit der elektrischen Stromstärke I_q und setzt voraus, dass die Feldstärken X bzw. H über den gesamten Flussquerschnitt A konstant sind, so erhält man die Leistungen L, die bei Änderungen von X bzw. H an dem Zylinder verrichtet werden:

im Falle der Gravitodynamik :

$$L_m = U_{Umfang} \cdot I_m = +\frac{1}{c}\left(\frac{\partial}{\partial t}\int \vec{X}\cdot d\vec{A}\right)\cdot I_m = +\frac{1}{c}A\left(\frac{\partial}{\partial t}X\right)\cdot I_m \tag{B.56}$$

im Falle der Elektrodynamik :

$$L_q = U_{Umfang} \cdot I_q = -\frac{1}{c}\left(\frac{\partial}{\partial t}\int \vec{H}\cdot d\vec{A}\right)\cdot I_q = -\frac{1}{c}A\left(\frac{\partial}{\partial t}H\right)\cdot I_q \tag{B.57}$$

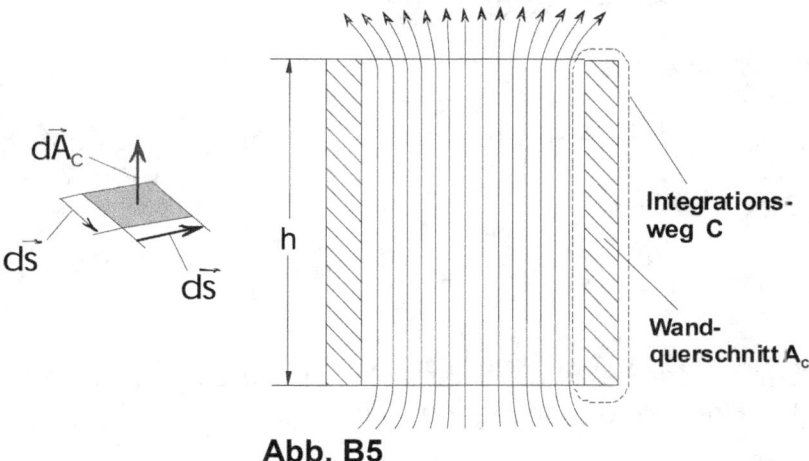

Abb. B5

Die Leistung $L_m = U_{Umfang} \times I_m$ ist im Gegensatz zum Produkt $L_q = U_{Umfang} \times I_q$ wegen der Lenzschen Regel positiv, wenn die zeitliche Änderung von X bzw. H > 0 ist.

Nun gilt der Zusammenhang zwischen den Feldstärken X und I_m bzw. H und I_q für den Fall, dass die Höhe h des Hohlzylinders groß ist gegenüber dem Durchmesser und daher X und H an der Außenwand des Hohlzylinders vernachlässigbar klein sind (Integrationsweg C von Gl. (B.58) bzw. Gl. (B.59) und Wandquerschnitt A_C s. Abb. B5. Der Vektor dA_C zeigt vom Betrachter weg, d.h. in die gleiche Richtung wie der Rotor von X bzw. H in der Zylinderwand):

Gravitodynamik

im Falle der Gravitodynamik nach dem Satz von Stokes:

$$\int_{A_C} \text{rot}\, \vec{X} \cdot d\vec{A}_C = \int_C \vec{X} \cdot d\vec{s} = X \cdot h \tag{B.58}$$

im Falle der Elektrodynamik nach dem Satz von Stokes:

$$\int_{A_C} \text{rot}\, \vec{H} \cdot d\vec{A}_C = \int_C \vec{H} \cdot d\vec{s} = X \cdot h \tag{B.59}$$

Ferner gilt (die Vektoren von j_m und dA_C haben entgegengesetzte Richtung!):

im Falle der Gravitodynamik nach GL. **(B.28)**:

$$\int_{A_C} \text{rot}\, \vec{X} \cdot d\vec{A}_C = - \int_{A_C} (4 \cdot \pi / c) \cdot \vec{j}_m \cdot d\vec{A}_C = +(4 \cdot \pi / c) \cdot I_m \tag{B.60}$$

im Falle der Elektrodynamik nach Gl. **(B.27)**:

$$\int_{A_C} \text{rot}\, \vec{H} \cdot d\vec{A}_C = + \int_{A_C} (4 \cdot \pi / c) \cdot \vec{j}_q \cdot d\vec{A}_C = +(4 \cdot \pi / c) \cdot I_q \tag{B.61}$$

Aus den Gleichungen (B.58) bis (B.61) folgt daher für die Stromstärken I_m und I_q:

im Falle der Gravitodynamik:

$$I_m = X \cdot h \cdot c / 4 \cdot \pi \tag{B.62}$$

im Falle der Elektrodynamik:

$$I_q = +H \cdot h \cdot c / 4 \cdot \pi \tag{B.63}$$

Setzt man nun I_m bzw. I_q aus Gleichung (B.62) und (B.63) in Gleichung (B.56) und (B.57) ein, so ergibt sich (Feldvolumen $V = A \times h$):

im Falle der Gravitodynamik:

$$L_m = U_{Umfang} \cdot I_m = +\frac{1}{c}\left(\frac{\partial}{\partial t} \int \vec{X} \cdot d\vec{A}\right) \cdot I_m = +\frac{1}{c}\left(\frac{\partial}{\partial t} X\right) \cdot A \cdot I_m = +\frac{1}{2}(\frac{\partial}{\partial t} X^2) \cdot V / 4 \cdot \pi \tag{B.64}$$

im Falle der Elektrodynamik:

$$L_q = U_{Umfang} \cdot I_q = -\frac{1}{c}\left(\frac{\partial}{\partial t} \int \vec{H} \cdot d\vec{A}\right) \cdot I_q = -\frac{1}{c}\left(\frac{\partial}{\partial t} H\right) \cdot A \cdot I_q = -\frac{1}{2}(\frac{\partial}{\partial t} H^2) \cdot V / 4 \cdot \pi \tag{B.65}$$

Integration über die Zeit liefert die Energie W, die durch den Aufbau von X bzw. H an den rotierenden Hohlzylinder abgegeben wird:

im Falle der Gravitodynamik:

$$W_m = \int L_m \cdot dt = \int U_{Umfang} \cdot I_m \cdot dt = X^2 \cdot V / 8 \cdot \pi \tag{B.66}$$

im Falle der Elektrodynamik:

$$W_q = \int L_q \cdot dt = \int U_{Umfang} \cdot I_q \cdot dt = -H^2 \cdot V / 8 \cdot \pi \tag{B.67}$$

- Das positive Vorzeichen in (B.66) bedeutet:

Eine Zunahme von X führt zu einer Erhöhung der kinetischen Energie des Hohlzylinders (s. oben: Lenzsche Regel).

- Das negative Vorzeichen in (B.67) bedeutet:

Gravitodynamik

Eine Zunahme von H führt zu einer Erniedrigung der kinetischen Energie des Hohlzylinders (s. oben: Lenzsche Regel).

Nach dem Energiesatz muss daher für die die Feldenergien W_X bzw. W_H gelten:

$$W_m + W_X = 0 \quad \text{oder } W_X = -W_m \quad (B.68a)$$
$$W_q + W_H = 0 \quad \text{oder } W_H = -W_q \quad (B.68b)$$

Und damit ergibt sich für die Feldenergien W bzw. Feldenergiedichten u mit (B.66) und (B.67):

im Falle der Gravitodynamik :
$$W_X = -X^2 \cdot V / 8 \cdot \pi \quad \text{bzw. für die Feldenergiedichte } u_X = W_X / V = -X^2 / 8 \cdot \pi \quad (B.69a)$$
im Falle der Elektrodynamik :
$$W_H = +H^2 \cdot V / 8 \cdot \pi \quad \text{bzw. für die Feldenergiedichte } u_H = W_H / V = +H^2 / 8 \cdot \pi \quad (B.69b)$$

B2.5 Die Kräfte und Drehmomente von Gravitomagneten

Zum leichteren Verständnis der Kräfte von Gravitomagneten im Gravitomagnetfeld X betrachte man die Abbildung B5a. Hier sind zwei rotierende Masseringe mit positiver Schwere dargestellt, die bei Blickrichtung vom Südpol in Richtung Nordpol beide **gegen den Uhrzeigersinn** um ihre Achse rotieren. Die Richtung des Gravitomagnetfeldes X des linken Ringes und der Lorentzkraft F_L auf den rechten Ring sind eingezeichnet. Wie ersichtlich, wirkt nach (B.30a) auf den rechten Ring eine gegenüber dem linken Ring abstoßende Kraft. Wären beide Ringe elektrisch positiv geladen und rotierten beide bei Blickrichtung von Süd nach Nord **mit dem Uhrzeigersinn** um ihre Achse, so wäre die Richtung von H gleich der von X auf Abb. B5a. Dann ergibt sich aber auf den rechten Ring auf Grund der elektromagnetischen

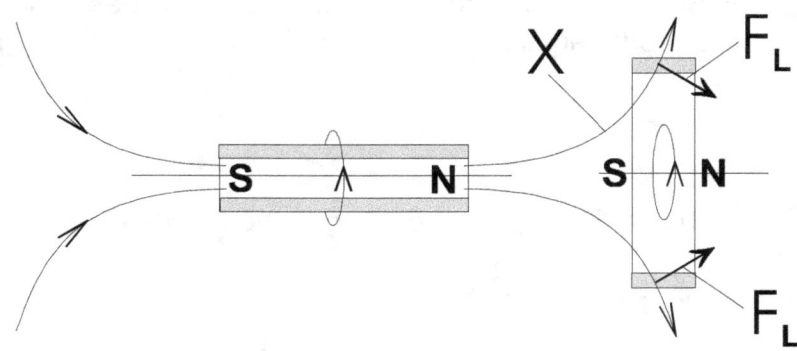

Abb. B 5a

Lorentzkraft, die der hier eingezeichneten gravitomagnetischen entgegengesetzt ist, – wie gewohnt - eine anziehende Wirkung.

Massen mit Drehimpuls können nach Abb. B5a auch als „Gravitomagnete" mit dem gravitomagnetischen Moment µ betrachtet werden. Allgemein gilt im Gegensatz zur Elektrodynamik für die Kraft F auf einen Gravitomagneten mit dem gravitomagnetischen Moment μ im Gravitomagnetfeld X (vgl. auch Glchg. (F.25), Kap.F4, Anhang. Beachte das Vorzeichen!):

$$\vec{F} = -\mathrm{grad}\left(\vec{\mu} \cdot \vec{X}\right) \tag{B.69c}$$

Die Richtung von μ ist analog zur Elektrodynamik von „Süd" nach „Nord" gerichtet (vgl. auch Abb. B5e). Um das gravitomagnetische Moment μ_M einer rotierenden Masse M zu veranschaulichen, soll im Folgenden als Beispiel das gravitomagnetische Moment eines Ringes mit dem Radius R und gleichmäßiger Massenverteilung berechnet werden, der um sein Zentrum rotiert. Analog zur Elektrodynamik ergibt sich für das gravitomagnetische Moment μ_M (vgl. Glchg. (F.26), Kap. F4, Anhang):

$$\vec{\mu}_M = \frac{I_M}{c} \cdot A \cdot \vec{e}_F \qquad \vec{e}_F = \text{Einheitsvektor, senkrecht zur Ringfläche A} \tag{B.69d}$$

wobei die Bedeutung der einzelnen Größen in (B.69d) aus Abbildung B 5b und Glchg. (B.69e) hervorgeht (Positive schwere Masse M des Ringes mit dem Radius R_M, Kreisfläche A, Umfangsgeschwindigkeit v_{rM}; der Einheitsvektor e_F zeigt vom Betrachter weg! Vgl. auch Abb. F5, Kap. F4, Anhang).

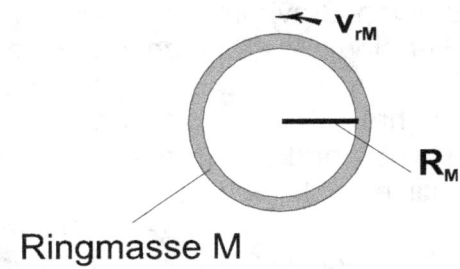

Ringmasse M

Abb. B 5b

In (B.69d) ist I_M der Schwerestrom der schweren Masse M des Ringes analog zum Ladungsstrom der Elektrodynamik (vgl. Glchg. (F.27), Kap. F4, Anhang):

$$I_M = \frac{M}{2\pi R_M} \cdot v_{rM} \qquad v_{rM} \geq 0 \tag{B.69e}$$

Damit wird aus (B.69d) mit (B.69e) und der Ringfläche $A = \pi \cdot (R_M)^2$:

$$\vec{\mu}_M = \frac{M \cdot v_{rM}}{2\pi R_M c} \cdot \pi \cdot R_M^2 \cdot \vec{e}_F = \frac{M \cdot v_{rM} \cdot R_M}{2 \cdot c} \cdot \vec{e}_F \tag{B.69f}$$

wobei der Index r von v_{rM} andeuten soll, dass die zu M gehörende träge Masse des Ringes einen Drall (Eigendrehimpuls) besitzt.

Gravitomagnete wirken also im Vergleich zum elektrodynamischen Analogon entgegengesetzt, wie oben beschrieben. Das zeigt übersichtlich zusammengefaßt die Abbildung B5c. In ihr ist die Kraftwirkung von Elektromagneten denen von Gravitomagneten gegenübergestellt. Die Gravitomagnete kann man sich auch hier als um die Längsachse rotierende Massestäbe vorstellen, wobei - von Süd nach

Nord gesehen - der Stab aus positiver schwerer Masse entgegen dem Uhrzeigersinn rotiert, wie an Hand der Abb. B5a erläutert wurde.

	Elektromagnete	Gravitomagnete	
	N S N S anziehend	N S N S abstoßend	a
	S N N S abstoßend	S N N S anziehend	b
	N N / S S abstoßend	N N / S S anziehend	c
	S N / N S anziehend	S N / N S abstoßend	d

Abb. B 5c

Danach sind ähnlich wie in Abbildung A3 von Kap. A3 für die "Schwerkraftdipole" auch die Kräfte von Elektromagneten und von Gravitomagneten konträr. Aus der Abbildung B 5c lässt sich außerdem ableiten, dass das Gravitomagnetfeld eine **negative Energie** besitzt. Man vergleiche dazu die beiden Fälle a auf der Abbildung B 5c. Danach verkleinert sich bei Annäherung der Stabmagnete das Volumen der Magnetfelder mit analog verlaufenden Feldlinien zwischen den Stäben. Bei den Elektromagneten wird durch die Anziehung der Stäbe bei Annäherung mechanische Energie abgegeben, die aus dem Elektromagnetfeld durch die Volumenverringerung entnommen wird. Bei den Gravitomagneten muss bei Annäherung der Stäbe wegen ihrer gegenseitigen Abstoßung mechanische Energie aufgebracht werden, die in das Volumen zwischen den Stäben zur Verringerung des Energiedefizits des Gravitomagnetfeldes abgegeben wird.

Ein weiteres Beispiel soll nochmals den Unterschied zwischen Elektromagneten und Gravitomagneten verdeutlichen. In Abbildung B5d ist ein Magnet der Elektro- bzw. der Gravitodynamik in Teilmagnete zerlegt, so dass man das gegensätzliche Verhalten – besonders an ihren Polen - besser erläutern kann. Wie ersichtlich, stoßen sich die jeweils 3 äußeren Teilmagnete der Elektrodynamik voneinander ab, werden jedoch von den übrigen des Stabes angezogen. Im Falle der Gravitodynamik ziehen sich die

Elektrodynamik

Gravitodynamik

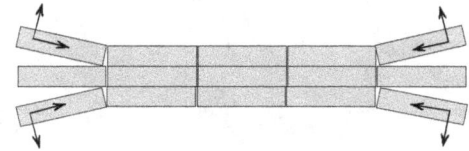
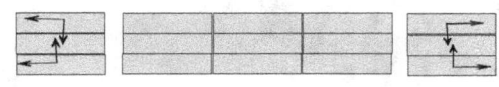

Abb. B 5d

jeweils 3 äußeren Teilmagnete gegenseitig an, werden jedoch von den übrigen des Stabes abgestoßen – wenn man einmal die anziehende Wirkung der Schwerkraft außer Acht lässt. Diese Eigenschaft der Gravitomagnete spielt eine besondere Rolle beim Mechanismus der Jets massereicher Körper (vgl. Kap. D8).

Ein konträres Verhalten relativ zu Elektromagneten gilt auch für das Drehmoment, das ein Gravitomagnet in einem Gravitomagnetfeld erfährt, wie man sich an Hand der Abb. B5a und den Gleichungen (B.29a) und (B.30a) für die Lorentzkraft klarmacht. Für dieses Drehmoment N, das ein Gravitomagnet (rotierender „Massestab") mit dem gravitomagnetischen Moment µ im Gravitomagnetfeld X erfährt, gilt:

$$\vec{N} = -\vec{\mu} \times \vec{X} \qquad (B.69g)$$

Diese Gleichung ist formal bis auf das Vorzeichen identisch mit der Gleichung der Elektrodynamik. Allgemein gilt auch hier, dass die Drehung von Magneten im Feld eines anderen immer so erfolgt, dass sich die Magnete parallel zu den Feldlinien ausrichten, wie Abb. B 5e zeigt. Im Falle der Gravitomagnete erfolgt die Drehung im

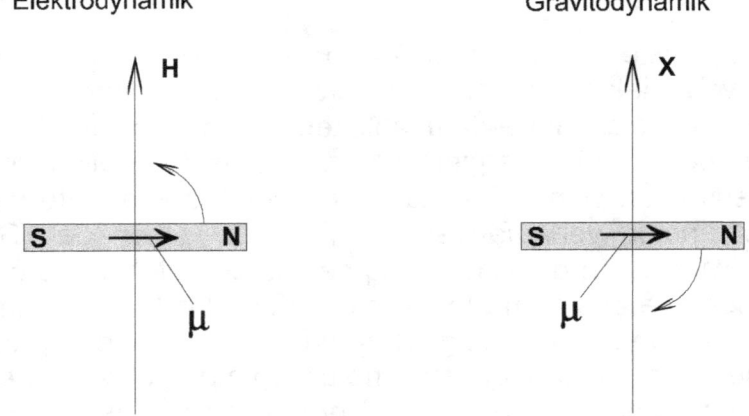

Abb. B 5e

Magnetfeld X jedoch entgegengesetzt zu der eines Elektromagneten im Magnetfeld H, so dass µ und X schließlich entgegengesetzt („antiparallel") ausgerichtet sind!

Es sei darauf hingewiesen, dass bei der Wahl der Richtung von µ in NS-Richtung die Gleichungen (B.69c) und (B.69g) formal identisch mit den entsprechenden Gleichungen der Elektrodynamik werden (d.h. ohne das negative Vorzeichen).

Gravitodynamik

B3 Der Energiesatz der Gravitodynamik

Durch skalare Multiplikation von (B.34) mit der gravitomagnetischen Feldstärke X und von (B.38) mit der Schwerkraftfeldstärke G erhält man die Gleichungen:

$$\vec{X} \cdot rot\vec{G} = -\frac{1}{c} \vec{X} \frac{\partial \vec{X}}{\partial t} \tag{B.70}$$

$$\vec{G} \cdot rot\vec{X} = \frac{1}{c}\left(-4\pi \vec{G} \cdot \vec{j} + \vec{G} \frac{\partial \vec{G}}{\partial t}\right) \tag{B.71}$$

Differenzbildung beider Gleichungen:

$$\vec{X} \cdot rot\vec{G} - \vec{G} \cdot rot\vec{X} = -\frac{1}{c} \vec{X} \frac{\partial \vec{X}}{\partial t} + \frac{1}{c}\left(4\pi \cdot \vec{G} \cdot \vec{j} - \vec{G} \frac{\partial \vec{G}}{\partial t}\right) \tag{B.72}$$

Nun gilt die Vektorregel:

$$\vec{X} \cdot rot\vec{G} - \vec{G} \cdot rot\vec{X} = div(\vec{G} \times \vec{X}) \tag{B.73}$$

Damit folgt aus (B.72):

$$-\frac{1}{c}\left(\vec{X} \frac{\partial \vec{X}}{\partial t} + \vec{G} \frac{\partial \vec{G}}{\partial t}\right) + \frac{4\pi}{c} \vec{G} \cdot \vec{j} = div(\vec{G} \times \vec{X}) \tag{B.74}$$

oder

$$-\frac{1}{8\pi}\left(\frac{\partial \vec{X}^2}{\partial t} + \frac{\partial \vec{G}^2}{\partial t}\right) + \vec{G} \cdot \vec{j} = \frac{c}{4\pi} div(\vec{G} \times \vec{X}) \tag{B.75}$$

bzw.

$$\frac{\partial}{\partial t}\left(-\frac{1}{8\pi} \vec{X}^2 - \frac{1}{8\pi} \vec{G}^2\right) + \vec{G} \cdot \vec{j} = \frac{c}{4\pi} div(\vec{G} \times \vec{X}) \tag{B.76}$$

Nun ist aber nach Kapitel B1 und B2 bzw. nach Gleichung (B.22) und (B.32):

$$u_{gr} = -\frac{1}{8\pi} \vec{G}^2 \quad (B.22) \qquad u_{grm} = -\frac{1}{8\pi} \vec{X}^2 \quad (B.32)$$

(u_{gr} : Energiedichte des Schwerkraftfeldes G, u_{grm} : Energiedichte des Gravitomagnetfeldes X)

Damit erhält man aus (B.76):

$$\boxed{\frac{\partial}{\partial t}(u_{gr} + u_{grm}) + \vec{G} \cdot \vec{j} = \frac{c}{4\pi} div(\vec{G} \times \vec{X})} \tag{B.77}$$

Gravitodynamik

Das ist der Energiesatz der Gravitodynamik. Er ist – bis auf das Vorzeichen auf der rechten Seite - formal identisch mit dem Energiesatz der Elektrodynamik.

Die Energiebilanz eines Volumens V erhält man aus (B.77) durch Integration über V und Anwendung des Gaußschen Satzes (dA zeigt aus V heraus):

$$\frac{\partial}{\partial t}\int_V (u_{gr} + u_{grm})\cdot dV + \int_V \vec{G}\cdot \vec{j}\, dV = \frac{c}{4\pi}\int_V div(\vec{G}\times \vec{X})\cdot dV = \frac{c}{4\pi}\oint_A (\vec{G}\times \vec{X})\cdot d\vec{A} \qquad (B.78)$$

Der erste Term links bedeutet die zeitliche Änderung der Feldenergie im Volumen V, der zweite Term links die Leistung, die das G-Feld an der Schwerestromdichte j in V verrichtet, der Term ganz rechts ist analog zur Elektrodynamik die Gravitationsstrahlungsenergie, die sekundlich durch die Oberfläche A des Volumens V ab- bzw. zuströmt, je nach der Richtung des Vektorproduktes von G und X. Auf die Besonderheit dieses Vektorproduktes soll im nächsten Kapitel näher eingegangen werden.

B3.1 Energiebilanz periodisch schwingender Massen

Betrachtet man periodische Vorgänge in V, wie zum Beispiel die schwingender Massen, so lässt sich (B.78) zeitlich über eine Periodendauer T mitteln:

$$\frac{1}{T}\int_t^{t+T}\frac{\partial}{\partial t}\int_V (u_{gr} + u_{grm})\cdot dV \cdot dt + \frac{1}{T}\int_t^{t+T}\int_V \vec{G}\cdot \vec{j}\, dV \cdot dt = \frac{c}{4\pi}\frac{1}{T}\int_t^{t+T}\oint_A (\vec{G}\times \vec{X})\cdot d\vec{A}\cdot dt \qquad (B.79)$$

Wegen der Periodizität von G und X verschwindet der erste Term links in (B.79), so dass man erhält:

$$\overline{L}_{gr} = \int_V \overline{\vec{G}\cdot \vec{j}}\cdot dV = \frac{c}{4\pi}\oint_A \overline{\vec{G}\times \vec{X}}\cdot d\vec{A} \qquad (B.80a)$$

Für die Elektrodynamik lautet die analoge Gleichung:

$$\overline{L}_{el} = \int_V \overline{\vec{E}\cdot \vec{j}}\cdot dV = -\frac{c}{4\pi}\oint_A \overline{\vec{E}\times \vec{H}}\cdot d\vec{A} \qquad (B.80b)$$

Dabei bedeutet L die zeitlich gemittelte Leistung, die die Feldstärke G bzw. E an den Schwere- bzw. Ladungsstromdichten j in V verrichtet. Nun muss diese Leistung L aus Gründen der Energieerhaltung gleich dem sekundlichen Energiezu - bzw. abfluss durch die Oberfläche A des Volumens V sein, der durch die rechte Seite von (B.80a) und (B.80b) zum Ausdruck kommt.

Diese Überlegung soll die Abbildung B6a näher erläutern. Hier sind rechts eine periodisch schwingende Masse der Schwere m und links zum Vergleich eine

periodisch schwingende Ladung q abgebildet. Von beiden Strahlungsquellen gehen gravitomagnetische bzw. elektromagnetische Wellen aus.

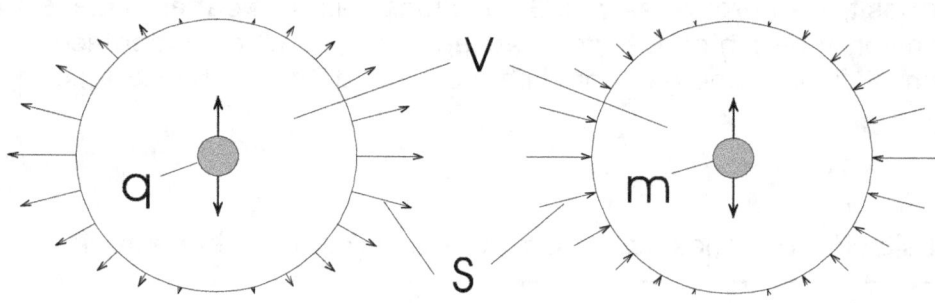

Abb. B6a

Mit (B.25) und (B.26) bekommen die Gleichungen (B.80a) und (B.80b) für diesen Fall die Form (dA zeigt aus V heraus):

$$\overline{L}_{gr} = \int_V \overline{\vec{G} \cdot \vec{j}} \, dV = \int_V \overline{\vec{G} \cdot \rho \cdot \vec{\upsilon}} \, dV = m \cdot \overline{\vec{G} \cdot \vec{\upsilon}} = \overline{\vec{F} \cdot \vec{\upsilon}} = +\frac{c}{4\pi} \oint_A \overline{\vec{G} \times \vec{X}} \cdot d\vec{A} \geq 0 \qquad (B.80c)$$

und

$$\overline{L}_{el} = \int_V \overline{\vec{E} \cdot \vec{j}} \, dV = \int_V \overline{\vec{E} \cdot \rho \cdot \vec{\upsilon}} \, dV = q \cdot \overline{\vec{E} \cdot \vec{\upsilon}} = \overline{\vec{F} \cdot \vec{\upsilon}} = -\frac{c}{4\pi} \oint_A \overline{\vec{E} \times \vec{H}} \cdot d\vec{A} \leq 0 \qquad (B.80d)$$

mit

$$\int_V \rho \cdot dV = m \quad \text{gravitodynamisch und} \quad \int_V \rho \cdot dV = q \quad \text{elektrodynamisch}$$

und den Gleichungen (B.13) bzw. (B.14):

$$\vec{F} = m \cdot \vec{G} \quad \text{gravitodynamisch und} \quad \vec{F} = q \cdot \vec{E} \quad \text{elektrodynamisch}$$

D.h. die mittlere Leistung L ist im Falle von (B.80c) positiv, im Falle von (B.80d) negativ. Denn die Richtung des Vektorproduktes von G und X bzw. von E und H an der Volumenoberfläche ist identisch mit der Ausbreitungsrichtung der Wellen von V und zeigt aus V heraus (vgl. Kap B2.2 und Abb. B3a). Da der Vektor von dA ebenfalls aus V heraus zeigt, haben die Oberflächenintegrale (ohne Vorzeichen) auf der rechten Seite von (B.80c) bzw. (B.80d) immer einen positiven Wert.

Ein **negatives L** im Falle der Elektrodynamik bedeutet: Die Kraft F auf die Ladung q und ihre Geschwindigkeit v haben im Mittel entgegengesetzte Richtungen. An der Ladung q muss Arbeit verrichtet werden, damit - wie nicht anders zu erwarten - die aus V strömende Strahlungsenergie kompensiert wird.

Ein **positives L** im Falle der Gravitodynamik bedeutet: Die Kraft F auf die schwere Masse m und ihre Geschwindigkeit v haben im Mittel gleiche Richtungen. An m wird Energie abgegeben. Der Masse fließt **paradoxerweise** Energie zu. Im gravitodynamischen Fall wird also „Strahlungsenergie" von außen aufgenommen.

Gravitodynamik

Die gravitomagnetische Leistung wird aus dem Vakuum - quasi aus dem Nichts - entnommen. Mit der Ausbreitung der gravitomagnetischen Wellen wird daher immer mehr der umgebende Raum mit negativer gravitomagnetischer Feldenergie ausgefüllt bzw. positive Energie aus dem Vakuum entnommen, die in Richtung auf m strömt. Der positive Energiefluss von Gravitationswellen ist daher in diesem Falle auf das Zentrum von V gerichtet. Der pro Flächeneinheit durch die Oberfläche A tretende Energiestrom - die Feldenergiestromdichte S - hat daher nach (B.80a) den Wert:

$$\vec{S} = -\frac{c}{4\pi}\left(\vec{G} \times \vec{X}\right) \qquad (B.40)$$

Damit lässt sich der Energiesatz der Gravitodynamik auch schreiben:

$$\frac{\partial}{\partial t}\left(u_{gr} + u_{grm}\right) + \vec{G} \cdot \vec{j} = -div\vec{S} \qquad mit \qquad \vec{S} = -\frac{c}{4\pi}\left(\vec{G} \times \vec{X}\right) \qquad (B.80e)$$

Der Energiesatz der Elektrodynamik lautet zum Vergleich im Vakuum:

$$\frac{\partial}{\partial t}\left(u_{el} + u_{mg}\right) + \vec{E} \cdot \vec{j} = -div\vec{S} \qquad mit \qquad \vec{S} = \frac{c}{4\pi}\left(\vec{E} \times \vec{H}\right)$$

mit u_{el} bzw. u_{mg} als Energiedichte des elektrischen bzw. des magnetischen Feldes und S als Energiestromdichte – auch als **Poyntingscher Strahlungsvektor** des elektromagnetischen Feldes bezeichnet. Nach (B.80e) sind demnach der Energiesatz der Gravito- und der Elektrodynamik formal identisch. (Die Größenordnung von L_{gr} im Vergleich zu L_{el} s. Kap B4.4)

B3.2 Die Feld-Energiestromdichte im Schwerkraftfeld

Die Feld-Energiestromdichte der Gravitodynamik

$$\vec{S} = -\frac{c}{4\pi}\vec{G} \times \vec{X} \qquad (B.40)$$

soll noch einmal an Hand von Abbildung B 6b, rechts, erläutert werden. Hier ist eine Platte1 aus Masse mit negativer Schwere dargestellt, die eine Flüssigkeit mit Masse von positiver Schwere aufgrund der Abstoßung von einem Gefäß 2 über ein enges Rohr 3 in ein Gefäß 4 drückt. Da in dem engen Rohr ein Schwerestrom I fließt, wird

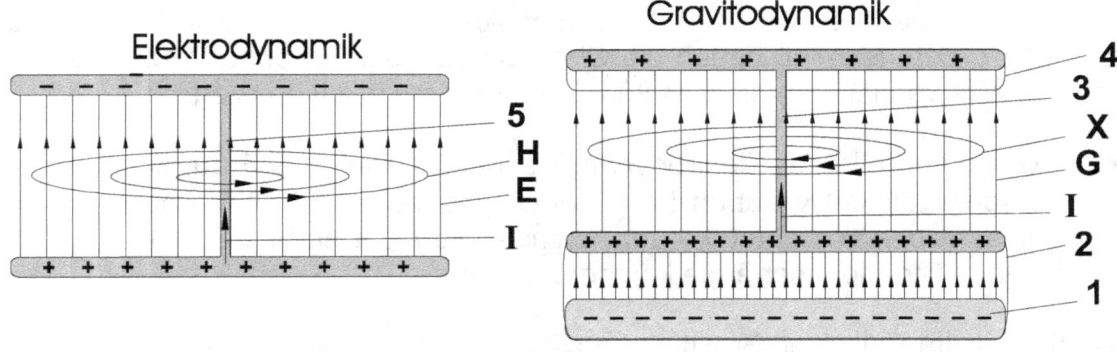

Abb. B6b

das Rohr von einem X-Feld umschlungen. Außerdem entsteht ein G-Feld zwischen

Gefäß 4 und Gefäß 2. In dem engen Rohr 3 wird wegen der Flüssigkeitsreibung Feldenergie (besser "Vakuumenergie") in Wärmeenergie umgewandelt. Nach Gleichg. (B.40) findet ein Energiestrom vom mit G- und X-Feld ausgefüllten Raum zwischen 2 und 4 in Richtung auf das enge Rohr statt, da der Vektor S auf das Rohr zeigt. Dabei hat das G-Feld zwischen 2 und 4 am Ende dieses Vorgangs einen größeren Wert als zu Beginn, d.h. sein negativer Energieinhalt nimmt zu bzw. dem Vakuum wurde positive Energie für die Flüssigkeitsreibung im Rohr entnommen.

Zum Vergleich ist links ein elektrisch geladener Plattenkondensator mit einem Stromleiter 5 dargestellt, in dem das elektrische Feld einen elektrischen Strom I induziert. Hier ist um den Leiter ein Magnetfeld H messbar, das zusammen mit dem elektrischen Feld E nach Gleichg. (B.39) einen Energiestromvektor S bildet, der ebenfalls wie im Gravitationsfall auf den Leiter zeigt. Im Gegensatz zum Beispiel rechts nimmt jedoch das E-Feld und damit die elektrische (positive) Energie des Plattenkondensators für die Erzeugung der Wärme im Stromleiter ab.

Die Erläuterung anhand der Abbildung B 6b mittels virtueller negativer Schwere ist etwas ungewohnt. Man kann obige Überlegung aber auch ausschließlich anhand reeller Massen (mit positiver Schwere) durchführen. So erhält man z.B. das gleiche Resultat anhand einer Kugel, Abb. B 6c, die von einer mit Flüssigkeit gefüllten

Abb. B6c

Kugelschale konzentrisch umgeben ist und die beide durch ein enges Rohr miteinander verbunden sind. Fließt nun die Flüssigkeit durch das enge Rohr von der Kugelschale zur Kugel aufgrund der Schwerkraft der Kugel, so wird das Rohr von einem X-Feld umgeben, das zusammen mit dem zwischen Kugel und Kugelschale existierenden G-Feld nach (B.40) ein Vektorprodukt liefert, so dass der Vektor S auf das Rohr hin gerichtet ist. Hier nimmt auch, wie man leicht mit Hilfe von Gl. (B.18) überlegt, das G-Feld und damit die negative Energie des G-Feldes zwischen Kugel und Kugelschale zu. Das G-Feld außerhalb der Kugelschale bleibt dabei konstant. Die Wärmeenergie im engen Verbindungsrohr stammt demnach als „Vakuumenergie" aus dem Raum zwischen Kugel und Kugelschale.

Die Berechnung des Energiestroms, der auf das Rohr im Falle der gravitodynamischen Beispiele stattfindet, lässt sich analog zu dem Verfahren der Elektrodynamik durchführen. Nach Gleichung (B.78) gilt:

$$\frac{\partial}{\partial t}\int_V (u_{gr}+u_{grm})\cdot dV + \int_V \vec{G}\cdot\vec{j}\cdot dV = \frac{c}{4\pi}\oint_A (\vec{G}\times\vec{X})\cdot d\vec{A} \qquad (B.80f)$$

Dabei soll hier V das Rohrvolumen sein und A die Oberfläche des Rohres zusammen mit den Querschnittsflächen der beiden Rohrenden. Nimmt man nun an, dass der Strömungswiderstand im Rohr ausreichend hoch ist, so dass der Flüssigkeitsstrom im Rohr nahezu zeitlich konstant ist, so ändern sich G und X im Rohr und damit u_{gr} und u_{grm} zeitlich nicht. Der erste Term auf der linken Seite von (B.80f) ist daher Null. Nimmt man ferner der Einfachheit halber an, dass die Stromdichte j und die Schwerkraftfeldstärke G auf der ganzen Rohrlänge räumlich konstant sind, so folgt aus Gl. (B.80f) und (B.40), da G und j gleiche Richtung haben:

$$\int_V \vec{G}\cdot\vec{j}\; dV = G\cdot l_{Rohr}\cdot I = U\cdot I = L = \frac{c}{4\pi}\oint_A (\vec{G}\times\vec{X})\cdot d\vec{A} = -\oint_A \vec{S}\cdot d\vec{A} = S\cdot A_{Rohrober}$$

$$\text{mit}\quad \int_V j\cdot dV = j\cdot A_{Rohrquer}\cdot l_{Rohr} = I\cdot l_{Rohr}\quad \text{und}\quad U = G\cdot l_{Rohr}$$

$$l_{Rohr} = Rohrlänge,\quad A_{Rohrober} = Rohroberfläche,\quad A_{Rohrquer} = Rohrquerschnitt$$

D.h. es gilt:

$$L = U\cdot I = S\cdot A_{Rohrober} \qquad (B.80g)$$

Dabei bedeutet $U = G \cdot l_{Rohr}$ die „Spannung" der Schwerkraftfeldstärke G und L die Leistung, die durch den Feld-Energiestrom der Dichte S an der Rohroberfläche $A_{Rohrober}$ ins Rohrinnere strömt. Man erhält also mit (B.80g) formal dieselbe Gleichung wie in der Elektrodynamik bzw. Elektrotechnik.

Gravitodynamik

B4 Der Feldimpuls der Gravitodynamik

B4.1 Maxwellscher Spannungstensor und der Impulssatz der Gravitodynamik

Für die Kraftdichte f=f$_{mech}$ der Gravitodynamik kommen die Schwerkraft und die gravitomagnetische Lorentzkraft in Frage (vgl. (B.14) und (B.30)):

$$\vec{f}_{gr} = \rho \cdot \vec{G} \quad bzw. \quad \vec{f}_L = \frac{1}{c} \cdot j \times \vec{X} \quad \rho = \frac{dm}{dV} = Schweredichte \quad (B.81)$$

Elimination von ρ und j mittels Grundgleichungen (B.16) und (B.38):

$$\vec{f}_{mech} = \vec{f}_{gr} + \vec{f}_L = \frac{1}{4\pi}\left(-\vec{G} \cdot div\vec{G} + \frac{1}{c}\left(-c \cdot rot\vec{X} + \frac{\partial \vec{G}}{\partial t}\right) \times \vec{X}\right) \quad (B.82)$$

$$\vec{f}_{mech} = \frac{1}{4\pi}\left(-\vec{G} \cdot div\vec{G} - rot\vec{X} \times \vec{X} + \frac{1}{c}\frac{\partial \vec{G}}{\partial t} \times \vec{X}\right) \quad (B.83)$$

addiert man auf der rechten Seite von (B.83)

$$\frac{1}{4\pi}\vec{G} \times \left(rot\vec{G} + \frac{1}{c}\frac{\partial \vec{X}}{\partial t}\right) = \frac{1}{4\pi}\left(\vec{G} \times rot\vec{G} + \frac{1}{c}\vec{G} \times \frac{\partial \vec{X}}{\partial t}\right) = 0 \quad wegen \quad (B.34) \quad (B.84)$$

und

$$-\frac{1}{4\pi}\vec{X} \cdot div\vec{X} = 0 \quad wegen \quad div\vec{X} = 0 \quad (vgl.(B.28a)) \quad (B.85)$$

so ergibt sich:

$$\vec{f}_{mech} = \frac{1}{4\pi}\left(-\vec{G} \cdot div\vec{G} + \vec{G} \times rot\vec{G} + \frac{1}{c}\vec{G} \times \frac{\partial \vec{X}}{\partial t} - \vec{X} \cdot div\vec{X} - rot\vec{X} \times \vec{X} + \frac{1}{c}\frac{\partial \vec{G}}{\partial t} \times \vec{X}\right) \quad (B.86)$$

oder

$$\vec{f}_{mech} = \frac{1}{4\pi}\left(-\vec{G} \cdot div\vec{G} + \vec{G} \times rot\vec{G} - \vec{X} \cdot div\vec{X} - rot\vec{X} \times \vec{X}\right) + \frac{1}{4\pi c}\frac{\partial}{\partial t}\left(\vec{G} \times \vec{X}\right) \quad (B.87)$$

Mit dem Kraftdichte-Vektor

$$\vec{t} = \frac{1}{4\pi}\left(-\vec{G} \cdot div\vec{G} + \vec{G} \times rot\vec{G} - \vec{X} \cdot div\vec{X} + \vec{X} \times rot\vec{X}\right) \quad (B.88)$$

und der Feldenergiestromdichte S bzw. Feldimpulsstromdichte P:

$$\vec{S} = -\frac{c}{4\pi}\left(\vec{G} \times \vec{X}\right) \quad bzw. \quad \vec{P} = \frac{\vec{S}}{c} = -\frac{1}{4\pi}\left(\vec{G} \times \vec{X}\right) \quad (vgl. (B.40) und (B.40a)) \quad (B.89)$$

erhält man aus (B.87) den **Impulssatz** der Gravitodynamik in differentieller Form:

$$\boxed{\vec{t} = \vec{f}_{mech} + \frac{1}{c^2}\frac{\partial}{\partial t}\vec{S} = \vec{f}_{mech} + \frac{1}{c}\frac{\partial}{\partial t}\vec{P}} \quad (B.90)$$

Der Kraftdichte-Vektor t berechnet sich aus (B.88) mit Hilfe der Beziehungen (s. Rotorgleichungen (B.48a) u. (B.48b)):

$$div\vec{G} = \frac{\partial G_x}{\partial x} + \frac{\partial G_y}{\partial y} + \frac{\partial G_z}{\partial z} \qquad (B.91)$$

$$div\vec{X} = \frac{\partial X_x}{\partial x} + \frac{\partial X_y}{\partial y} + \frac{\partial X_z}{\partial z} \qquad (B.92)$$

$$rot\vec{G} = \left(\frac{\partial G_z}{\partial y} - \frac{\partial G_y}{\partial z}\right) \cdot \vec{e}_x - \left(\frac{\partial G_z}{\partial x} - \frac{\partial G_x}{\partial z}\right) \cdot \vec{e}_y + \left(\frac{\partial G_y}{\partial x} - \frac{\partial G_x}{\partial y}\right) \cdot \vec{e}_z \qquad (B.93)$$

$$rot\vec{X} = \left(\frac{\partial X_z}{\partial y} - \frac{\partial X_y}{\partial z}\right) \cdot \vec{e}_x - \left(\frac{\partial X_z}{\partial x} - \frac{\partial X_x}{\partial z}\right) \cdot \vec{e}_y + \left(\frac{\partial X_y}{\partial x} - \frac{\partial X_x}{\partial y}\right) \cdot \vec{e}_z \qquad (B.94)$$

mit $\quad \vec{e}_x, \vec{e}_y, \vec{e}_z$ *als Einheitsvektoren in* $x, y, z - $ *Richtung*

Werden diese Beziehungen in die Gleichung (B.88) eingesetzt, so erhält man für den Vektor t unter Berücksichtigung der Determinantenregel für Vektorprodukte:

$$\vec{A} \times \vec{B} = \begin{vmatrix} \vec{e}_x & \vec{e}_y & \vec{e}_z \\ A_x & A_y & A_z \\ B_x & B_y & B_z \end{vmatrix} \qquad \vec{e}_x, \vec{e}_y, \vec{e}_z \text{ *Einheitsvektoren in* } x, y, z - \text{ *Richtung*} \qquad (B.95)$$

für die Komponenten

$$t_x = \frac{1}{4\pi}\begin{pmatrix} -G_x\frac{\partial G_x}{\partial x} - G_x\frac{\partial G_y}{\partial y} - G_x\frac{\partial G_z}{\partial z} & + G_y\frac{\partial G_y}{\partial x} - G_y\frac{\partial G_x}{\partial y} - G_z\frac{\partial G_x}{\partial z} + G_z\frac{\partial G_z}{\partial x} \\ -X_x\frac{\partial X_x}{\partial x} - X_x\frac{\partial X_y}{\partial y} - X_x\frac{\partial X_z}{\partial z} & + X_y\frac{\partial X_y}{\partial x} - X_y\frac{\partial X_x}{\partial y} - X_z\frac{\partial X_x}{\partial z} + X_z\frac{\partial X_z}{\partial x} \end{pmatrix} \qquad (B.96)$$

oder durch Zusammenfassung nach Ableitungen:

$$t_x = \frac{1}{4\pi}\left[\frac{\partial}{\partial x}\left(-G_x^2 - X_x^2 + \frac{1}{2}\left(\vec{G}^2 + \vec{X}^2\right)\right) + \frac{\partial}{\partial y}\left(-G_xG_y - X_xX_y\right) + \frac{\partial}{\partial z}\left(-G_xG_z - X_xX_z\right)\right] \qquad (B.97)$$

Analog folgen die anderen Komponenten von t:

$$t_y = \frac{1}{4\pi}\begin{pmatrix} -G_y\frac{\partial G_x}{\partial x} - G_y\frac{\partial G_y}{\partial y} - G_y\frac{\partial G_z}{\partial z} & + G_z\frac{\partial G_z}{\partial y} - G_z\frac{\partial G_y}{\partial z} - G_x\frac{\partial G_y}{\partial x} + G_x\frac{\partial G_x}{\partial y} \\ -X_y\frac{\partial X_x}{\partial x} - X_y\frac{\partial X_y}{\partial y} - X_y\frac{\partial X_z}{\partial z} & + X_z\frac{\partial X_z}{\partial y} - X_z\frac{\partial X_y}{\partial z} - X_x\frac{\partial X_y}{\partial x} + X_x\frac{\partial X_x}{\partial y} \end{pmatrix} \qquad (B.98)$$

oder durch Zusammenfassung nach Ableitungen:

Gravitodynamik 41

$$t_y = \frac{1}{4\pi}\left[\frac{\partial}{\partial x}\left(-G_xG_y - X_xX_y\right) + \frac{\partial}{\partial y}\left(-G_y^2 - X_y^2 + \frac{1}{2}\left(\vec{G}^2 + \vec{X}^2\right)\right) + \frac{\partial}{\partial z}\left(-G_yG_z - X_yX_z\right)\right] \quad (B.99)$$

und

$$t_z = \frac{1}{4\pi}\begin{pmatrix} -G_z\frac{\partial G_x}{\partial x} - G_z\frac{\partial G_y}{\partial y} - G_z\frac{\partial G_z}{\partial z} + G_x\frac{\partial G_x}{\partial z} - G_x\frac{\partial G_z}{\partial x} - G_y\frac{\partial G_z}{\partial y} + G_y\frac{\partial G_y}{\partial z} \\ -X_z\frac{\partial X_x}{\partial x} - X_z\frac{\partial X_y}{\partial y} - X_z\frac{\partial X_z}{\partial z} + X_x\frac{\partial X_x}{\partial z} - X_x\frac{\partial X_z}{\partial x} - X_y\frac{\partial X_z}{\partial y} + X_y\frac{\partial X_y}{\partial z} \end{pmatrix} \quad (B.100)$$

oder durch Zusammenfassung nach Ableitungen:

$$t_z = \frac{1}{4\pi}\left[\frac{\partial}{\partial x}\left(-G_xG_z - X_xX_z\right) + \frac{\partial}{\partial y}\left(-G_yG_z - X_yX_z\right) + \frac{\partial}{\partial z}\left(-G_z^2 - X_z^2 + \frac{1}{2}\left(\vec{G}^2 + \vec{X}^2\right)\right)\right] \quad (B.101)$$

Nun lässt sich der Kraftdichte-Vektor t auch als Produkt des Nablaoperators ∇ und eines Tensors T^{mn}, des **Maxwellschen Spannungstensors**, darstellen, dessen Komponenten aus denen des Vektors t gebildet werden:

$$\vec{t} = \nabla \cdot T^{mn} = \begin{pmatrix} \frac{\partial}{\partial x} \\ \frac{\partial}{\partial y} \\ \frac{\partial}{\partial z} \end{pmatrix} \cdot \frac{1}{4\pi} \cdot \begin{pmatrix} \left(-G_x^2 - X_x^2 + \frac{1}{2}\left(\vec{G}^2 + \vec{X}^2\right)\right), \left(-G_xG_y - X_xX_y\right), \left(-G_xG_z - X_xX_z\right) \\ \left(-G_xG_y - X_xX_y\right), \left(-G_y^2 - X_y^2 + \frac{1}{2}\left(\vec{G}^2 + \vec{X}^2\right)\right), \left(-G_yG_z - X_yX_z\right) \\ \left(-G_xG_z - X_xX_z\right), \left(-G_yG_z - X_yX_z\right), \left(-G_z^2 - X_z^2 + \frac{1}{2}\left(\vec{G}^2 + \vec{X}^2\right)\right) \end{pmatrix}$$

$$(B.102)$$

Damit kann man den Impulssatz (B.90) auch schreiben:

$$\boxed{\vec{t} = \nabla \cdot T^{mn} = \vec{f}_{mech} + \frac{1}{c}\frac{\partial}{\partial t}\vec{P}} \quad (B.103)$$

Durch Integration über ein Volumen V erhält man aus dieser Gleichung (F_{mech} = Gesamtkraft auf Massen im Volumen V: Schwerkraft + Lorentzkraft):

$$\int_V \vec{t}\,dV = \int_V \left(\nabla \cdot T^{mn}\right)\cdot dV = F_{mech} + \frac{1}{c}\frac{\partial}{\partial t}\int_V \vec{P}\,dV \qquad \vec{F}_{mech} = \int_V \vec{f}_{mech}\cdot dV \quad (B.104)$$

Das Integral auf der linken Seite von (B.104) lässt sich nach Gauß auch in ein Oberflächenintegral verwandeln:

$$\int_V \left(\nabla \cdot T^{mn}\right)\cdot dV = \oint_A T^{mn} \cdot d\vec{A} \quad (B.105)$$

wobei das Integral auf der rechten Seite von (B.105) über das Produkt aus dem Tensor T^{mn} und dem Vektor dA der Oberfläche von V mit den Komponenten dA_x, dA_y, dA_z zu bilden ist, d.h.:

Gravitodynamik

$$\oint_A T^{mn} \cdot d\vec{A} = \oint_A \frac{1}{4\pi} \begin{pmatrix} \left(-G_x^2 - X_x^2 + \frac{1}{2}(\vec{G}^2 + \vec{X}^2)\right), \left(-G_x G_y - X_x X_y\right), \left(-G_x G_z - X_x X_z\right) \\ \left(-G_x G_y - X_x X_y\right), \left(-G_y^2 - X_y^2 + \frac{1}{2}(\vec{G}^2 + \vec{X}^2)\right), \left(-G_y G_z - X_y X_z\right) \\ \left(-G_x G_z - X_x X_z\right), \left(-G_y G_z - X_y X_z\right), \left(-G_z^2 - X_z^2 + \frac{1}{2}(\vec{G}^2 + \vec{X}^2)\right) \end{pmatrix} \cdot \begin{pmatrix} dA_x \\ dA_y \\ dA_z \end{pmatrix}$$

$$(B.106)$$

oder explizit: $\oint_A T^{mn} \cdot d\vec{A} =$

$$\oint_A \frac{1}{4\pi} \begin{pmatrix} \left(-G_x^2 - X_x^2 + \frac{1}{2}(\vec{G}^2 + \vec{X}^2)\right)dA_x + \left(-G_x G_y - X_x X_y\right)dA_y + \left(-G_x G_z - X_x X_z\right)dA_z \\ \left(-G_x G_y - X_x X_y\right)dA_x + \left(-G_y^2 - X_y^2 + \frac{1}{2}(\vec{G}^2 + \vec{X}^2)\right)dA_y + \left(-G_y G_z - X_y X_z\right)dA_z \\ \left(-G_x G_z - X_x X_z\right)dA_x + \left(-G_y G_z - X_y X_z\right)dA_y + \left(-G_z^2 - X_z^2 + \frac{1}{2}(\vec{G}^2 + \vec{X}^2)\right)dA_z \end{pmatrix} \quad (B.107)$$

Die rechte Seite von (B.107) stellt einen Vektor F_M dar, dessen Komponenten hier zeilenweise übereinander angeordnet worden sind:

$$\oint_A T^{mn} \cdot d\vec{A} = \vec{F}_M = \begin{pmatrix} F_{Mx} \\ F_{My} \\ F_{Mz} \end{pmatrix} =$$

$$\frac{1}{4\pi} \begin{pmatrix} \oint_A \left(-G_x^2 - X_x^2 + \frac{1}{2}(\vec{G}^2 + \vec{X}^2)\right)dA_x + \oint_A \left(-G_x G_y - X_x X_y\right)dA_y + \oint_A \left(-G_x G_z - X_x X_z\right)dA_z \\ \oint_A \left(-G_x G_y - X_x X_y\right)dA_x + \oint_A \left(-G_y^2 - X_y^2 + \frac{1}{2}(\vec{G}^2 + \vec{X}^2)\right)dA_y + \oint_A \left(-G_y G_z - X_y X_z\right)dA_z \\ \oint_A \left(-G_x G_z - X_x X_z\right)dA_x + \oint_A \left(-G_y G_z - X_y X_z\right)dA_y + \oint_A \left(-G_z^2 - X_z^2 + \frac{1}{2}(\vec{G}^2 + \vec{X}^2)\right)dA_z \end{pmatrix}$$

$$(B.108)$$

Mit diesem aus den Maxwellschen Spannungen gebildeten Vektor F_M kann man den Impulssatz auch in integraler Form schreiben (vgl. (B.104) und (B.105)):

$$\boxed{\vec{F}_M = \vec{F}_{mech} + \frac{1}{c}\frac{\partial}{\partial t}\int_V \vec{P}\,dV \qquad \vec{F}_{mech} = \int_V \vec{f}_{mech} \cdot dV} \qquad (B.109)$$

Die Gleichung (B.109) ist formal die gleiche wie in der Elektrodynamik. Die Komponenten des Maxwellschen Spannungstensors T^{mn} für die Elektrodynamik erhält man aus T^{mn} von (B.102) durch Ersatz von G durch E und X durch H und Multiplikation aller Komponenten mit -1.

B4.2 Der negative Feldimpuls einer gleichförmig bewegten schweren Masse und die Reduktion der Trägheit schwerer Massen

Setzt man in (B.109) für die Kraft F_{mech} die zeitliche Änderung des mechanischen Impulses I_{mech}, also:

$$\vec{F}_{mech} = \frac{d}{dt}\vec{I}_{mech} = m_{tr}\frac{d\vec{v}}{dt} \qquad \text{mit } m_{tr} \text{ als träge Masse in g} \qquad (B.110)$$

und als Feldimpuls (vgl. (B.40) und (B.40a)):

$$\vec{I}_S = \frac{1}{c}\int_V \vec{P}\cdot dV = \frac{1}{c^2}\int_V \vec{S}\cdot dV \qquad (B.111)$$

so erhält man den Impulssatz der Gravitodynamik in der Form:

$$\vec{F}_M = \frac{d}{dt}\left(\vec{I}_{mech}+\vec{I}_S\right) = \vec{F}_{mech}+\vec{F}_S \qquad \text{mit } \vec{F}_S = \frac{d}{dt}\vec{I}_S = \frac{1}{c^2}\frac{d}{dt}\int_V \vec{S}\cdot dV \qquad (B.112)$$

Gleichung (B.112) besagt, dass die zeitliche Änderung von mechanischem und Feldimpuls gleich der aus dem Maxwellschen Spannungstensor gebildeten Kraft F_M ist. Das heißt z.B., dass eine von einem gravitativem Zentrum (Stern, Galaxie) auf eine träge Masse ausgeübte Gesamtkraft F_M sich zusammensetzt aus der Kraft F_{mech} für die Änderung des mechanischen Impulses I_{mech} und einer Kraft F_S für die Änderung des Feldimpulses I_S. Letztere führt jedoch im Gegensatz zur Elektrodynamik zu einer Verstärkung der durch F_M verursachten Beschleunigung, wie die nachfolgenden Berechnungen am Beispiel einer kugelförmigen Masse mit homogener Dichte zeigen. Das Ergebnis wird mit dem Beispiel einer elektrischen Ladung mit homogener Ladungsdichte verglichen. Das G- und X-Feld einer Masse

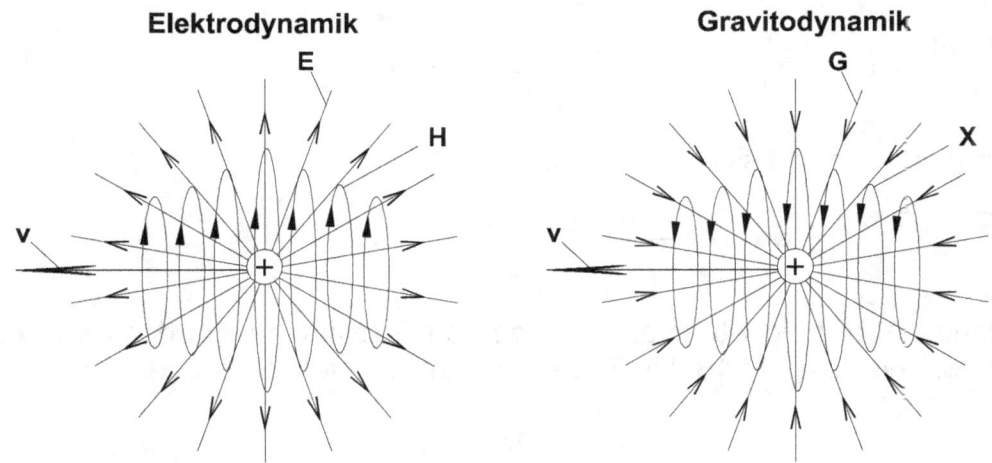

Abb. B7

mit positiver Schwere m bzw. das E- und H-Feld einer positiven elektrischen Ladung q ist in beiden Fällen auf Abbildung B7 (= Abb. A4 v. Kap. A3) dargestellt, die sich beide nach links mit der Geschwindigkeit v bewegen (v<<c !). Schaut man in Richtung von v, so umgibt das Magnetfeld H die durch den Vektor v gegebene Achse im Uhrzeigersinn, das Gravitomagnetfeld X die Achse entgegengesetzt zum Uhrzeigersinn (per definitionem, vgl. Kap. A3).

Gravitodynamik

Für die Berechnung des Feldimpulses nach (B.111) für eine kugelförmige schwere Masse m mit der Geschwindigkeit v wird das Gravitomagnetfeld X der Masse in Abhängigkeit der Raumkoordinaten benötigt. Analog zur Elektrodynamik gilt für X:

$$\vec{X} = \frac{\vec{v}}{c} \times \vec{G} \qquad \left(Elektrodynamik : \vec{H} = \frac{\vec{v}}{c} \times \vec{E} \right) \qquad (B.113)$$

Und damit erhält man zunächst für S (vgl. Glchg. (B.40) und Vektorregeln):

$$\vec{S} = -\frac{c}{4\pi} \vec{G} \times \left(\frac{\vec{v}}{c} \times \vec{G} \right) = -\frac{1}{4\pi} \left(\vec{v} \cdot \vec{G}^2 - \vec{G} \cdot (\vec{v} \cdot \vec{G}) \right) \qquad (B.114)$$

Für die Berechnung des gravitomagnetischen Feldimpulses wird die Annahme gemacht, dass **v<<c** und die Kraft F_M auf die kugelförmige Masse m von einer Masse M (Stern, Galaxie) verursacht wird, die weit entfernt von m ist, so dass das G-Feld von m bis zu großen Radien kugelsymmetrisch ist. Damit gilt für das G-Feld von m:

$$\vec{G} = -f(r) \cdot \frac{\vec{r}}{r} \qquad v \langle\langle c$$

und für (B.114):

$$\vec{S} = -\frac{1}{4\pi} \left(\vec{v} \cdot \vec{G}^2 - \vec{G} \cdot (\vec{v} \cdot \vec{G}) \right) = -\frac{f^2(r)}{4\pi} \cdot \left(\vec{v} - v \cdot \cos\alpha \cdot \frac{\vec{r}}{r} \right) \qquad (B.115)$$

wobei α der Winkel zwischen v und G bzw. r bedeutet. Legt man nun v in die x-Achse, so erhält man für die x- und y-Komponente von S (s. Abb. B8):

$$S_x = -\frac{f^2(r)}{4\pi} \cdot v \cdot (1 - \cos\alpha \cdot \cos\alpha) = -\frac{f^2(r)}{4\pi} \cdot v \cdot \sin^2\alpha \qquad (B.116)$$

$$S_y = -\frac{f^2(r)}{4\pi} \cdot v \cdot (-\cos\alpha \cdot \sin\alpha) = \frac{f^2(r)}{4\pi} \cdot v \cdot \cos\alpha \cdot \sin\alpha \qquad (B.117)$$

Der Betrag von S ergibt sich daraus zu:

$$S = \sqrt{S_x^2 + S_y^2} = |\vec{S}| = f^2(r) \frac{v \cdot \sin\alpha}{4\pi} \qquad (B.118)$$

Die folgende Abbildung B8 zeigt die Lage von S relativ zu r in der x-y-Ebene. Wie aus den Gleichungen (B.116) bis (B.118) ersichtlich, steht S senkrecht auf r.

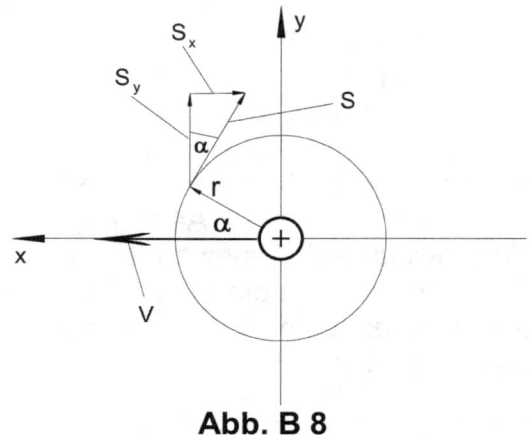

Abb. B 8

Die Energiestromdichte S nach Gleichung (B.118) für beide in Abbildung B7 dargestellten Fälle in Abhängigkeit von α und r zeigt die folgende Abbildung B9 (gilt auch für negatives q bzw. m!). Der Betrag von S bzw. P=S/c nimmt mit zunehmender Entfernung von der Masse und zur Symmetrieachse (x-Achse) hin ab. Die Richtung von S bzw. P ist jedoch im Falle der Elektrodynamik der der Gravitodynamik entgegengesetzt.

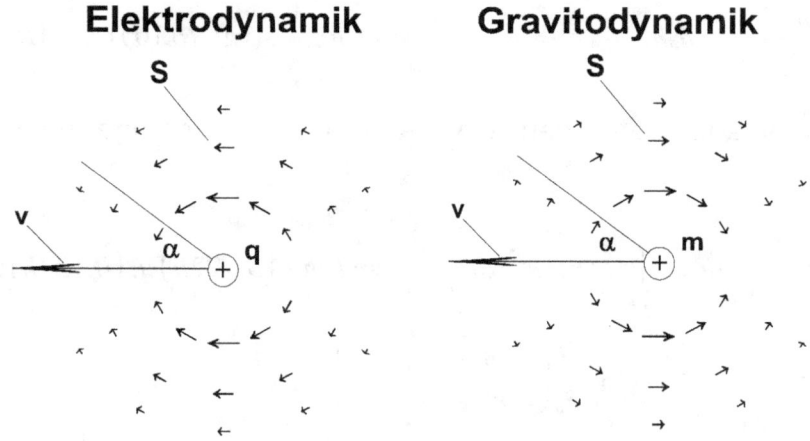

Abb. B 9

Im Falle der Elektrodynamik strömt während der Bewegung der Ladung die positive Feldenergie bzw. der Feldimpuls aus dem Raum hinter der Ladung in den Raum vor die Ladung. Im Falle der Gravitodynamik ist es genau umgekehrt: Da die Feldenergie negativ ist, strömt bei der Bewegung der Masse Vakuumenergie aus dem Raum vor der Masse in den Raum hinter die Masse.

Bei der Integration nach (B.111) für die Berechnung des Feldimpulses

$$\vec{I}_S = \frac{1}{c} \int_V \vec{P} \cdot dV = \frac{1}{c^2} \int_V \vec{S} \cdot dV \qquad (B.111)$$

verschwindet das Integral über die y- und z- Komponenten von S aus Symmetriegründen. Es bleibt das Integral über die x- Komponente (Glchg. (B.116)):

$$\vec{I}_S = \frac{1}{c^2} \int_V \vec{S} \cdot dV = -\frac{1}{c^2} \int_V S_x \cdot \vec{e}_x \cdot dV = -\frac{\upsilon}{c^2} \int_V \frac{f^2(r) \cdot \sin^2 \alpha}{4\pi} \vec{e}_x \cdot dV \qquad (B.119)$$

oder explizit mit Hilfe von Kugelkoordinaten:

$$\vec{I}_S = \frac{1}{c^2} \int_V \vec{S} \cdot dV = -\frac{\upsilon}{c^2} \int_{\alpha=0}^{\pi} \int_{\varphi=0}^{2\pi} \int_{r=0}^{\infty} \frac{f^2(r) \cdot \sin^2 \alpha}{4\pi} \vec{e}_x \cdot r \cdot \sin\alpha \cdot d\varphi \cdot r \cdot d\alpha \cdot dr \qquad (B.120)$$

oder nach Ausführen der Integration über α und φ für beliebige Richtungen von v:

$$\vec{I}_S = -\frac{2}{3} \cdot \frac{\vec{\upsilon}}{c^2} \int_{r=0}^{\infty} f^2(r) \cdot r^2 \cdot dr \qquad (B.121)$$

Gravitodynamik

Für kleine Geschwindigkeiten v<<c und für eine kugelförmige Masse der positiven Schwere m mit Radius R und homogener Dichte ist das G-Feld nahezu kugelsymmetrisch (vgl. aber Kap. B5.1). Es gilt daher annähernd für das G-Feld des Innenraums G_i und des Außenraums G_a (Koordinatenmittelpunkt = Kugelmittelpunkt):

$$\vec{G}_i = -f_i(r) \cdot \frac{\vec{r}}{r} = -\frac{m}{R^3} \cdot \vec{r} \quad d.h. \quad f_i(r) = \frac{m}{R^3} \cdot r \qquad r \leq R \qquad (B.122a)$$

$$\vec{G}_a = -f_a(r) \cdot \frac{\vec{r}}{r} = -\frac{m \cdot \vec{r}}{r^3} \quad d.h. \quad f_a(r) = \frac{m}{r^2} \qquad r \geq R \qquad (vgl.\ (B.10)) \qquad (B.122b)$$

Der gesamte Feldimpuls für den Innen- bzw. Außenraum der Kugel ergibt sich mit (B.121) zu:

$$\vec{I}_S = -\frac{2}{3} \cdot \frac{\vec{v}}{c^2} \left(\int_{r=0}^{R} f_i^2(r) \cdot r^2 \cdot dr + \int_{r=R}^{\infty} f_a^2(r) \cdot r^2 \cdot dr \right) \quad und\ mit\ (B.122a)\ u.\ (B.122b):$$

$$\vec{I}_S = -\frac{2}{3} \cdot \frac{\vec{v}}{c^2} \left(\int_{r=0}^{R} \left(-\frac{m}{R^3} \cdot r\right)^2 \cdot r^2 \cdot dr + \int_{r=R}^{\infty} \left(-\frac{m}{r^2}\right)^2 \cdot r^2 \cdot dr \right)$$

oder:

$$\vec{I}_S = -\frac{2}{3} \cdot \frac{\vec{v}}{c^2} \left(\int_{r=0}^{R} \frac{m^2}{R^6} \cdot r^4 \cdot dr + \int_{r=R}^{\infty} \frac{m^2}{r^2} \cdot dr \right) = -\frac{2}{3} \cdot \frac{\vec{v} \cdot m^2}{c^2} \left(\frac{1}{5 \cdot R} + \frac{1}{R} \right) = -\frac{2}{3} \cdot \frac{\vec{v} \cdot m^2}{c^2} \frac{6}{5 \cdot R}$$

d.h.:

$$\boxed{\vec{I}_S = -\frac{4}{5} \frac{m^2}{c^2 \cdot R} \vec{v}} \qquad (B.123)$$

Nach (B.112) gilt:

$$\vec{F}_M = \frac{d}{dt}\left(\vec{I}_{mech} + \vec{I}_S\right) = \vec{F}_{mech} + \vec{F}_S \qquad mit\ \vec{F}_S = \frac{d}{dt} \vec{I}_S \qquad (B.112)$$

Für eine Kugel vom Radius R und homogener Dichte gilt demnach mit (B.123):

$$\boxed{\vec{F}_S = \frac{d}{dt} \vec{I}_S = m_{Sgr} \frac{d\vec{v}}{dt} \quad mit\ m_{Sgr} = -\frac{4 \cdot m^2}{5 \cdot c^2 \cdot R} \quad m = schwere\ Masse\ in\ \sqrt{dyn} \cdot cm} \qquad (B.124)$$

Die analoge Gleichung für die Elektrodynamik lautet (q=Ladung einer Kugel vom Radius R und homogener Ladungsdichte):

$$\boxed{\vec{F}_S = m_{Sel} \frac{d\vec{v}}{dt} \quad mit\ m_{Sel} = +\frac{4 \cdot q^2}{5 \cdot c^2 \cdot R} \quad q = elektrische\ Ladung\ in\ \sqrt{dyn} \cdot cm} \qquad (B.125)$$

Gravitodynamik

Die Newtonsche Grundgleichung „Kraft = Masse x Beschleunigung" lässt sich unter Einbeziehung der Feldträgheit elektrodynamischer und gravitodynamischer Felder demnach allgemein folgendermaßen erweitern:

Für die Gravitodynamik :

$$\vec{F}_M = (m_{tr} + m_{Sgr}) \cdot \frac{d\vec{v}}{dt} = \left(m_{tr} - \frac{4 \cdot m^2}{5 \cdot c^2 \cdot R}\right) \cdot \frac{d\vec{v}}{dt} \qquad (B.126a)$$

Für die Elektrodynamik :

$$\vec{F}_M = (m_{tr} + m_{Sel}) \cdot \frac{d\vec{v}}{dt} = \left(m_{tr} + \frac{4 \cdot q^2}{5 \cdot c^2 \cdot R}\right) \cdot \frac{d\vec{v}}{dt} \qquad (B.126b)$$

mit der „**negativen** trägen Masse" m_{Sgr} im Falle der Gravitodynamik und der „**positiven** trägen Masse" m_{Sel} im Falle der Elektrodynamik (beide in g).

Für die Beschleunigung a=dv/dt, die die Kraft F_M an einer elektrisch ungeladenen Masse verursacht, erhält man demnach mit (B126a):

$$\vec{a} = \frac{d\vec{v}}{dt} = \frac{\vec{F}_M}{(m_{tr} + m_{Sgr})} = \frac{\vec{F}_M}{m_{tr}} \left(\frac{1}{1 + (m_{Sgr}/m_{tr})}\right) \qquad (B.127)$$

Eine träge ungeladene Masse m_{tr} wird daher im Gravitationsfall wegen der nach (B.126a) **negativen "trägen Masse"** m_{Sgr} durch die Kraft F_M paradoxerweise **stärker beschleunigt** als nach der Newtonschen Grundgleichung

„**Beschleunigung a = Kraft F_M / träge Masse m_{tr}**"

zu erwarten wäre. Oder: Der Aufbau von negativer Feldenergie (= Entnahme von positiver Energie aus dem Vakuum) vergrößert die kinetische Energie der trägen Masse m_{tr}. Bei negativer Beschleunigung (Abbremsung) tritt im Gravitationsfall nach (B.127) eine über F_M / m_{tr} hinausgehende zusätzliche Bremswirkung auf. Oder: Der Abbau von negativer Feldenergie (= Rückfluss von positiver Energie ins Vakuum) geht auf Kosten der kinetischen Energie der trägen Masse m_{tr}.

Im Falle der Elektrodynamik gilt genau das Gegenteil: Geringere positive bzw. negative Beschleunigung (Abbremsung) als nach der Grundgleichung der Mechanik (a = F_M / m_{tr}) wegen der nach (B.126b) positiven "trägen Masse" m_{Sel}. Oder: Aufbau bzw. Abbau von positiver elektrodynamischer Feldenergie bei positiver bzw. negativer Beschleunigung (Abbremsung).

Unter der Masse in der Newtonschen Grundgleichung der Mechanik ist daher stets die Summe $m_{tr} + m_s$ zu verstehen, wobei allerdings m_s – absolut genommen - i.a. relativ klein gegenüber m_{tr} ist. Erst bei großen Massen mit kleinem Durchmesser (bzw. Massen mit hoher Dichte und großem Radius, s. unten) wird m_s nach (B.126a) relevant. In jedem Falle ergibt sich eine **Reduktion der trägen Masse** m_{tr}. Im Falle der Elektrodynamik könnte $m_{tr} + m_s$ ebenfalls erheblich größer als m_{tr} werden, wenn nach (B.126b) eine große Konzentration gleichnamiger Ladung auf engstem Raum

Gravitodynamik

möglich wäre. Wegen der Abstoßung gleichnamiger Ladung ist das aber praktisch unmöglich. Nur im Falle der Gravitodynamik kann durch die Anziehung von Massen gleichnamiger Schwere eine größere Massenkonzentration auftreten (**Zentren von Galaxien, Neutronensterne**), die dann unter dem Einfluss der Schwerkraft eine größere Beschleunigung zeigen als erwartet (z.B. scheinbar durch die Wirkung von so genannter „**Dunkler Materie**" in Galaxienhaufen, vgl. Kap. D10).

Für die Sonne ergibt sich z.B. nur ein relativ kleiner absoluter Wert von m_s:

$$m_{S\,gr} = -\frac{4 \cdot m_{Sonne}^2}{5 \cdot c^2 \cdot R} = -\frac{4 \cdot \sigma^2}{5 \cdot c^2} \cdot \frac{m_{tr\,Sonne}^2}{R_{Sonne}} = -\frac{4 \cdot 2{,}584^2 \cdot 10^{-8} \cdot 1{,}983^2 \cdot 10^{66}}{5 \cdot 9 \cdot 10^{20} \cdot 6{,}95 \cdot 10^{10}} g = -3{,}36 \cdot 10^{27} g$$

$$\text{mit } \sigma = \frac{m}{m_{tr}} = 2{,}584 \cdot 10^{-4} dyn^{1/2} \cdot cm/g \quad (= spezifische\ Schwere,\ vgl.\ Kap.4.3,\ unten)$$

$$m_{tr\,Sonne} = 1{,}983 \cdot 10^{33} g \quad und \quad R_{Sonne} = 6{,}95 \cdot 10^{10} cm$$

und für $m_{S\,gr}/m_{tr\,Sonne} = -1{,}69 \cdot 10^{-6}$ (B.128)

also ein absolut relativ kleiner Wert.

Für eine kugelförmige elektrisch ungeladene Masse homogener Dichte mit dem Radius R lässt sich nach (B.126a) für die „**reduzierte träge Masse**" m_{tred} auch schreiben:

$$m_{tred} = m_{tr} + m_s = m_{tr} - \frac{4 \cdot m^2}{5 \cdot c^2 \cdot R} = m_{tr} \cdot \left(1 - \frac{4 \cdot \sigma^2}{5 \cdot c^2} \cdot \frac{m_{tr}}{R}\right) = m_{tr} \cdot \eta \quad \sigma = \frac{m}{m_{tr}} \quad (B.129)$$

mit dem **Reduktionsfaktor** der trägen Masse

$$\eta = 1 + \frac{m_s}{m_{tr}} = 1 - \frac{4 \cdot \sigma^2}{5 \cdot c^2} \cdot \frac{m_{tr}}{R} \tag{B.130}$$

$$bzw.\ mit \quad m_{tr} = \frac{4\pi \cdot \rho \cdot R^3}{3} \quad \rho = \frac{m_{tr}}{V} = Dichte\ der\ trägen\ Masse\ m_{tr}$$

$$\eta = 1 - \frac{4 \cdot \sigma^2}{5 \cdot c^2} \cdot \frac{4\pi \cdot \rho \cdot R^2}{3} = 1 - \frac{16 \cdot \pi \cdot \sigma^2 \cdot \rho \cdot R^2}{15 \cdot c^2} \tag{B.131}$$

$$\sigma = \frac{m}{m_{tr}} = 2{,}584 \cdot 10^{-4} dyn^{1/2} \cdot cm/g \quad (= spezifische\ Schwere,\ vgl.\ das\ folgende\ Kap.4.3)$$

Die reduzierte träge Masse bekommt also i. a. eine umso größere Beschleunigung z.B. durch Schwerkräfte, je größer seine träge Masse und je kleiner der Radius R bzw. je größer die Dichte ρ und der Radius R sind. Aus (B.130) bzw. (B.131) ergibt sich für den **Grenzfall η=0** im Falle einer elektrisch ungeladenen kugelförmigen Masse mit homogener Dichte und Radius R die Beziehung:

$$\eta = 1 - \frac{4 \cdot \sigma^2}{5 \cdot c^2} \cdot \frac{m_{tr}}{R} = 0 \quad bzw. \quad \eta = 1 - \frac{16 \cdot \pi \cdot \sigma^2 \cdot \rho \cdot R^2}{15 \cdot c^2} = 0 \tag{B.132}$$

Gravitodynamik

d.h. für die träge Masse (in g) bzw. der Dichte einer Kugel (in g/cm³) und ihrem Radius (in cm) gelten die Grenzbedingungen für den Fall η=0:

$$m_{tr} \leq m_{tr\,Grenz} = \frac{5 \cdot c^2}{4 \cdot \sigma^2} \cdot R = \frac{5 \cdot 9 \cdot 10^{20}}{4 \cdot 2{,}584^2 \cdot 10^{-8}} \cdot R = 1{,}7 \cdot 10^{28} \cdot R \qquad (B.133)$$

oder für die Dichte der trägen Masse ρ:

$$\rho \leq \rho_{Grenz} = \frac{15 \cdot c^2}{16 \cdot \pi \cdot \sigma^2} R^{-2} = \frac{15 \cdot 9 \cdot 10^{20}}{16 \cdot \pi \cdot 2{,}584^2 \cdot 10^{-8}} R^{-2} = 0{,}4 \cdot 10^{28} \cdot R^{-2} \qquad (B.134)$$

Ein Körper mit dem Reduktionsfaktor η=0 bzw. mit den obigen Grenzwerten für die träge Masse bzw. Dichte ist unter der Schwerkraft anderer Massen **nicht mehr existenzfähig**, da seine reduzierte träge Masse m_{tred} nach (B.129) verschwindet. Im Grenzfall η=0 könnte bereits ein Staubkorn mit seiner Schwerkraft an einer entsprechend großen Masse mit entsprechend kleinem Radius eine Beschleunigung auf Lichtgeschwindigkeit verursachen. Abbildung B9a zeigt η in Abhängigkeit von der Masse als Vielfaches n der Sonnenmasse und des Radius R einer kugelförmigen Masse (interessant für schwere Massen mit kleinem Radius, z. B. **Neutronensterne** mit ihrer z. T. hohen **Translationsgeschwindigkeit**). Oberhalb der Geraden für η=0 sind solche Massen nicht mehr existenzfähig.

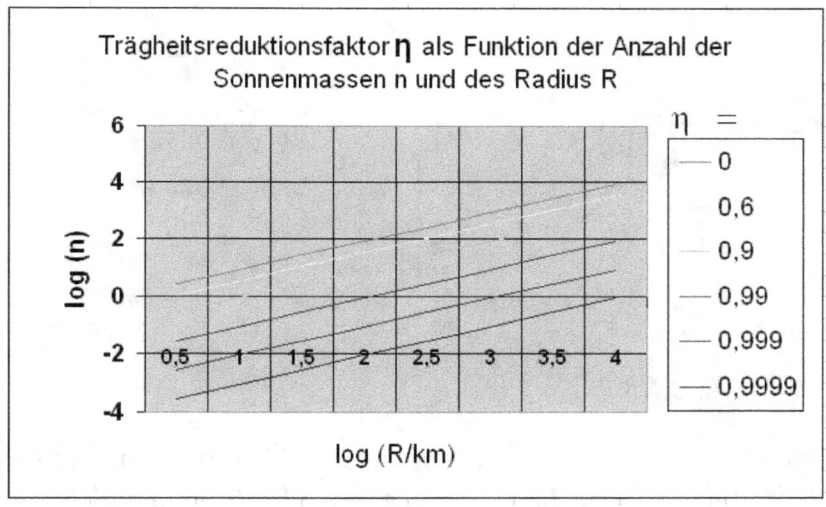

Abb. B9a

Da für hohe Geschwindigkeiten v das Schwerkraftfeld nicht mehr kugelsymmetrisch ist, muss in diesem Falle auch m_{0s} (= m_s für v<<c) mit dem Lorentzfaktor multipliziert werden (vgl. Elektrodynamik). In diesem Fall berechnet sich die reduzierte träge Gesamtmasse zu:

$$m_{tred} = \frac{m_{0tr} + m_{0s}}{\sqrt{1-(v/c)^2}} = \frac{m_{0tr}}{\sqrt{1-(v/c)^2}} \cdot \eta \qquad \text{mit} \quad \eta = 1 + \frac{m_{0s}}{m_{0tr}} \qquad (B.135)$$

mit m_{0tr} = träge Ruhemasse in g, c = Lichtgeschwindigkeit, $m_{0s} = m_s$ für v<<c

Damit ist auch der Geschwindigkeit der reduzierten trägen Masse durch die Lichtgeschwindigkeit eine Grenze gesetzt.

B4.3 Die Trägheit von Massen und Kraftfeldern

Im Folgenden soll nun erläutert werden, wie die Trägheit des elektrischen und des Schwerkraftfeldes zustande kommt:

Bei dynamischen Vorgängen der Elektro- bzw. Gravitodynamik tritt ein Effekt der **Trägheit** von elektrischen und Schwerkraftfeldern auf, wie man sie von der Trägheit von Massen kennt (bescheunigende Kraft **F** = träge Masse m_{tr} x Beschleunigung **a**). Diese Trägheit von Feldern soll an Hand von Beispielen näher erläutert werden.

Abb.B9b, links, zeigt ein statisches elektrisches Feld E_{stat} einer ruhenden elektrisch positiv geladenen Kugel, die im Falle einer Beschleunigung **a** um sich herum ein magnetisches Wirbelfeld **H** (grüne Feldlinien) nach der Maxwell-Gleichung (135a) aufbaut. Durch den Aufbau dieses Magnetfeldes entsteht nach der Maxwell-Gleichung (135b) ein dynamisches elektrisches Wirbelfeld E_{dyn} (rote Feldlinien), das nach Gleichung (135c) eine Kraft **F** auf die positive Ladung ausübt, die der Beschleunigung a entgegenwirkt. Auch ohne die träge Masse der Kugel und der trägen Masse ihrer Ladung braucht man also zur Beschleunigung der Ladung eine Gegenkraft zu **F**. Das elektrische Feld besitzt also gegenüber Beschleunigungen eine Trägheit.

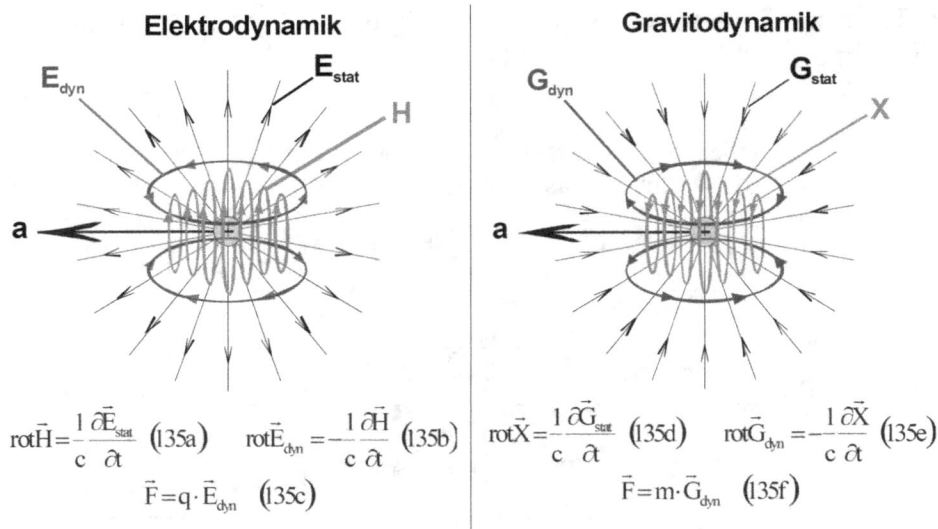

Abb. B9b: *Trägheit beschleunigter Ladungen und Massen. Das Schwerkraftfeld der Kugel, das auf dem linken Bild nicht berücksichtigt wurde, zeigt das separate Bild, rechts. Alle Gleichungen gelten im cgs-System.*

Abb.B9b, rechts, zeigt das gravitomagnetische Analogon zu Abb. B9b, links: Ein statisches Schwerkraftfeld G_{stat} einer ruhenden elektrisch ungeladenen Kugel mit positiver Polarität der schweren Masse (Materie), die im Falle einer Beschleunigung **a** um sich herum ein gravitomagnetisches Wirbelfeld **X** (grüne Feldlinien) nach der Maxwell-Gleichung (135d) aufbaut. Durch den Aufbau dieses Schwerkraft-Magnetfeldes entsteht nach der Maxwell-Gleichung (135e) ein dynamisches Schwerkraft-Wirbelfeld G_{dyn} (rote Feldlinien), das nach Gleichung (135f) eine Kraft **F** auf die Masse bzw. schwere Masse m der Kugel in Richtung der Beschleunigung a ausübt, die also die Beschleunigung a verstärkt. D. h. die Trägheit der trägen Masse der Kugel wird reduziert. Das Schwerkraftfeld besitzt also eine **negative Trägheit** im Gegensatz zur positiven des elektrischen Feldes.

Gravitodynamik

Zu den gleichen Ergebnissen gelangt man bei Betrachtung von beschleunigten elektrischen Dipolen und Schwerkraftdipolen (Materie und Antimaterie), wie Abb.B9c

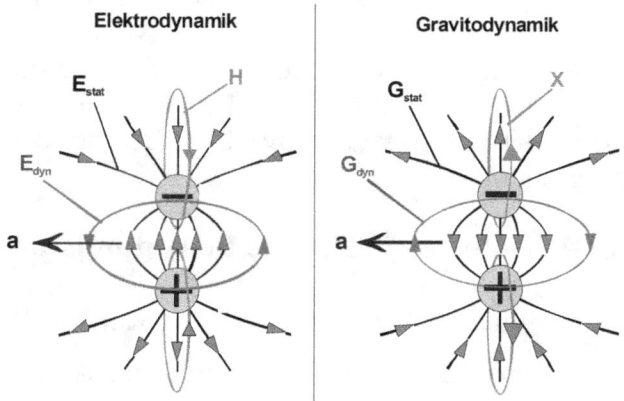

Abb. B9c: *Trägheit beschleunigter elektrischer und beschleunigter Schwerkraft-Dipole*

zeigt. Auch hier entstehen bei Beschleunigungen nach Gleichung (135c) bzw. (135f) Kräfte dynamischer Wirbelfelder (**rote Feldlinien**), die durch den Aufbau magnetischer Wirbelfelder (grüne Feldlinien) erzeugt werden und zu einer positiven Feld-Trägheit der elektrischen Ladungen, Abb. B9c, links, bzw. zu einer negativen Feld-Trägheit der schweren Massen, Abb. B9c, rechts, führen.

Bei der Abbremsung von in Bewegung befindlichen elektrisch geladenen bzw. ungeladenen Kugeln ist ebenso wie bei ihrer Beschleunigung eine Feldträgheit zu beobachten, die von Feldern herrührt, deren Feldlinien den Feldern E_{dyn} bzw. G_{dyn} auf den obigen Abbildungen entgegengesetzt sind. Sie wirken im Falle der Elektrodynamik der Bremskraft entgegen, im Falle der Gravitodynamik haben sie dieselbe Richtung wie die Bremskraft.

Auf Grund dieser Überlegungen kann man den Feldern eine träge Masse m_{tr} (positiv oder negativ) zuschreiben, die nach der bekannten Energie-Masse-Beziehung der Feldenergie W_F (positiv oder negativ) proportional ist:

$$m_{tr} = W_F / c^2 \qquad W_F = \text{Feldenergie} \qquad c = \text{Lichtgeschwindigkeit}$$
$$m_{tr} = m_{E\,tr} \geq \text{Null} \quad \text{für Elektrodynamik} \tag{135g}$$
$$m_{tr} = m_{G\,tr} \leq \text{Null} \quad \text{für Gravitodynamik}$$

Ändert man den Abstand der Ladungen bzw. Massen der Dipole auf Abb. B9c, so ändert sich die Feldenergie W_F der Dipole um die Differenz ΔW_F. Dabei ist ΔW_F identisch mit der bei dieser Abstandsänderung gewonnenen bzw. aufgewendeten Arbeit. Für die Änderung Δm_{tr} der trägen Masse m_{tr} der Felder gilt daher nach Gleichung (135g):

$$\Delta m_{tr} = \Delta W_F / c^2 \qquad c = \text{Lichtgeschwindigkeit} \tag{135h}$$

Somit wird z. B. bei Annäherung der Ladungen bzw. Massen der Dipole auf Abbildung B9c

Gravitodynamik

- im elektrodynamischen Fall wegen der Anziehung der entgegengesetzten Ladungspolaritäten Arbeit geleistet und dem System Energie entzogen: ΔW_F und Δm_{tr} sind daher negativ. Die (positive) elektrische Feldenergie wird kleiner,
- im gravitodynamischen Fall wegen der Abstoßung der entgegengesetzten Schwerepolaritäten Arbeit aufgewendet und Energie in das System abgegeben: ΔW_F und Δm_{tr} sind daher positiv. Der Betrag der negativen Schwerkraft-Feldenergie wird kleiner.

Für die oben dargestellten Beispiele lautet schließlich die **Bewegungsgleichung**:

$$F = (m_{tr} + m_{Etr} + m_{Gtr}) \cdot a \qquad \begin{array}{l} m_{Etr} \geq \text{Null} \quad \text{für Elektrodynamik} \\ m_{Gtr} \leq \text{Null} \quad \text{für Gravitodynamik} \end{array} \qquad (135i)$$

Darin bedeuten: F = die bescheunigende oder bremsende Kraft
m_{tr} = die träge ungeladene Masse der Kugel
m_{Etr} = die träge Masse des elektrischen Feldes
m_{Gtr} = die träge Masse des Schwerkraftfeldes und
a = dv/dt = die Beschleunigung bzw. Abbremsung der Kugel.

Alle oben angegebenen trägen Massen sind Ruhemassen und gelten für Geschwindigkeiten v<<c. Sie müssen für große Geschwindigkeiten mit dem Lorentzfaktor

$$\frac{1}{\sqrt{1-(v/c)^2}}$$

multipliziert werden.

Jede Verteilung von Ladungen bzw. Massen führt also zu Trägheitskräften F der sie umgebenden Felder. Diese Trägheitskräfte der Felder sind i. a. relativ gering, wenn man sie mit den Trägheitskräften der ungeladenen kugelförmigen Massen auf den Abbildungen vergleicht. Betrachtet man z. B. freie Protonen als Kugeln mit dem Radius 10^{-13} cm, so verhalten sich ihre trägen Massen $m_{tr} : m_{Etr} : m_{Gtr}$ größenordnungsmäßig wie **1 : 10^{-3} : -10^{-39}**. Das sind relativ kleine Feldträgheiten m_{Etr} und besonders m_{Gtr}, die man gegenüber der Protonenmasse m_{tr} vernachlässigen kann. Lediglich bei Neutronensternen sind relevante Schwerkraftfeld-Trägheiten m_{Gtr} wegen der hohen Massendichte zu erwarten. Auch die in elektrisch neutralen Atomen zwischen den Ladungen des Kerns und der Hülle herrschenden elektrischen Felder tragen zur trägen Masse der Atome bei. Nach der speziellen Relativitätstheorie ist es allerdings experimentell unmöglich, zwischen der trägen Masse m_{tr} und der trägen Masse der Felder zu unterscheiden.

Aus all diesen Überlegungen lässt sich der Schluss ziehen, dass auch die träge Masse m_{tr} von z. B. **Atomkernen** auf die Existenz von Kraftfeldern zurückgeführt werden kann, die wesentlich stärker sind als die der elektrischen Kraft und der Schwerkraft. In Frage kommen hier nur die Felder der **starken Kernkraft**. Sie ist die stärkste im Universum beobachtete Kraft. Wegen ihrer geringen Reichweite kann es sich nur um die Kraft eines Multipol-Kraftfeldes handeln.

B4.4 Die spezifische Schwere und die Veränderlichkeit des Verhältnisses von schwerer zu träger Masse

Das **Verhältnis von schwerer Masse** zur **trägen Masse**, die **spezifische Schwere** σ_m (oder **spezifische** schwere Masse), ist demnach – wie oben am Beispiel einer kugelförmigen Masse dargelegt - **nicht konstant**. Denn hier gilt nach (B.129):

$$\sigma_m = m/m_{tred} = m/(m_{tr} + m_s) = m/(m_{tr} - 4m^2/5c^2 R) \tag{B.136}$$

Für den Fall, dass $|m_S|$ klein gegenüber m_{tr} ist, erhält man allgemein (vgl. Kap. B2):

$\sigma_m = m/m_{tr} = 1\,\text{dyn}^{1/2}\cdot\text{cm}/3870\,\text{g}$
$= \mathbf{2{,}584\cdot 10^{-4}}\,\text{dyn}^{1/2}\cdot\text{cm/g} = \mathbf{2{,}584\cdot 10^{-4}}\,\text{dyn}^{-1/2}\cdot\text{cm}^2/\text{sec}^2$ (B.136a)

(Dieser Wert scheint für **Atomhüllen** und **Atomkerne** unter Normalbedingungen zu gelten, allerdings nicht für **Galaxienzentren**, **Neutronensterne** (s. Kap. B4.2) und **Neutrinos** (s. Kap. E2), die eine wesentlich höhere spezifische Schwere besitzen.)

Ein Vergleich mit den spezifischen Ladungen der Elektrodynamik zeigt die geringe Größe der Schwerkraft. Denn für die spezifischen Ladungen von z.B. Proton und Elektron gilt (m_{tr} = träge Masse in g, Ladung q in cgs-Einheiten):

σ_q (Proton) $= q_{Proton} / m_{tr\,Proton} = 2{,}872\cdot 10^{14}$ dyn$^{1/2}\cdot$cm/g (B.136b)

σ_q (Elektron) $= q_{Elektron} / m_{tr\,Elektron} = 5{,}273\cdot 10^{17}$ dyn$^{1/2}\cdot$cm/g (B.136c)

Auffällig ist das sehr große Verhältnis von σ_q (Proton) bzw. σ_q (Elektron) zu σ_m von Glchg. (B.136a), das 18 bzw. 21 Zehnerpotenzen beträgt. Hier kommt die geringe Größe der Schwerkräfte im Verhältnis zu den elektrischen zum Ausdruck. Die Schwerkräfte sind eben die Kleinsten von allen bekannten Kräften.

Bei Bewegung der trägen Masse m_{tr} der Schwere m mit der Geschwindigkeit v muss i. a. wegen

$$m_{tr} = \frac{m_{tr0}}{\sqrt{1-\beta^2}} \qquad \beta = v/c \qquad m_{tr0} = \textit{träge Ruhemasse} \tag{B.137}$$

die spezifische Schwere den Wert

$$\sigma_m = \frac{m}{m_{tr0}}\sqrt{1-\beta^2} = \sigma_{m0}\cdot\sqrt{1-\beta^2} \qquad\qquad \sigma_{m0} = \frac{m}{m_{tr0}} \tag{B.137a}$$

bekommen. Hierbei ist vorausgesetzt, dass die Schwere m sich mit v nicht ändert, analog dem Verhalten der Ladung q bei Beschleunigung auf v.

Der Zusammenhang zwischen spezifischer Schwere und der Gravitationskonstanten ergibt sich aus den Gleichungen (B.6b) und (B.136a):

$$F = -\frac{m_1\cdot m_2}{r^2} = -\sigma_m^2\frac{m_{tr\,1}\cdot m_{tr\,2}}{r^2} = -\gamma\frac{m_{tr\,1}\cdot m_{tr\,2}}{r^2} \tag{B.6b}$$

mit den **trägen** Massen $m_{tr\,1}$ und $m_{tr\,2}$ in **g** d.h. für die Gravitationskonstante gilt mit (B.136a):

$$\gamma = \sigma_m^2 = 6{,}67 \cdot 10^{-8} \; dyn \cdot cm^2 / g^2 = 6{,}67 \cdot 10^{-11} \; Newton \cdot m^2 / kg^2$$

B4.5 Die gravitomagnetische Strahlungsleistung einer beschleunigten Masse

Hier werden nur die analog zur Elektrodynamik abgeleiteten Ergebnisse für v<<c wiedergegeben:

Danach gilt allgemein für die durch eine Kugelfläche um eine beschleunigte Masse mit der Schwere m von außen aus dem Vakuum stammende und nach innen fließende gesamte gravitomagnetische Strahlungsleistung L:

$$L = \frac{2 \cdot m^2 \cdot \dot{\upsilon}^2}{3 \cdot c^3} \qquad \text{wobei} \quad \dot{\upsilon} = d\upsilon/dt \tag{B.138}$$

oder für das zeitliche Mittel von L:

$$\overline{L} = \frac{2 \cdot m^2 \cdot \overline{\dot{\upsilon}^2}}{3 \cdot c^3} \tag{B.138a}$$

Die Größenordnung der gesamten gravitomagnetischen Strahlungsleistung einer beschleunigten schweren Masse m im Verhältnis zur elektromagnetischen Strahlungsleistung einer beschleunigten Ladung q erhält man aus Gl. (138a) und der analogen Gleichung der Elektrodynamik:

$$\overline{L_m} = \frac{2 \cdot m^2 \cdot \overline{\dot{\upsilon}^2}}{3 \cdot c^3} \text{ (Gravitodynamik)} \qquad \overline{L_q} = \frac{2 \cdot q^2 \cdot \overline{\dot{\upsilon}^2}}{3 \cdot c^3} \text{ (Elektrodynamik)} \tag{138b}$$

Aus dem Verhältnis beider Gleichungen

$$\frac{\overline{L_m}}{\overline{L_q}} = \frac{m^2}{q^2} = \left(\frac{m/m_{tr}}{q/m_{tr}}\right)^2 = \left(\frac{\sigma_m}{\sigma_q}\right)^2 \qquad m_{tr} = \text{träge Masse} \tag{138c}$$

erhält man mit den Gl. (136a) bis (136c) für die spezifische Schwere bzw. Ladung von Protonen bzw. Elektronen:

$$\left(\frac{\overline{L_m}}{\overline{L_q}}\right)_{Proton} = \left(\frac{2{,}6 \cdot 10^{-4}}{2{,}9 \cdot 10^{14}}\right)^2 = 8{,}0 \cdot 10^{-37} \qquad \left(\frac{\overline{L_m}}{\overline{L_q}}\right)_{Elektron} = \left(\frac{2{,}6 \cdot 10^{-4}}{5{,}3 \cdot 10^{17}}\right)^2 = 2{,}4 \cdot 10^{-43} \tag{138d}$$

D.h.: Die Strahlungsleistung L von Gravitationswellen ist relativ zur Strahlungsleistung elektromagnetischer Wellen bei gleichen Beschleunigungen extrem gering.

Für die Anwendung sind hier zwei Fälle interessant:

Gravitodynamik

- Die Strahlungsleistung einer harmonisch schwingenden Masse (Kap. B 4.5.1)
- Die Strahlungsleistung einer rotierenden Masse (Kap. B 4.5.2)

B4.5.1 Die gravitomagnetische Strahlungsleistung einer harmonisch schwingenden Masse

Bei einer harmonisch schwingenden Masse folgt aus der Bewegungsgleichung

$$s = l \cdot \sin \omega t \qquad \dot{s} = v = l\omega \cos \omega t \qquad \dot{v} = -l\omega^2 \sin \omega t$$

$$\text{bzw. für das quadratische Mittel} \quad \overline{v^2} = \frac{1}{2}\omega^4 l^2 \tag{B.139}$$

eingesetzt in (B.138a):

$$\overline{L} = \frac{\omega^4}{3 \cdot c^3}(m \cdot l)^2 \tag{B.139a}$$

Auch hier bedeutet L einen Energiestrom aus dem Vakuum in Richtung schwingende Masse = Zunahme der potentiellen und kinetischen Energie der schwingenden Masse.

B4.5.2 Die gravitomagnetische Strahlungsleistung einer rotierenden Masse (gravitomagnetische Synchrotronstrahlung)

Hier gilt für die Zentrifugalbeschleunigung (R = Radius der Kreisbewegung):

$$\dot{v} = R\omega^2 \qquad \text{bzw. für das quadratische Mittel} \quad \overline{v^2} = \omega^4 R^2 \tag{B.140}$$

eingesetzt in (B.138a):

$$\overline{L} = \frac{2 \cdot \omega^4}{3 \cdot c^3}(m \cdot R)^2 \tag{B.140a}$$

Wie in (B.139a) so ist auch in (B.140a) zu beachten, das hier L einen Energiestrom aus dem umgebenden Vakuum in Richtung auf die rotierende Masse bedeutet = Zunahme der potentiellen und kinetischen Energie der rotierenden Masse.

B4.6 Die gravitomagnetische Strahlungsimpulskraft periodisch schwingender Massen

Man Betrachte nun zwei mit zeitlich konstanter Frequenz und Amplitude aber unterschiedlicher Phase schwingende Massen m_1 und m_2 im Zentrum eines kugelförmigen Volumens V_n mit dem Radius R_n, die bereits eine Zeit t = nT (T= Periodendauer) Schwingungen ausgeführt haben (vgl. Abb. B10, rechts), deren Gravitationswellen gerade die Oberfläche des Volumens V_n erreicht haben.

Gravitodynamik

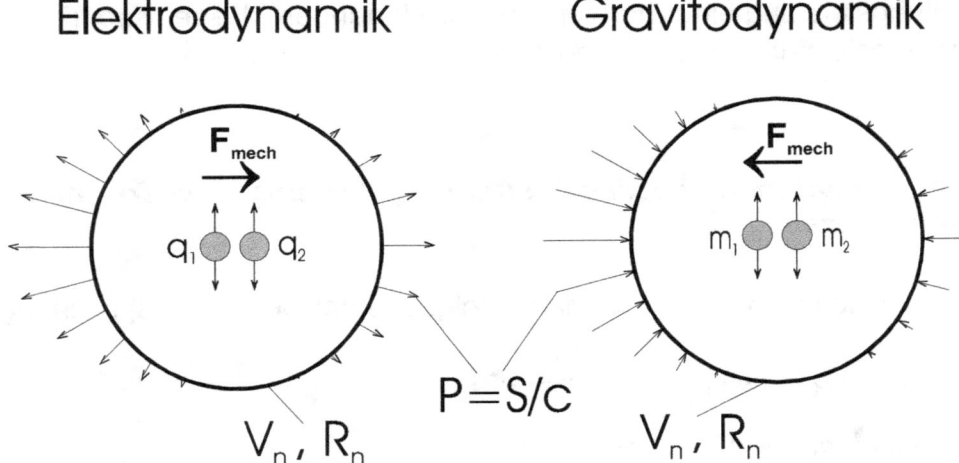

Abb. B10

Setzt man nun in die Gleichung (B.109) für den Impulssatz ein kugelförmiges Volumen $V \gg V_n$ mit gleichem Zentrum wie V_n ein, so verschwindet nach Gleichung (B.108) der Vektor F_M. Denn die Feldstärken G und X an der Oberfläche von V sind Null, da die Gravitationswellen die Oberfläche von V noch nicht erreicht haben. Ferner reduziert sich das Integral auf der rechten Seite von (B.109) über V auf das über V_n, da außerhalb V_n die Feldstärken G und X und demnach die Impulsstromdichte P Null ist. D.h. es folgt aus (B.109) mit (B.40a):

$$\vec{F}_{mech} = -\frac{1}{c}\frac{\partial}{\partial t}\int_V \vec{P}dV = -\frac{1}{c}\frac{\partial}{\partial t}\int_{V_n} \vec{P}dV = \frac{1}{4\pi c}\frac{\partial}{\partial t}\int_{V_n} \vec{G} \times \vec{X}dV \qquad (B.141)$$

Man betrachte nun den Zeitraum $nT < t < (n+1)T$ der auf $t=nT$ folgenden Periode. Für (B.141) läßt sich dann schreiben:

$$\vec{F}_{mech} = \frac{1}{4\pi c}\frac{\partial}{\partial t}\int_{V_n} \vec{G} \times \vec{X}dV + \frac{1}{4\pi c}\frac{\partial}{\partial t}\int_{\Delta V} \vec{G} \times \vec{X}dV \qquad (B.142)$$

wobei ΔV das Volumen bedeutet, das die Gravitationswellen in der Zeit $nT < t < (n+1)T$ einnehmen. Bildet man nun in (B.142) das zeitliche Mittel über eine Periodendauer T, so verschwindet das erste Glied auf der rechten Seite von (B.142) wegen der Periodizität des Vektorproduktes von G und X, und man erhält:

$$\overline{\vec{F}_{mech}} = \frac{1}{4\pi c}\frac{\partial}{\partial t}\int_{\Delta V} \overline{\vec{G} \times \vec{X}}dV \qquad (B.142a)$$

Die entsprechende Gleichung für die Elektrodynamik im Falle von zwei schwingenden Ladungen im Zentrum des kugelförmigen Volumens V_n lautet analog (vgl. Abb. B10, links):

Gravitodynamik

$$\overline{\vec{F}}_{mech} = -\frac{1}{4\pi c}\frac{\partial}{\partial t}\int_{\Delta V}\overline{\vec{E}\times\vec{H}}dV \qquad (B.142b)$$

Gleichung (B.142a) und (B.142b) unterscheiden sich also formal lediglich durch das Vorzeichen. Da die Vektoren der Vektorprodukte von E und H bzw. von G und X aus dem Volumen V_n herauszeigen (vgl. Abb.B3a von Kap. B2.2), ist die mittlere Gesamtkraft F_{mech} auf die Massen entgegengesetzt zu der auf die Ladungen, wenn infolge von Interferenz die Wellen überwiegend in eine Richtung abgestrahlt werden, wie auf Abbildung B10 dargestellt. Man erhält daher für die Gravitationswellen das **Paradoxon**, dass die zeitlich gemittelte Gesamtkraft F_{mech} auf emittierende Körper die gleiche Richtung wie die von ihnen abgestrahlten Wellen haben („Strahlungssog") – im Gegensatz zum Strahlungsrückstoß der Elektrodynamik.

Eine Umformung von (B.142a) mit (B.40a)

$$\overline{\vec{F}}_{mech} = \frac{1}{4\pi c}\frac{\partial}{\partial t}\int_{\Delta V}\overline{\vec{G}\times\vec{X}}dV = -\frac{1}{c}\frac{\partial}{\partial t}\int_{\Delta V}\overline{\vec{P}}dV \qquad (B.143)$$

liefert ferner für den Ausdruck auf der rechten Seite von (B.143) im Falle der Abb.10 für kugelförmig sich ausbreitende Wellen der Länge λ:

$$\frac{\partial}{\partial t}\int_{\Delta V}\overline{\vec{P}}dV = \int_A\int_{r=R_n}^{R_n+\lambda}\left(\frac{d}{dt}\frac{1}{T}\int_{t=nT}^{(n+1)T}\vec{P}\cdot dt\right)\cdot dr\cdot dA = \frac{1}{T}\int_A\int_{r=R_n}^{R_n+\lambda}\left(\int_{t=nT}^{(n+1)T}d\vec{P}\right)\cdot dr\cdot dA \qquad (B.144)$$

d.h.:

$$\frac{\partial}{\partial t}\int_{\Delta V}\overline{\vec{P}}dV = \frac{1}{T}\int_A\int_{r=R_n}^{R_n+\lambda}\bigl(\vec{P}(r,(n+1)T)-\vec{P}(r,nT)\bigr)dr\cdot dA \qquad (B.145)$$

wobei in (B.144) über die Periodendauer $nT< t< (n+1)T$ gemittelt wurde und A die Kugeloberfläche des Kugelvolumens V_n bedeutet. Nun ist aber

$$\vec{P}(r,nT)=0 \quad für \quad R_n \leq r \leq R_n+\lambda \qquad (B.146)$$

da nach Voraussetzung (s. oben) der Raum zwischen R_n und $R_n+\lambda$ zur Zeit $t=nT$ noch feldfrei ist. Aus (B.145) folgt daher

$$\frac{\partial}{\partial t}\int_{\Delta V}\overline{\vec{P}}dV = \frac{1}{T}\int_A\int_{r=R_n}^{R_n+\lambda}\vec{P}(r,(n+1)T)\cdot dr\cdot dA = \frac{\lambda}{T}\int_A\left(\frac{1}{\lambda}\int_{r=R_n}^{R_n+\lambda}\vec{P}(r,(n+1)T)\cdot dr\right)\cdot dA \qquad (B.147)$$

und mit $c=\lambda/T$:

$$\frac{\partial}{\partial t}\int_{\Delta V}\overline{\vec{P}}dV = c\cdot\int_A\overline{\vec{P}}dA \quad wobei \qquad (B.148)$$

$$\overline{\vec{P}} = \frac{1}{\lambda}\int_{r=R_n}^{R_n+\lambda}\vec{P}(r,(n+1)T)\cdot dr \quad\left[oder\ auch:\quad \overline{\vec{P}} = \frac{1}{T}\int_{t=n\cdot T}^{(n+1)T}\vec{P}(R_n,t)\cdot dt\right] \qquad (B.148a)$$

Gravitodynamik

Die räumliche Mittelung von P über eine Wellenlänge λ ist – wie man leicht überlegt – gleichbedeutend mit der in eckigen Klammern stehenden zeitlichen Mittelung über eine Periode T an der Kugeloberfläche vom Radius R_n. Damit erhält man aus (B.143) für die zeitlich gemittelte Gesamtkraft schwingender Massen oder Massendipole:

$$\overline{\vec{F}}_{mech} = -\frac{1}{c}\frac{\partial}{\partial t}\int_{\Delta V}\overline{\vec{P}}\,dV = -\frac{1}{c}\cdot c \cdot \int_{A}\overline{\vec{P}}\cdot dA = -\int_{A}\overline{\vec{P}}\cdot dA \qquad mit\; \vec{P} = \frac{\vec{S}}{c} \qquad (B.149)$$

wobei hier der Mittelwert von P nach (B.148a) sowohl zeitlich über eine Periode T oder räumlich über eine Wellenlänge λ an der kugelförmigen Oberfläche A gebildet werden kann. Dieser Mittelwert ist i. a. von Null verschieden, wenn durch Interferenz die Impulsstromdichte P an der Oberfläche A unsymmetrisch ist (vgl. Abb. B10).

Im Falle der Elektrodynamik erhält man formal das gleiche Ergebnis wie (B.149). Es ist jedoch zu berücksichtigen, dass die Feldimpulsstromdichte P relativ zur Wellenausbreitung für die Elektrodynamik eine andere Richtung hat als für die Gravitodynamik (Abb. B10).

Gravitodynamik

B5 Gravitodynamik für Massen hoher Geschwindigkeit

B5.1 G- und X-Feld einer gleichförmig mit hoher Geschwindigkeit bewegten Masse

Die obigen Ergebnisse wurden unter der Voraussetzung gewonnen, dass v<<c. Für große Geschwindigkeiten v ist das G-Feld einer kugelförmigen Masse der Schwere m jedoch nicht mehr kugelsymmetrisch. Denn mit zunehmender Geschwindigkeit wird das X-Feld stärker (s. Glchg. (B.113): gültig für beliebige v). Ein großes X-Feld hat aber laut Induktionsgesetz (B.34) auch einen entsprechend großen Einfluss auf das G-Feld, das dadurch für große v seine Kugelsymmetrie verliert. Die genaue Berechnung des G-Feldes für große v wird hier übergangen. Sie wird analog zur Elektrodynamik durchgeführt.

Es sollen hier nur die Ergebnisse mitgeteilt werden (r: Radius, von m ausgehend):

$$\vec{G} = -\frac{m \cdot \vec{r} \cdot (1 - v^2/c^2)}{\left(\sqrt{r^2 - (\vec{r} \times \vec{v}/c)^2}\right)^3} \qquad \vec{X} = \frac{\vec{v}}{c} \times \vec{G} = -\frac{m}{c} \frac{(1 - v^2/c^2)}{\left(\sqrt{r^2 - (\vec{r} \times \vec{v}/c)^2}\right)^3} \cdot \vec{v} \times \vec{r} \qquad (B.150)$$

Die Gleichungen der Elektrodynamik lauten in diesem Falle zum Vergleich (q = elektrische Ladung):

$$\vec{E} = \frac{q \cdot \vec{r} \cdot (1 - v^2/c^2)}{\left(\sqrt{r^2 - (\vec{r} \times \vec{v}/c)^2}\right)^3} \qquad \vec{H} = \frac{\vec{v}}{c} \times \vec{E} \qquad (B.151)$$

Interessant sind für die Gravitodynamik die Feldstärken im Falle r∥v und r⊥v:

$$\vec{G}_= = -\frac{m \cdot (1 - \beta^2)}{r^2} \frac{\vec{r}}{r} \qquad \vec{X}_= = 0 \qquad \text{für } r // v \qquad (B.152a)$$

bzw. $\quad \vec{G}_\perp = -\frac{m}{r^2 \sqrt{1 - \beta^2}} \frac{\vec{r}}{r} \qquad \vec{X}_\perp = -\frac{m}{c \cdot r^3 \cdot \sqrt{1 - \beta^2}} \vec{v} \times \vec{r} \qquad \text{für } r \perp v \qquad (B.152b)$

Danach können bei großen Geschwindigkeiten v nahe der Lichtgeschwindigkeit c wegen β=v/c auch $G_\perp$ und $X_\perp$ sehr große Werte annehmen.

B5.2 Die Kräfte zweier bewegter Massen hoher Geschwindigkeit

Die Kräfte, die zwei Massen der Schwere m mit z. B. gleicher Polarität aufeinander ausüben, die sich senkrecht zu ihrer Verbindungslinie mit der Geschwindigkeit v bewegen, errechnet sich nach (B.152b) und (B.30a) zu (vgl. Abbildung B11):

$$F_m = G_\perp \cdot m = \frac{m^2}{r^2 \sqrt{1 - \beta^2}} \qquad F_L = \frac{v}{c} \cdot m \cdot X_\perp = -\left(\frac{v}{c}\right)^2 \frac{m^2}{r^2 \cdot \sqrt{1 - \beta^2}} = -\left(\frac{v}{c}\right)^2 \cdot F_m \qquad (B.152c)$$

Gravitodynamik

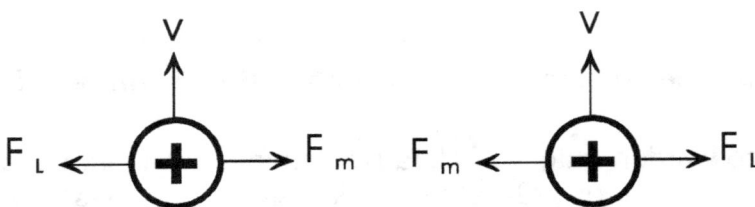

Abb. B11

Hier bedeuten F_m die Schwerkraft und F_L die gravitomagnetische Lorentzkraft. Für v=c werden beide nach (B.152c) entgegengesetzt gleich (und unendlich). Ersetzt man in (B.152c) m durch die Ladung q und X durch H, erhält man die analogen Gleichungen der Elektrodynamik für die elektrische und Lorentzkraft zweier gleicher Ladungen. In diesem Falle sind beide Kräfte entgegengesetzt zu denen in der Abbildung (elektrische Kraft abstoßend, elektromagnetische Lorentzkraft anziehend). Aus Gleichung (B.152c) ist auch die geringe Größe von F_L für Geschwindigkeiten v<<c ablesbar. Da bereits F_m sehr klein ist und nur mit subtilen Messverfahren (Drehwaage) nachgewiesen werden kann, wird es große Schwierigkeiten bereiten, über Kraftwirkungen mit irdischen Hilfsmitteln bzw. Messverfahren die Existenz der gravitomagnetischen Feldstärke X nachzuweisen (vgl. auch Kap. D11 und D12: gravitomagnetische Induktion und gravitomagnetische Lorentzkraft).

B5.3 Zeitdilatation einer relativistischen Schwerkraftpendeluhr

Im Folgenden soll nun die Schwingungsdauer einer Pendeluhr in einem bewegten Bezugssystem berechnet werden:
Die Abbildung B12 zeigt eine Pendeluhr mit der an einem Faden der Länge l hängenden Masse der Schwere m, die auf Grund der Schwerkraft der großen Masse

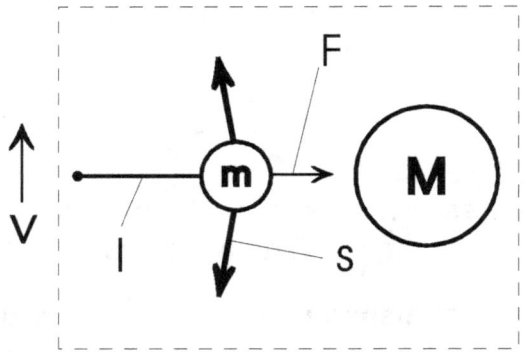

Abb. B12

der Schwere M bei Auslenkung um den Betrag s Schwingungen um die Ruhelage ausführt (m, M gleiche Polarität). Das ganze System des Pendels bewege sich mit der gleichförmigen Geschwindigkeit v. Die Schwingungsdauer der Pendeluhr (kleine Ausschläge s im Verhältnis zur Pendellänge l vorausgesetzt) ergibt sich zu:

Gravitodynamik

$$T = 2\pi \cdot \sqrt{\frac{l}{a}}$$

und mit der Beschleunigung $a = F / m_{tr}$ m_{tr} = träge Masse von m

$$T = 2\pi \cdot \sqrt{\frac{l \cdot m_{tr}}{F}} \tag{B.153}$$

Nun gilt für ein mit gleichförmiger Geschwindigkeit v bewegtes System:

$$m_{tr} = \frac{1}{\sqrt{1-\beta^2}} m_{tr0} \quad \text{mit der trägen Ruhemasse } m_{tr0} \quad \text{und } \beta = v/c \tag{B.154}$$

Für die Kraft F auf die Masse der Schwere m im bewegten Bezugssystem gilt:

$$\vec{F} = \vec{F}_m + \vec{F}_L \quad F_m = Schwerkraft, \quad F_L = Lorentzkraft \tag{B.155}$$

Für die Schwerkraft F_m und die Lorentzkraft F_L ist nach (B.152c) einzusetzen:

$$F_m = G_\perp \cdot m = \frac{M \cdot m}{r^2 \sqrt{1-\beta^2}} \quad F_L = -\frac{v}{c} \cdot m \cdot X_\perp = -\left(\frac{v}{c}\right)^2 \frac{M \cdot m}{r^2 \cdot \sqrt{1-\beta^2}} = -\left(\frac{v}{c}\right)^2 \cdot F_m \tag{B.156}$$

D.h. es gilt für die Kraft F im bewegten Bezugssystem gegenüber der Kraft $F_0 = Mm/r^2$ im ruhenden System:

$$F = F_m + F_L = \left(1 - \left(\frac{v}{c}\right)^2\right) \cdot F_m = \left(1 - \left(\frac{v}{c}\right)^2\right) \cdot \frac{M \cdot m}{r^2 \sqrt{1-\beta^2}} = \sqrt{1-\beta^2} \frac{M \cdot m}{r^2} = \sqrt{1-\beta^2} F_0$$

$$\tag{B.157}$$

Setzt man nun (B.154) und (B.157) in (B.153) ein, so erhält man für die Schwingungsdauer T im bewegtem Bezugssystem gegenüber der Schwingungsdauer T_0 im ruhenden System:

$$T = 2\pi \cdot \sqrt{\frac{l}{a}} = 2\pi \cdot \sqrt{\frac{l \cdot m_{tr}}{F}} = 2\pi \cdot \sqrt{\frac{l \cdot \frac{1}{\sqrt{1-\beta^2}} m_{tr0}}{\sqrt{1-\beta^2} \cdot F_o}} = \frac{1}{\sqrt{1-\beta^2}} \cdot 2\pi \cdot \sqrt{\frac{l \cdot m_{tr0}}{F_0}}$$

$$T = \frac{1}{\sqrt{1-\beta^2}} \cdot T_0 \quad \text{mit } T_0 = 2\pi \cdot \sqrt{\frac{l \cdot m_{tr0}}{F_0}} \text{ als Schwingungsdauer im Ruhesystem} \tag{B.158}$$

Das ist die bekannte Zeitdilatation, die hier mit Hilfe gravitodynamischer Überlegungen erhalten worden ist. Man kann also an dem Beispiel der Schwerkraftpendeluhr zeigen, dass die Zeit im bewegten Bezugssystem langsamer abläuft als im Ruhesystem.

Gravitodynamik

Das gleiche Ergebnis erhält man übrigens, wenn in obigen Gleichungen die Schweren M und m durch elektrische Ladungen +Q bzw. -q ersetzt werden, d.h. die Pendeluhr elektrisch betrieben wird. Auch in diesem Falle muss bei der Berechnung der Kraft auf die träge Masse m_{tr} die Lorentzkraft der Elektrodynamik analog (B.157) berücksichtigt werden.

Die Zeitdilatation von Gleichung (B.158) ergibt sich allerdings nur, wenn die Geschwindigkeit c in den Gleichungen (B.150), (B.152a) bis (B152c) der Gravitodynamik identisch ist mit der **Lichtgeschwindigkeit** c der relativistischen Gleichung (B.154). Das wurde bis hier nur als Annahme betrachtet (vgl. Kap. B2: die Grundgleichungen der Gravitodynamik).

Auch im Falle einer Pendeluhr mit parallel zur Bewegungsrichtung hängendem Pendel (Abb. B13) erhält man die gleiche Zeitdilatation wie oben in Gl. (B.158):

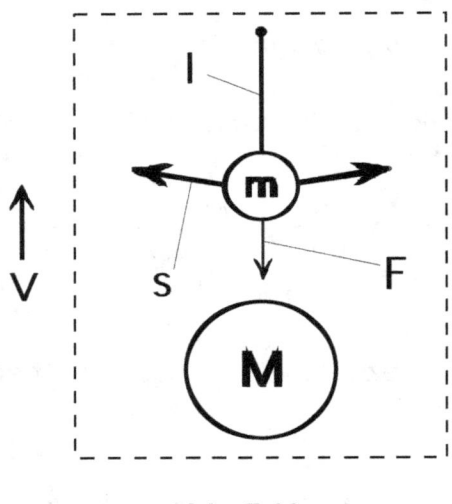

Abb. B13

Anstelle von (B.156) ist hier für die Kraft auf die Pendelmasse m ach (152a) einzusetzen:

$$F_m = G_= \cdot m = \frac{M \cdot m}{r^2}(1-\beta^2) = F_0 \cdot (1-\beta^2) \qquad F_L = 0 \qquad (B.159)$$

Mit (B.153) und (B.154) ergibt sich zunächst (Längenkontraktion der Pendellänge l):

$$T = 2\pi \cdot \sqrt{\frac{l}{a}} \quad \text{mit } a = F_m / m_{tr} \text{ und } m_{tr} = \frac{m_{tr0}}{\sqrt{1-\beta^2}} \text{ und } l = l_0\sqrt{1-\beta^2} \qquad (B.160)$$

d.h. mit (B.159):

$$T = 2\pi \cdot \sqrt{\frac{l}{a}} = 2\pi \cdot \sqrt{\frac{l_0\sqrt{1-\beta^2}}{F_0 \cdot (1-\beta^2)}\frac{m_{tr0}}{\sqrt{1-\beta^2}}} = 2\pi \cdot \sqrt{\frac{l_0 \cdot m_{tr0}}{F_0 \cdot}}\frac{1}{\sqrt{1-\beta^2}} = \frac{T_0}{\sqrt{1-\beta^2}} \qquad (B.161)$$

Auch in diesem Falle erhält man die bekannte Zeitdilatation wie in (B.158)

Gravitodynamik

C Gravitationswellen harmonisch schwingender Massen

C1 Einführung eines Hilfsvektors Z für die Berechnung der Feldstärken X und G eines harmonisch schwingenden Schwerkraftdipols

Nach Gleichung (B.34) und (B.36) von Teil B gilt:

$$rot\vec{G} = -\frac{1}{c}\frac{\partial \vec{X}}{\partial t} \quad (B.34) \qquad rot\vec{X} = \frac{1}{c}\frac{\partial \vec{G}}{\partial t} \quad (B.36)$$

Analog zur Elektrodynamik (Hertzsche Lösung) sollen nun mit Hilfe des Vektorpotentials V und des Hilfsvektors Z die Feldvektoren X und G eines schwingenden Schwerkraftdipols berechnet werden. Dabei soll nach Hertz für das Vektorpotential V und den Hilfsvektor Z gelten:

$$\vec{V} = \frac{1}{c}\frac{\partial \vec{Z}}{\partial t} \quad mit \quad \vec{Z} = \vec{Z}(r,t) \tag{C.1a}$$

Nun gilt für das Vektorpotential V analog zur Elektrodynamik:

$$\vec{X} = -rot\,\vec{V} = -\frac{1}{c}rot\frac{\partial \vec{Z}}{\partial t} = -\frac{1}{c}\frac{\partial}{\partial t}rot\vec{Z} \quad \left(\text{Elektrodynamik}: \vec{H} = rot\,\vec{V}\right) \tag{C.1b}$$

Das negative Vorzeichen des Rotors von V in (C.1b) relativ zur Elektrodynamik ist durch den Unterschied der Definition der Richtung von X und H bei vorgegebener Bewegung einer Schwere bzw. Ladung bedingt (vgl. Abb. A4 von Kap. A3 bzw. Glchg. (B.27) u. (B.28) von Kap. B2).
(C.1b) in (B.36) eingesetzt und nach t integriert, liefert für G nach den Vektorregeln:

$$\vec{G} = -rot\,rot\vec{Z} = -\left(grad\,div\vec{Z} - \Delta\vec{Z}\right) = \Delta\vec{Z} - grad\,div\vec{Z} \tag{C.2}$$

(C.1b) in (B.34) eingesetzt liefert:

$$rot\vec{G} = \frac{1}{c^2}rot\frac{\partial^2 \vec{Z}}{\partial t^2} \tag{C.3}$$

Integration von (C.3) liefert mit grad φ als Integrationskonstante (rot grad φ =0 !) :

$$\vec{G} = \frac{1}{c^2}\cdot\frac{\partial^2 \vec{Z}}{\partial t^2} + grad\,\varphi \tag{C.4}$$

Damit (C.2) und (C.4) miteinander verträglich sind, muss gelten:

$$\Delta\vec{Z} = \frac{1}{c^2}\cdot\frac{\partial^2 \vec{Z}}{\partial t^2} \quad (Wellengleichung) \qquad und \quad \varphi = -div\vec{Z} \tag{C.5}$$

Als Lösung der Wellengleichung (C.5) soll die einer Kugelwelle gesucht werden, die von dem schwingenden Schwerkraftdipol ausgeht. Dazu wird ΔZ in räumlichen Polarkoordinaten geschrieben:

Gravitodynamik

$$\frac{\partial^2 \vec{Z}}{\partial r^2} + \frac{2}{r} \cdot \frac{\partial \vec{Z}}{\partial r} = \frac{1}{c^2} \cdot \frac{\partial^2 \vec{Z}}{\partial t^2} \qquad \vec{Z} = \vec{Z}(r,t) \tag{C.6}$$

Für Z soll nun wegen der harmonisch schwingenden Masse eine periodische Zeitabhängigkeit angenommen werden:

$$\vec{Z} = \vec{F}(r) \cdot e^{i\omega \cdot t} \tag{C.7}$$

Damit erhält man aus (C.6) für die Ortsabhängigkeit von F die Dgl.:

$$\frac{\partial^2 \vec{F}(r)}{\partial r^2} + \frac{2}{r} \cdot \frac{\partial \vec{F}(r)}{\partial r} + \frac{\omega^2}{c^2} \cdot \vec{F}(r) = 0 \tag{C.8}$$

Ihr Integral lautet:

$$\vec{F}(r) = \frac{\vec{p}_0}{r} \cdot e^{-i\omega \cdot r/c} \tag{C.9}$$

Einsetzen von (C.9) in (C.7) liefert für Z:

$$\vec{Z} = \frac{\vec{p}_0}{r} \cdot e^{i\omega \cdot (t-r/c)} = \vec{p}_0 \cdot e^{i\omega \cdot t} \cdot \frac{e^{-i\omega \cdot r/c}}{r} = \vec{p}(t) \cdot f(r) \tag{C.10}$$

$$\text{wobei} \quad \vec{p}(t) = \vec{p}_0 \cdot e^{i\omega \cdot t} \quad \text{und} \quad f(r) = \frac{e^{-i\omega \cdot r/c}}{r}$$

C 1.1 Berechnung der Schwerkraft-Magnetfeldstärke X

Nach (C.1b) ist $\vec{X} = -\frac{1}{c} \frac{\partial}{\partial t} rot \vec{Z}$ und nach (C.10) und den Vektorregeln gilt:

$$rot \vec{Z} = rot \, \vec{p}(t) f(r) = (grad \, f(r)) \times \vec{p}(t) = \frac{df}{dr} \cdot [\vec{r}_0 \times \vec{p}_0] \cdot e^{i\omega t}$$

$$rot \vec{Z} = \left(-\frac{i\omega}{c \cdot r} - \frac{1}{r^2}\right) e^{i\omega(t-r/c)} \cdot [\vec{r}_0 \times \vec{p}_0] \qquad \vec{r}_0 = \vec{r}/r = \text{Einheitsvektor in Richtung } \vec{r} \tag{C.11}$$

und damit für X:

$$\vec{X} = -\frac{1}{c} \frac{\partial}{\partial t} rot \vec{Z} = -\frac{i\omega}{c}\left(\frac{i\omega}{c \cdot r} + \frac{1}{r^2}\right) e^{i\omega(t-r/c)} \cdot [\vec{p}_0 \times \vec{r}_0] \tag{C.11a}$$

oder:

$$\boxed{\vec{X} = -\left(\frac{i\omega}{c \cdot r^2} - \frac{\omega^2}{c^2 \cdot r}\right) \cdot [\vec{p}_0 \times \vec{r}_0] \cdot e^{i\omega(t-r/c)} \qquad \vec{r}_0 = \frac{\vec{r}}{r} = \textit{Einheitsvektor in Richtung von } r} \tag{C.12}$$

(mit dem „Schwerkraft-Dipolmoment" $p_0 = m \cdot l$, siehe unten)

Gravitodynamik

C 1.2 Berechnung der Schwerkraftfeldstärke G

Nach (C.2) und (C.5) gilt:

$$\vec{G} = -rot\, rot\, \vec{Z} = -\left(grad\, div\, \vec{Z} - \frac{1}{c^2} \cdot \frac{\partial^2 \vec{Z}}{\partial t^2}\right) \quad (C.13)$$

Nun ist mit (C.10) (vgl. Vektorregeln):

$$div\, \vec{Z} = e^{i\omega \cdot t} div\, \vec{p}_0 \frac{e^{-i\omega \cdot r/c}}{r} = e^{i\omega \cdot t} \cdot div\left(\vec{p}_0 \cdot f(r)\right) = e^{i\omega \cdot t} \cdot \vec{p}_0 \cdot grad\, f(r) = e^{i\omega \cdot t} \cdot \vec{p}_0 \cdot \frac{\vec{r}}{r} \cdot \frac{df(r)}{dr} \quad (C.14)$$

bzw.

$$grad\, div\, \vec{Z} = e^{i\omega \cdot t} \cdot \left\{\vec{p}_0 \cdot \vec{r}_0 \left(\frac{d^2 f(r)}{dr^2} - \frac{1}{r} \cdot \frac{df(r)}{dr}\right) \cdot \vec{r}_0 + \frac{1}{r} \frac{df(r)}{dr} \vec{p}_0\right\} \quad \vec{r}_0 = \frac{\vec{r}}{r} \quad (C.15)$$

wobei

$$\frac{df}{dr} = \left(-\frac{i\omega}{c \cdot r} - \frac{1}{r^2}\right) \cdot e^{-i\omega \cdot r/c} \quad \text{und} \quad (C.16)$$

$$\frac{d^2 f}{dr^2} = \left(-\frac{\omega^2}{c^2 \cdot r} + \frac{2i\omega}{c \cdot r^2} + \frac{2}{r^3}\right) \cdot e^{-i\omega \cdot r/c} \quad (C.17)$$

Ferner gilt nach (C.10):

$$\frac{1}{c^2} \frac{\partial^2 \vec{Z}}{\partial t^2} = -\frac{\omega^2}{c^2} \cdot \frac{\vec{p}_0}{r} \cdot e^{i\omega \cdot (t-r/c)} \quad (C.18)$$

(C.16) und (C.17) in (C.15) eingesetzt, liefert zusammen mit (C.18) für (C.13):

$$\vec{G} = -\left(grad\, div\, \vec{Z} - \frac{1}{c^2} \cdot \frac{\partial^2 \vec{Z}}{\partial t^2}\right) = -\left\{\begin{array}{l} e^{i\omega \cdot t} \cdot \left\{\vec{p}_0 \cdot \vec{r}_0 \left(\frac{d^2 f(r)}{dr^2} - \frac{1}{r} \cdot \frac{df(r)}{dr}\right) \cdot \vec{r}_0 + \frac{1}{r} \frac{df(r)}{dr} \vec{p}_0\right\} \\ + \frac{\omega^2}{c^2} \cdot \frac{\vec{p}_0}{r} \cdot e^{i\omega \cdot (t-r/c)} \end{array}\right\}$$

$$\vec{G} = -\left\{\begin{array}{l} e^{i\omega \cdot t} \cdot \left\{\vec{p}_0 \cdot \vec{r}_0 \left(\left(-\frac{\omega^2}{c^2 \cdot r} + \frac{2i\omega}{c \cdot r^2} + \frac{2}{r^3}\right)e^{-i\omega \cdot r/c} - \frac{1}{r} \cdot \left(-\frac{i\omega}{c \cdot r} - \frac{1}{r^2}\right)e^{-i\omega \cdot r/c}\right) \cdot \vec{r}_0 \right. \\ \left. + \frac{1}{r}\left(-\frac{i\omega}{c \cdot r} - \frac{1}{r^2}\right)e^{-i\omega \cdot r/c} \vec{p}_0 \right\} \\ + \frac{\omega^2}{c^2} \cdot \frac{\vec{p}_0}{r} \cdot e^{i\omega \cdot (t-r/c)} \end{array}\right\}$$

oder (r_0 = Einheitsvektor in Richtung r):

$$\vec{G} = -\left\{\left(-\frac{\omega^2}{c^2 \cdot r} + \frac{3i\omega}{c \cdot r^2} + \frac{3}{r^3}\right) \cdot (\vec{p}_0 \cdot \vec{r}_0) \cdot \vec{r}_0 + \left(-\frac{i\omega}{c \cdot r^2} - \frac{1}{r^3} + \frac{\omega^2}{c^2 \cdot r}\right) \cdot \vec{p}_0\right\} \cdot e^{i\omega(t-r/c)} \qquad (C.19)$$

(mit dem „Schwerkraft-Dipolmoment" $p_0 = m \cdot l$, siehe unten)

Vergleicht man die Ergebnisse (C.12) und (C.19) für das X- und G-Feld mit den Ergebnissen für das E- und H-Feld eines elektrischen Dipols :

$$\vec{H} = \left(+\frac{i\omega}{c \cdot r^2} - \frac{\omega^2}{c^2 \cdot r}\right) \cdot [\vec{p}_0 \times \vec{r}_0] \cdot e^{i\omega(t-r/c)} \qquad (C.12a)$$

$$\vec{E} = \left\{\left(-\frac{\omega^2}{c^2 \cdot r} + \frac{3i\omega}{c \cdot r^2} + \frac{3}{r^3}\right) \cdot (\vec{p}_0 \cdot \vec{r}_0) \cdot \vec{r}_0 + \left(-\frac{i\omega}{c \cdot r^2} - \frac{1}{r^3} + \frac{\omega^2}{c^2 \cdot r}\right) \cdot \vec{p}_0\right\} \cdot e^{i\omega(t-r/c)} \qquad (C.19a)$$

(mit dem elektrischen Dipolmoment $p_0 = q \cdot l$)

so ist das X- und das G-Feld formal mit dem magnetischen (H) und dem elektrischen Feld (E) bis auf das Vorzeichen identisch.
$p_0 = q \cdot l$ ist in (C.12a) und (C.19a) ein elektrisches Dipolmoment (q=elektrische Ladung), in (C.12) und (C.19) dagegen $p_0 = m \cdot l$ ein Schwerkraft-Dipolmoment. Denn aus (C.19) läßt sich ableiten, daß **p = m·l** das **Moment eines Schwerkraft-Dipols** ist, der mit der Kreisfrequenz ω harmonische Schwingungen ausführt. Zum Beweis:
Für $\omega = 0$ erhält man aus (C.19) das G-Feld eines stationären Schwerkraftdipols (vgl. Glchg. (F.21g) des Anhangs für das E-Feld eines stationären elektrischen Dipols. Man beachte allerdings die unterschiedlichen Richtungen von G- und E-Feld, s. Abb. A2 von Kap. A3).

C2 G- und X- Feld einer harmonisch schwingenden Masse positiver Schwere

Die Gleichungen (C.12) und (C.19) beschreiben das X- bzw. G- Feld eines harmonisch schwingenden Schwerkraftdipols aus positiver und negativer schwerer Masse m. Man erhält die entsprechenden Felder für eine harmonisch mit der Amplitude l schwingende Masse positiver Schwere, indem man für das Massendipolmoment

$$\vec{p}_0 = p_{0} \cdot \vec{e}_p = m \cdot l \cdot \vec{e}_p \quad \text{mit } \vec{e}_p = \vec{p}/p \text{ als Einheitsvektor in Schwingungsrichtung} \qquad (C.20)$$

setzt und zum G-Feld von (C.19) das statische Feld

$$\vec{G}_{stat} = -\frac{m}{r^2} \cdot \vec{r}_0 \qquad \vec{r}_0 = \vec{r}/r = \text{Einheitsvektor in Richtung } \vec{r} \qquad (C.21)$$

von (B.10) einer ruhenden positiven schweren Masse hinzufügt, um das Feld der virtuellen negativen schweren Masse zu kompensieren. Die Feldgleichungen für eine harmonisch schwingende Masse der Schwere m lauten damit:

$$\vec{X} = -m \cdot l \cdot \left(+\frac{i\omega}{c \cdot r^2} - \frac{\omega^2}{c^2 \cdot r}\right) \cdot [\vec{e}_p \times \vec{r}_0] \cdot e^{i\omega(t-r/c)} \qquad (C.22)$$

bzw.

$$\vec{G} = -m \cdot \left[l \cdot \left\{ \left(-\frac{\omega^2}{c^2 \cdot r} + \frac{3i\omega}{c \cdot r^2} + \frac{3}{r^3} \right) \cdot (\vec{e}_p \cdot \vec{r}_0) \cdot \vec{r}_0 + \left(-\frac{i\omega}{c \cdot r^2} - \frac{1}{r^3} + \frac{\omega^2}{c^2 \cdot r} \right) \cdot \vec{e}_p \right\} \cdot e^{i\omega \cdot (t-r/c)} + \frac{\vec{r}_0}{r^2} \right]$$

(C.23)

mit $\vec{e}_p = \vec{p}_0 / p_0 = \vec{p}/p$ = Eiheitsvektor in Schwingungsrichtung von $\vec{p}$ und $\vec{r}_0 = \vec{r}/r$

C3 G- und X-Feld in der Wellenzone und das Paradoxon der Gravitationswellen

Für die Wellenzone (r>>Wellenlänge) ergibt sich für die Felder nach (C.12) und (C.19) bzw. (C.22) und (C.23) durch Vernachlässigung der Glieder mit Potenzen von r² und r³ im Nenner:

$$\vec{X} = \frac{\omega^2}{c^2 r} e^{i\omega(t-r/c)} \cdot [\vec{p}_0 \times \vec{r}_0] \qquad (C.24)$$

$$\vec{G} = -\frac{\omega^2}{c^2 \cdot r} e^{i\omega \cdot (t-r/c)} \cdot \{ -(\vec{p}_0 \cdot \vec{r}_0) \cdot \vec{r}_0 + \vec{p}_0 \} = -\frac{\omega^2}{c^2 \cdot r} e^{i\omega \cdot (t-r/c)} \cdot \{ \vec{p}_0 \cdot \vec{r}_0^2 - (\vec{p}_0 \cdot \vec{r}_0) \cdot \vec{r}_0 \} \qquad (C.24a)$$

oder (vgl. Vektorregeln):

$$\vec{G} = -\frac{\omega^2}{c^2 \cdot r} e^{i\omega \cdot (t-r/c)} \cdot [\vec{r}_0 \times [\vec{p}_0 \times \vec{r}_0]] = \frac{\omega^2}{c^2 \cdot r} e^{i\omega \cdot (t-r/c)} \cdot [[\vec{p}_0 \times \vec{r}_0] \times \vec{r}_0] \qquad (C.25)$$

Die Vektorprodukte von (C.24) und (C.25) zeigen ferner, daß G- und X-Feld aufeinander senkrecht stehen. Der Strahlungsvektor S berechnet sich in diesem Fall nach (B.40), wenn man für die komplexen Funktionen nur den Realteil weiterverwendet:

$$\vec{S} = -\frac{c}{4\pi} \vec{G} \times \vec{X} = -\frac{c}{4\pi} \cdot \frac{\omega^4}{c^4 \cdot r^2} \cos^2(\omega \cdot (t-r/c)) \cdot [[\vec{p}_0 \times \vec{r}_0] \times \vec{r}_0] \times [\vec{p}_0 \times \vec{r}_0] \qquad (C.26)$$

Das Vektorprodukt liefert

$$[[\vec{p}_0 \times \vec{r}_0] \times \vec{r}_0] \times [\vec{p}_0 \times \vec{r}_0] = \sin^2 \theta \cdot p_0^2 \cdot \vec{r}_0$$

wobei θ der Winkel zwischen p₀ und r₀ ist. Damit ergibt sich für den Strahlungsvektor S:

$$\vec{S} = -\frac{c}{4\pi} \vec{G} \times \vec{X} = -\frac{c}{4\pi} \cdot \frac{\omega^4 \cdot p_0^2}{c^4 \cdot r^2} \cdot \sin^2 \theta \cdot \cos^2(\omega \cdot (t-r/c)) \cdot \vec{r}_0 \qquad \vec{r}_0 = \vec{r}/r \qquad (C.27)$$

D.h. der Strahlungsvektor ist in Richtung auf den Schwerkraft-Dipol p bzw. die Masse der Schwere m gerichtet (**entgegen der Richtung des Einheitsvektors r₀ !**). Es ergibt sich somit das **Paradoxon der Gravitodynamik** (vgl. auch Kap. B3.1):

Die "Strahlungsenergie" wird entgegen der Ausbreitungsrichtung der Gravitationswellen transportiert!

Gravitodynamik

Der zeitliche Mittelwert von S ist wegen $\overline{\cos^2 \varphi} = 1/2$:

$$\overline{\vec{S}} = -\frac{c}{4\pi} \overline{\vec{G} \times \vec{X}} = -\frac{c}{8\pi} \cdot \frac{\omega^4 \cdot p_0^2}{c^4 \cdot r^2} \cdot \sin^2 \theta \cdot \vec{r}_0 \qquad (C.28)$$

Die gesamte zeitlich gemittelte Strahlungsleistung L in Richtung Strahlungsdipol erhält man daraus durch Integration über eine Kugeloberfläche mit Radius r:

$$\overline{L} = \frac{c}{8\pi} \cdot \frac{\omega^4 \cdot p_0^2}{c^4 \cdot r^2} \cdot \int_{\varphi=0}^{2\pi} \int_{\theta=0}^{\pi} \sin^2 \theta \cdot \sin \theta \cdot r \cdot d\varphi \cdot r \cdot d\theta$$

bzw.:

$$\overline{L} = \frac{c}{8\pi} \cdot \frac{\omega^4 \cdot p_0^2}{c^4 \cdot} \cdot \int_{\varphi=0}^{2\pi} \int_{\theta=0}^{\pi} \sin^3 \theta \cdot d\varphi \cdot d\theta = \frac{c}{8\pi} \cdot \frac{\omega^4 \cdot p_0^2}{c^4 \cdot} \cdot 2\pi \cdot \int_{\theta=0}^{\pi} \sin^3 \theta \cdot d\theta$$

$$= \frac{c}{8\pi} \cdot \frac{\omega^4 \cdot p_0^2}{c^4 \cdot} \cdot 2\pi \cdot \frac{4}{3}$$

$$\boxed{\overline{L} = \frac{\omega^4}{3 \cdot c^3} \cdot p_0^2 \qquad wobei \quad p_0 = m \cdot l} \qquad (C.29)$$

Wie bereits oben erwähnt - strömt die Strahlungsleistung L, die aus dem Vakuum entnommen wird, in Richtung Schweredipol bzw. Masse mit der Schwere m. Der schwingende Dipol bzw. die Masse nimmt also aus dem **feldfreien Raum (positive) Energie** auf, indem durch Ausbreitung der Wellen in den feldfreien Raum hinein ein immer größeres Gebiet mit **negativer Energie** entsteht. Denn G- und X-Feld beinhalten nach Kapitel B negative Energien und stellen einen Energiemangel (Energiedefizit) gegenüber dem feldfreien Raum dar.

Gleichung (C.29) wurde hier über das gravitomagnetische Feld der Wellenzone abgeleitet und ist identisch mit (B.139a) von Kap. B4.5.1.

Ein Nachweis der Energieaufnahme beschleunigter Massen aus dem Vakuum dürfte wegen der relativ geringen Energieaufnahme schwer fallen (vgl. Kap. B4.5), wie auch eine Berechnung der aus dem Vakuum aufgenommenen Energie einer schwingenden Masse und rotierender kosmischer Massen zeigt (vgl. Kap. D1).

C4 Emission, Absorption und Reflexion von Gravitationswellen

Im Folgenden sollen nun die Ergebnisse der vorherigen Abschnitte im Vergleich zu denen der Elektrodynamik in Graphiken schematisch dargestellt werden.
Die **Emission** von elektro- und gravitomagnetischen Wellen zeigt Abbildung C1. Während bei den elektromagnetischen Wellen die Feldenergiestromdichte S bzw. Feldimpulsstromdichte P=S/c die gleiche Richtung haben wie die der Ausbreitung der Wellen, sind bei den Gravitationswellen die Richtung von S bzw. P=S/c und die der Wellenausbreitung – wie bereits in Kap. B3.1, B4.5 und C3 beschrieben - entgegengesetzt. Das hat zur Folge, dass im Falle der Elektrodynamik auf den Wellensender in Folge des Strahlungsrückstoßes eine Kraft F_S ausgeübt wird, die der Ausbreitungsrichtung der elektromagnetischen Wellen und damit der Richtung von S bzw. P=S/c entgegengesetzt ist (actio=reactio). Im Falle der Gravitodynamik wird jedoch auf den Wellensender ein „Strahlungssog" (Kraft F_S) ausgeübt, der die

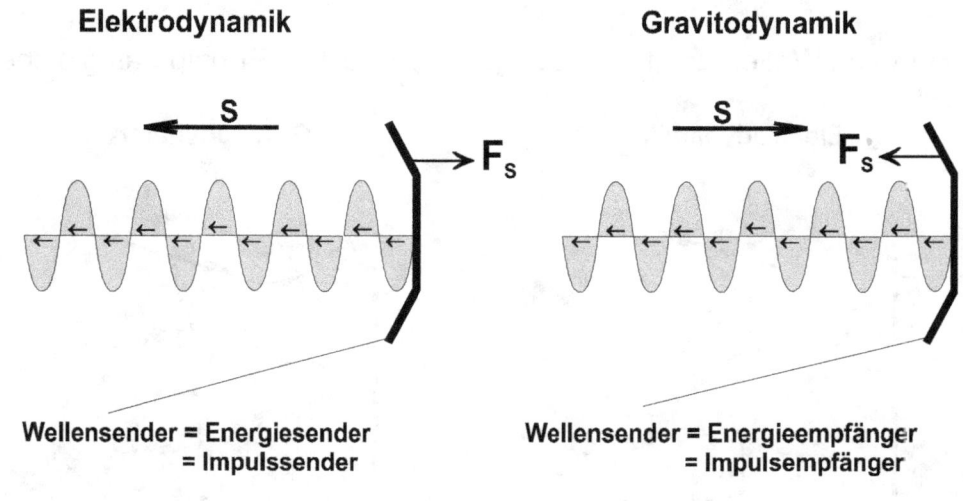

Abb. C1

gleiche Richtung wie die der Ausbreitung der Gravitationswellen hat. Denn notwendigerweise muss auch für die Gravitationswellen die Sogkraft entgegengesetzt zur Richtung von S bzw. P=S/c sein (wegen actio=reactio).

Die **Absorption** von Wellen zeigt Abbildung C2. Die im Falle der Elektrodynamik durch den Strahlungsdruck auf den Wellenabsorber ausgeübte Kraft F_S hat die gleiche Richtung wie die der Wellenausbreitung. Im Falle der Gravitationswellen haben jedoch F_S und Ausbreitung der Wellen entgegengesetzte Richtung. Das verlangt der Impulssatz. Eine Absorption von Gravitationswellen bedeutet jedoch, dass der Wellenabsorber die negative Wellenenergie kompensiert, d.h. Energie liefert. Diese Bedingung ist jedoch i. a. nicht erfüllbar, weshalb eine Absorption von Gravitationswellen unwahrscheinlich ist. Man kann allgemein davon ausgehen, dass Gravitationswellen im Vergleich zu elektromagnetischen Wellen kaum mit Materie wechselwirken, da die Feldkräfte von Schwerkraftwellen auf Massen zu gering sind als dass sie die träge Masse in nennenswerte Bewegung setzen könnten (vgl. Kap. C7).

Gravitodynamik

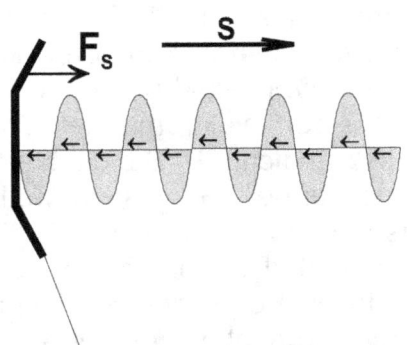

Abb. C2

Die **Reflexion** von Wellen zeigt Abbildung C3. Hier gilt im Prinzip das gleiche wie bei

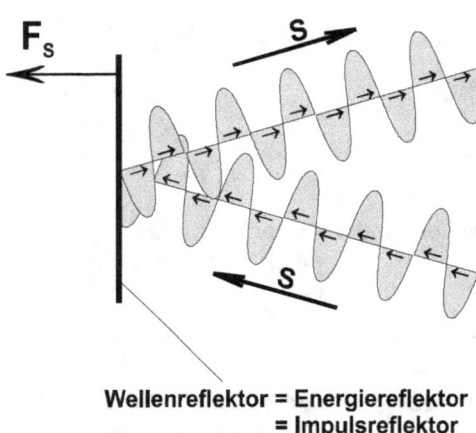
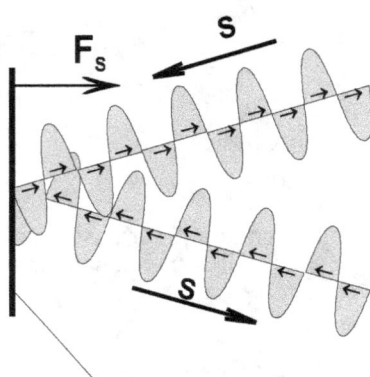

Abb. C3

der Absorption: Eine Reflexion von Gravitationswellen ist unwahrscheinlich, da die Feldkräfte von Schwerkraftwellen auf Massen zu gering sind (vgl. Kap.C7).

C5 Die Gesamtkraft zweier harmonisch schwingender Schwerkraft-Dipole bzw. Massen

Nach Gleichung (C.19) erhält man für die Schwerkraftfeldstärke G eines Schwerkraft-Dipols:

$$\vec{G} = -\left\{\left(-\frac{\omega^2}{c^2 \cdot r} + \frac{3i\omega}{c \cdot r^2} + \frac{3}{r^3}\right) \cdot (\vec{p}_0 \cdot \vec{r}_0) \cdot \vec{r}_0 + \left(-\frac{i\omega}{c \cdot r^2} - \frac{1}{r^3} + \frac{\omega^2}{c^2 \cdot r}\right) \cdot \vec{p}_0\right\} \cdot e^{i\omega \cdot (t-r/c)} \quad (C.19)$$

mit dem Einheitsvektor $\vec{r}_0 = \vec{r}/r$

Gravitodynamik

oder für deren Realteil: [$e^{i\omega(t-r/c)} = \cos\omega(t-r/c) + i\cdot\sin\omega(t-r/c)$]

$$\vec{G} = -\begin{bmatrix} \cos\omega(t-r/c)\left\{\left(-\frac{\omega^2}{c^2\cdot r}+\frac{3}{r^3}\right)\cdot(\vec{p}_0\cdot\vec{r}_0)\cdot\vec{r}_0 + \left(\frac{\omega^2}{c^2\cdot r}-\frac{1}{r^3}\right)\cdot\vec{p}_0\right\} \\ -\sin\omega(t-r/c)\left\{\left(\frac{3\omega}{c\cdot r^2}\right)\cdot(\vec{p}_0\cdot\vec{r}_0)\cdot\vec{r}_0 - \frac{\omega}{c\cdot r^2}\cdot\vec{p}_0\right\} \end{bmatrix} \quad (C.30)$$

Vergleicht man dieses Ergebnis mit Glchg. (F.3) aus Kapitel F (Anhang) für die elektrische Feldstärke E eines Dipols, so stimmen beide formal bis auf das negative Vorzeichen von G überein (wie auch bereits in Kap. C1.2 bemerkt). Der Gang der Berechnung der Gesamtkraft zweier Schwerkraft-Dipole, die z. B. parallel zur x-Achse (longitudinal) im Abstand a mit einer Phasenverschiebung α harmonische Schwingungen ausführen (Kap. A1: Bild A1), ist exakt der gleiche wie in Kapitel F1.1 (Anhang) für die elektrischen Dipole. Das Ergebnis ist daher formal bis auf das **Vorzeichen** identisch mit dem für die elektrischen Dipole, d. h. es gilt für die zeitlich gemittelte Gesamtkraft zweier parallel zur x-Achse (**longitudinal**) schwingenden Schwerkraft-Dipole (vgl. (F.20), Anhang):

$$\overline{\vec{F}}_{gr=} = -6\frac{m_1 l_1 \cdot m_2 l_2}{a^4}\cdot\left\{\sin\alpha\cdot\sin\delta - \sin\alpha\cdot\left(\frac{\delta^2}{3}\sin\delta + \delta\cos\delta\right)\right\}\cdot\vec{e}_x \quad (C.31)$$

wobei $\delta = 2\pi a/\lambda$, $a = Dipolabstand$ $\vec{e}_x = Einheitsvektor\ in\ x-Richtung$,

$\alpha = Phasenverschiebung\ der\ Dipole\ bzw.\ der\ schweren\ Masse\ m_2\ gegenüber\ m_1$

Für zwei senkrecht zur x-Achse (transversal) im Abstand a mit einer Phasenverschiebung α schwingende Schwerkraftdipole (Kap. A1: Bild A1) gilt der analoge Rechengang wie im Falle der elektrischen Dipole und man erhält bis auf das **Vorzeichen** formal das gleiche Ergebnis wie in Kapitel F1.2 (Anhang) für senkrecht zur x-Achse (**transversal**) schwingende elektrische Dipole (vgl. Glchg. (F.21) vom Anhang):

$$\overline{\vec{F}}_{gr\perp} = +3\cdot\frac{m_1 l_1\cdot m_2 l_2}{a^4}\cdot\left\{\sin\alpha\cdot\sin\delta - \sin\alpha\cdot\left(\frac{2}{3}\delta^2\sin\delta + \left(\delta-\frac{\delta^3}{3}\right)\cos\delta\right)\right\}\cdot\vec{e}_x \quad (C.32)$$

wobei $\delta = 2\pi a/\lambda$, $a = Dipolabstand$ $\vec{e}_x = Einheitsvektor\ in\ x-Richtung$,

$\alpha = Phasenverschiebung\ der\ Dipole\ bzw.\ der\ schweren\ Masse\ m_2\ gegenüber\ m_1$

Nach den Überlegungen des Kapitels F2 ist es für die zeitlich gemittelte Gesamtkraft gleichgültig, ob zwei elektrische Dipole mit der Dipolmomentamplitude q·l Schwingungen ausführen oder zwei Ladungen q mit der Amplitude l. Das gleiche gilt auch für zwei schwingende Schwerkraftdipole oder zwei schwingende Massen (vgl. Gleichgn. (C.23) und (F.21a)). Man erhält daher bis auf die Vorzeichen die gleichen obigen Ergebnisse (C.31) und (C.32) für schwingende Schwerkraftdipole und schwingende Massen.

Betrachtet man nun z.B. die Verhältnisse bei **transversal** schwingenden Ladungen bzw. **transversal** schwingenden Massen für den **Sonderfall** $\alpha=\delta=\pi/2$, so ergibt sich für die Gesamtkraft folgender Vergleich (e_x = Einheitsvektor in x-Richtung):

Gravitodynamik

für **transversal schwingende Ladungen** (Glchg. (F.21) von Kap. F1.2 (Anhang)):

$$\overline{\vec{F}}_{eldyn\perp} = -3 \cdot \frac{q_1 \cdot l_1 \cdot q_2 \cdot l_2}{a^4} \cdot \sin\alpha \cdot \left\{ \sin\delta - \left(\frac{2}{3}\delta^2\right)\sin\delta + \left(\delta - \frac{\delta^3}{3}\right)\cos\delta \right\} \cdot \vec{e}_x \quad (F.21)$$

und für $\alpha = \delta = \pi/2$:
$$\overline{\vec{F}}_{eldyn\perp} = \vec{F}_{el} = +1{,}935 \cdot \frac{m_1 l_1 m_2 l_2}{a^4} \cdot \vec{e}_x \quad (C.32a)$$

für **transversal schwingende Massen** (Glchg. (C.32)):

$$\overline{\vec{F}}_{gr\perp} = +3 \cdot \frac{m_1 l_1 \cdot m_2 l_2}{a^4} \cdot \sin\alpha \cdot \left\{ \sin\delta - \left(\frac{2}{3}\delta^2\right)\sin\delta + \left(\delta - \frac{\delta^3}{3}\right)\cos\delta \right\} \cdot \vec{e}_x \quad (C.32)$$

und für $\alpha = \delta = \pi/2$:
$$\overline{\vec{F}}_{gr\perp} = \vec{F}_{gr} = -1{,}935 \cdot \frac{m_1 l_1 m_2 l_2}{a^4} \cdot \vec{e}_x \quad (C.32b)$$

Hierin bedeuten:

α = Phasenverschiebung q_2 gegenüber $q_1 = \pi/2$ bzw. m_2 gegenüber $m_1 = \pi/2$
$\delta = 2\pi a / \lambda$ Abstand $a = \lambda/4$ d.h. $\delta = \pi/2$

Die folgende Abbildung C4 soll diese Ergebnisse für den Sonderfall $\alpha = \delta = \pi/2$ und der Vereinfachung $q_1 = q_2 = q$ bzw. $m_1 = m_2 = m$ bzw. $l_1 = l_2 = l$ und

$$y_1 = l \cdot \cos\omega \cdot t \quad \text{und} \quad y_2 = l \cdot \cos(\omega \cdot t - \alpha)$$

näher erläutern. Sie zeigt links schematisch die Überlagerung der

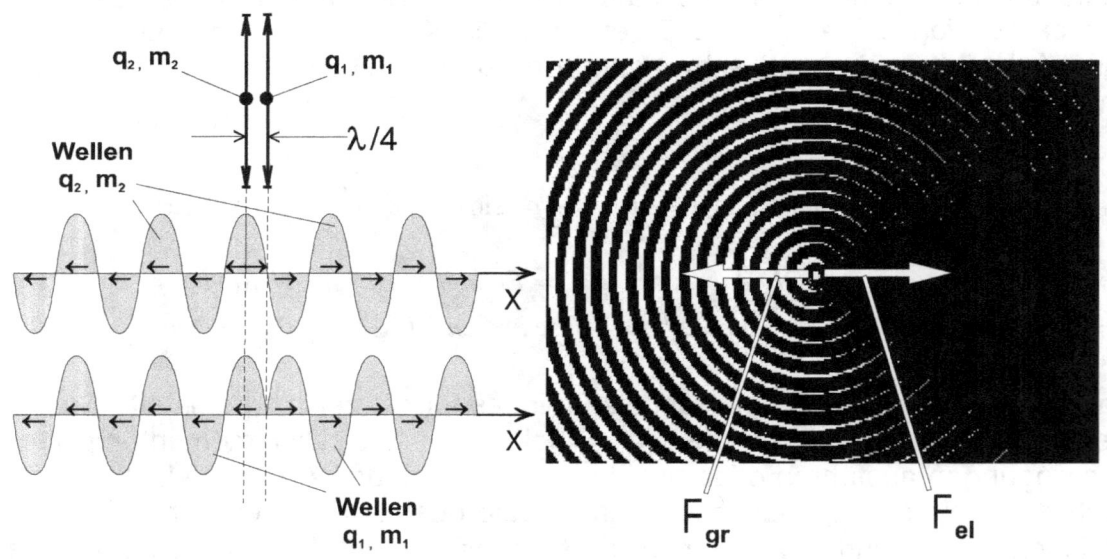

Abb. C4

elektrodynamischen bzw. gravitodynamischen Wellen von schwingenden Ladungen q_1 und q_2 bzw. Massen der Schwere m_1 und m_2 jeweils von gleicher Polarität (vgl. auch die Abbildung in der Einleitung). Rechts ist schematisch die Überlagerung der Wellen in der Ausbreitungsebene senkrecht zur Schwingungsrichtung der Ladungen

Gravitodynamik

bzw. Massen zu sehen und die Gesamtkräfte F_{gr} bzw. F_{el} gemäß (C.32a) und (C.32b) für diesen Sonderfall $\alpha=\delta=\pi/2$ eingezeichnet.
Die Abbildung zeigt die konträre Eigenschaft der Gravitationswellen relativ zu den elektrodynamischen: Die Gesamtkraft der Massen hat gemäß Glchg. (C.32b) die gleiche Richtung wie die Hauptrichtung der Wellen im Gegensatz zu den elektrischen Gesamtkräften gemäß Glchg. (C.32a). Nach dem Impulssatz muss demnach logischerweise der Impuls der Gravitationswellen entgegengesetzt zu ihrer Ausbreitungsrichtung sein (vgl. auch das folgende Kapitel).

C6 Die Strahlungsimpulskraft zweier interferierender harmonisch schwingender Schwerkraft-Dipole bzw. Massen

Die Berechnung der Strahlungsimpulskraft zweier harmonisch schwingender Schwerekraft-Dipole bzw. Massen erfolgt auf die gleiche Weise wie in Kapitel F5 für elektrische Dipole. Dabei ist zu berücksichtigen, dass nach (B.40a) die mittlere Strahlungsimpulskraft P=S/c ein negatives Vorzeichen gegenüber der der Elektrodynamik besitzt (vgl. (B.39a)), so dass man für die x-Komponente F_{sx} der zeitlich gemittelten Strahlungsimpulskraft schwingender Massen erhält:

für parallel zur x-Achse schwingende Schwerkraftdipole (vgl. F.52)

$$\overline{\vec{F}_{SXgr=}} = 6\frac{m_1 l_1 \cdot m_2 l_2}{a^4} \cdot \left\{ \sin\alpha \cdot \sin\delta - \sin\alpha \cdot \left(\frac{\delta^2}{3}\sin\delta + \delta\cos\delta\right) \right\} \cdot \vec{e}_x \qquad (C.33)$$

bzw. für senkrecht zur x-Achse schwingende Schwerkraftdipole (vgl. F.70)

$$\overline{\vec{F}_{SXgr\perp}} = -3 \cdot \frac{m_1 l_1 \cdot m_2 l_2}{a^4} \cdot \left\{ \sin\alpha \cdot \sin\delta - \sin\alpha \cdot \left(\frac{2}{3}\delta^2 \sin\delta + \left(\delta - \frac{\delta^3}{3}\right)\cos\delta\right) \right\} \cdot \vec{e}_x \qquad (C.34)$$

wobei

$\delta = 2\pi a/\lambda, \quad a = Abs\tan d\ der\ Dipole\ bzw.\ Massen$

$\alpha = Phasenverschiebung\ m_2\ gegenüber\ m_1 \qquad \vec{e}_x = Einheitsvektor\ in\ x-Richtung$

Ein Vergleich mit (C.31) und (C.32) ergibt:

$$\overline{\vec{F}_{SXgr=}} = -\overline{\vec{F}_{gr=}} \quad bzw. \qquad \overline{\vec{F}_{SXgr\perp}} = -\overline{\vec{F}_{gr\perp}} \qquad (C.35)$$

D.h. im zeitlichen Mittel ist die x-Komponente der Strahlungsimpulskraft der Gravitationswellen entgegengesetzt gleich der x-Komponente der Summe der Schwerkräfte (**actio = reactio!**).

C7 Sekundärstrahlung von schweren Massen und die geringe Wechselwirkung von Gravitationswellen mit Materie

Befindet sich im gravitomagnetischen Wellenfeld einer mit der Amplitude I_{m1} harmonisch schwingenden schweren Masse m_1 mit der trägen Masse m_{1tr} eine träge Masse m_{2tr} der Schwere m_2 (Abb. C5, oben) und zum Vergleich im elektromagnetischen Wellenfeld einer mit der Amplitude I_{q1} harmonisch schwingenden Ladung q_1 mit der trägen Masse m_{1tr} eine ebenso große träge Masse

Gravitodynamik

m_{2tr} mit der Ladung q_2 (Abb. C5, unten), so werden die trägen Massen m_{2tr} von dem gravito- bzw. elektromagnetischen Wellenfeld der primären Strahlungsleistung L_{m1} bzw. L_{q1} zum Schwingen und zur Erzeugung von gravito- bzw. elektromagnetischen Schwingungen mit der Sekundärleistung L_{m2} bzw. L_{q2} angeregt.

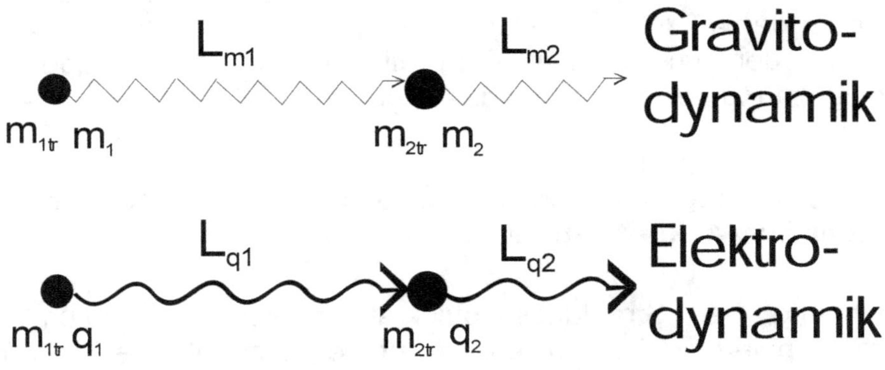

Abb. C5

Allgemein gilt für die durch eine Kugelfläche tretende gravito- bzw. elektromagnetische Strahlungsleistung L_{m2} bzw. L_{q2}, wenn sich im Zentrum der Kugel eine harmonisch schwingende Masse der Schwere m_2 bzw. der Ladung q_2 befindet (vgl. (B.138) und Elektrodynamik):

$$L_{m2} = \frac{2 \cdot m_2^2 \cdot \dot{v}_{m2}^2}{3 \cdot c^3} \quad bzw. \quad L_{q2} = \frac{2 \cdot q_2^2 \cdot \dot{v}_{q2}^2}{3 \cdot c^3} \quad wobei \quad \dot{v} = dv/dt$$

oder für das zeitliche Mittel:

$$\overline{L_{m2}} = \frac{2 \cdot m_2^2 \cdot \overline{\dot{v}_{m2}^2}}{3 \cdot c^3} \quad bzw. \quad \overline{L_{q2}} = \frac{2 \cdot q_2^2 \cdot \overline{\dot{v}_{q2}^2}}{3 \cdot c^3} \tag{C.36}$$

Nach Gl. (B.139a) und der entsprechenden elektrodynamischen Gleichung gilt im Falle von harmonischen Schwingungen der Kreisfrequenz ω und der Amplitude l von m_1 und q_1 für deren Strahlungsleistung L_{m1} bzw. L_{q1}:

$$\overline{L_{m1}} = \frac{m_1^2 \cdot (\omega^2 \cdot l_{m1})^2}{3 \cdot c^3} \quad bzw. \quad \overline{L_{q1}} = \frac{q_1^2 \cdot (\omega^2 \cdot l_{q1})^2}{3 \cdot c^3} \tag{C.37}$$

Die aus (C.36) bzw. (C37) ermittelten Verhältnisse

$$\alpha_m = \overline{L_{m2}} / \overline{L_{m1}} = 2 \cdot m_2^2 \cdot \overline{\dot{v}_{m2}^2} / m_1^2 \cdot (\omega^2 \cdot l_{m1})^2$$
$$bzw. \quad \alpha_q = \overline{L_{q2}} / \overline{L_{q1}} = 2 \cdot q_2^2 \cdot \overline{\dot{v}_{q2}^2} / q_1^2 \cdot (\omega^2 \cdot l_{q1})^2 \tag{C.38}$$

sollen als relatives Maß der von m_2 bzw. q_2 abgegebenen Sekundärstrahlungsleistungen gelten. Der Quotient dieser Verhältnisse wiederum soll dann ein Maß für die Größenordnung der gravitomagnetischen

Gravitodynamik

Sekundärstrahlungsleistung im Vergleich zur elektromagnetischen sein (s. Gl. (C.45) bis (C.50), unten).

Zur Berechnung der zeitlich gemittelten Beschleunigungsquadrate für m_2 bzw. q_2 nach (C.36) brauchen im Falle von harmonischen Schwingungen nur die zeitabhängige Schwerkraftfeldstärke G_1 bzw. die zeitabhängige elektrische Feldstärke E_1 am Ort von m_2 bzw. q_2 berücksichtigt zu werden. Diese Feldstärken lauten:

$$\vec{G}_1 = -m_1 \cdot l_{m1} \cdot \vec{f}(\omega, r, t) \quad bzw. \quad \vec{E}_1 = q_1 \cdot l_{q1} \cdot \vec{f}(\omega, r, t) \tag{C.39}$$

r : Abstand zwischen m_1 und m_2 bzw. q_1 und q_2

mit der harmonischen Funktion (vgl. (C.19) und (C.19a), Re=Realteil):

$$\vec{f}(\omega, r, t) = \mathrm{Re}\left[\left\{\left(-\frac{\omega^2}{c^2 \cdot r} + \frac{3i\omega}{c \cdot r^2} + \frac{3}{r^3}\right) \cdot (\vec{e}_p \cdot \vec{r}_0) \cdot \vec{r}_0 \right. \right. \\ \left. \left. + \left(-\frac{i\omega}{c \cdot r^2} - \frac{1}{r^3} + \frac{\omega^2}{c^2 \cdot r}\right) \cdot \vec{e}_p \right\} \cdot e^{i\omega \cdot (t-r/c)}\right] \tag{C.40}$$

und

mit $\vec{e}_p$ als Einheitsvektor $= \vec{p}_0 / m_1 l_{m1}$ bzw. $\vec{p}_0 / q_1 l_{q1}$

und $\vec{r}_0 =$ Einheitsvektor des Radius r, hier von m_1, q_1 ausgehend in Richtung m_2, q_2

Daraus berechnen sich die durch das Schwerkraft- und elektrische Feld von m_1 und q_1 verursachten Beschleunigungen an m_2 und q_2 (vgl. (B.13) und (B.14)):

$$\vec{v}_{m2} = \frac{\vec{G}_1 \cdot m_2}{m_{2tr}} = -\frac{m_1 \cdot l_{m1} \cdot m_2}{m_{2tr}} \cdot \vec{f}(\omega, r, t) \quad bzw. \quad \vec{v}_{q2} = \frac{\vec{E}_1 \cdot q_2}{m_{2tr}} = \frac{q_1 \cdot l_{q1} \cdot q_2}{m_{2tr}} \cdot \vec{f}(\omega, r, t) \tag{C.41}$$

Und daraus die zeitlich gemittelten Beschleunigungsquadrate:

$$\overline{\vec{v}_{m2}^2} = \left(\frac{m_1 \cdot l_{m1} \cdot m_2}{m_{2tr}}\right)^2 \cdot \overline{\vec{f}(\omega, r, t)^2} \quad bzw. \quad \overline{\vec{v}_{q2}^2} = \left(\frac{q_1 \cdot l_{q1} \cdot q_2}{m_{2tr}}\right)^2 \cdot \overline{\vec{f}(\omega, r, t)^2} \tag{C.42}$$

Setzt man (C.42) in die Verhältnisse (C.38) ein, so erhält man:

$$\alpha_m = \overline{L_{m2}} / \overline{L_{m1}} = 2 \cdot m_2^2 \cdot \overline{\vec{v}_{m2}^2} / m_1^2 \cdot (\omega^2 \cdot l_{m1})^2$$

$$\alpha_m = 2 \cdot m_2^2 \cdot \left(\frac{m_1 \cdot l_{m1} \cdot m_2}{m_{2tr}}\right)^2 \cdot \overline{\vec{f}(\omega, r, t)^2} / m_1^2 \cdot (\omega^2 \cdot l_{m1})^2 = 2 \cdot m_2^2 \cdot \left(\frac{m_2}{m_{2tr} \cdot \omega^2}\right)^2 \cdot \overline{\vec{f}(\omega, r, t)^2} \tag{C.43}$$

bzw.

$$\alpha_q = \overline{L_{q2}} / \overline{L_{q1}} = 2 \cdot q_2^2 \cdot \overline{\vec{v}_{q2}^2} / q_1^2 \cdot (\omega^2 \cdot l_{q1})^2$$

$$\alpha_q = 2 \cdot q_2^2 \cdot \left(\frac{q_1 \cdot l_{q1} \cdot q_2}{m_{2tr}}\right)^2 \cdot \overline{\vec{f}(\omega, r, t)^2} / q_1^2 \cdot (\omega^2 \cdot l_{q1})^2 = 2 \cdot q_2^2 \cdot \left(\frac{q_2}{m_{2tr} \cdot \omega^2}\right)^2 \cdot \overline{\vec{f}(\omega, r, t)^2} \tag{C.44}$$

Gravitodynamik

Bildet man nun den Quotienten aus (C.43) und (C.44), so erhält man:

$$\frac{\alpha_m}{\alpha_q} = \frac{\overline{L_{m2}}/\overline{L_{m1}}}{\overline{L_{q2}}/\overline{L_{q1}}} = \frac{\overline{L_{m2}}/\overline{L_{q2}}}{\overline{L_{m1}}/\overline{L_{q1}}} = \left(\frac{m_2}{q_2}\right)^4 = \left(\frac{m_2/m_{2tr}}{q_2/m_{2tr}}\right)^4 = \left(\frac{\sigma_m}{\sigma_{q2}}\right)^4 \qquad (C.45)$$

wobei (vgl. Kap. B4.4 Glchg. (B.136a)):

$$\sigma_{m2} = m_2/m_{2tr} = \sigma_m = m/m_{tr} = 2{,}584 \cdot 10^{-4} dyn^{1/2} \cdot cm/g \qquad (C.46)$$

die spezifische Schwere und m_{tr} die träge Masse bedeuten. Ferner bedeuten (vgl. Kap. B4.4 : Gl. (B.136b) und (B.136c)):

$\sigma_{q2} = q_2/m_{2tr}$ die spezifische Ladung von q_2 , z.B.:

$$\sigma_{qP} = 2{,}872 \cdot 10^{14} dyn^{1/2} \cdot cm/g \quad \text{die spezifische Ladung eines Protons oder} \qquad (C.47)$$

$$\sigma_{qE} = 5{,}273 \cdot 10^{17} dyn^{1/2} \cdot cm/g \quad \text{die spezifische Ladung eines Elektrons} \qquad (C.48)$$

Aus (C.45) folgt nun die Größenordnung der gravitomagnetischen Sekundärstrahlungsleistung L_{m2} im Vergleich zur elektromagnetischen L_{q2} :

$$\frac{\overline{L_{m2}}}{\overline{L_{q2}}} = \frac{\overline{L_{m2}}/\overline{L_{q2}}}{\overline{L_{m1}}/\overline{L_{q1}}} \cdot \left(\overline{L_{m1}}/\overline{L_{q1}}\right) = \left(\frac{\sigma_m}{\sigma_{q2}}\right)^4 \cdot \left(\overline{L_{m1}}/\overline{L_{q1}}\right) \qquad (C.49)$$

Setzt man nun hier L_{m1} gleich L_{q1}, so erhält man das Verhältnis der Sekundärstrahlungsleistung L_{m2} und L_{q2} bei gleicher Primärstrahlungsleistung L_{m1} und L_{q1}:

$$\frac{\overline{L_{m2}}}{\overline{L_{q2}}} = \left(\frac{\sigma_m}{\sigma_{q2}}\right)^4 \qquad \overline{L_{m1}} = \overline{L_{q1}} \qquad (C.50)$$

L_{m1} und L_{q1} sind absolut gleich, wenn das Verhältnis der Amplituden l_{m1} und l_{q1} gleich dem Verhältnis von q_1 und m_1 ist, denn aus (C.37) folgt:

$$\overline{L_{m1}}/\overline{L_{q1}} = \left(\frac{l_{m1}}{l_{q1}}\right)^2 \left(\frac{m_1}{q_1}\right)^2 = 1 \quad \text{oder} \quad \frac{l_{m1}}{l_{q1}} = \frac{q_1}{m_1} = \frac{\sigma_{q1}}{\sigma_m} \qquad (C.51)$$

$\sigma_{q1} = q_1/m_{1tr} \qquad \sigma_m = m_1/m_{1tr}$

Je nachdem, ob q_2 ein Proton (Index P) oder Elektron (Index E) ist, ergeben sich mit (C.46) bis (C.48) aus (C.50) folgende Kombinationen:

$$\frac{\overline{L_{m2}}}{\overline{L_{q2}}} = \left(\frac{\sigma_m}{\sigma_{qP}}\right)^4 = 6{,}6 \cdot 10^{-73} \qquad (C.52)$$

und

$$\frac{\overline{L_{m2}}}{\overline{L_{q2}}} = \left(\frac{\sigma_m}{\sigma_{qE}}\right)^4 = 5{,}8 \cdot 10^{-86} \qquad (C.53)$$

Das sind sehr kleine Werte. Sie besagen, dass die Wirkung von Gravitationswellen auf Materie im Verhältnis zu elektromagnetischen Wellen praktisch Null ist, d.h. dass sich Gravitationswellen im Vergleich zu elektromagnetischen Wellen ungehindert und ungeschwächt ausbreiten können.

Diese vergleichende Aussage kann allerdings nur für Gravitationswellen gemacht werden, deren Wellenlänge wesentlich größer als die von Röntgen- und Gammastrahlen ist. Denn bei Röntgen- und Gammastrahlen kommen für freie Ladungen quantenmechanische Effekte, z. B. der **Comptoneffekt**, zum Tragen, so dass die rechte Gleichung von (C.41) ihre Gültigkeit verliert. Welche Wechselwirkung Gravitationswellen mit Materie bei Wellenlängen im Röntgen- und Gammastrahlungsbereich haben, lässt sich durch Vergleichsrechungen nicht voraussagen. Man überlegt jedoch leicht, dass Gravitationswellen mit ihrem negativen Energieinhalt nur dann absorbiert bzw. geschwächt werden können, wenn sie Energie aufnehmen können. Das ist aber z. B. bei Wechselwirkung mit ruhenden Teilchen nicht möglich. Andererseits kann man jede Wechselwirkung mit einem bewegten Teilchen auf eine mit einem ruhenden zurückführen, indem der Beobachter sich mit der gleichen Geschwindigkeit wie das Teilchen bewegt, so dass die Gravitationswelle für den mitbewegten Beobachter auf ein ruhendes Teilchen trifft. Es ist daher unwahrscheinlich, dass Wechselwirkungen zwischen Teilchen und Gravitationswellen stattfinden können, so dass letztere dabei absorbiert bzw. geschwächt werden. Gravitationswellen können daher sehr wahrscheinlich Materie ungehindert durchdringen– ähnlich wie Neutrinos –, ohne mit ihr zu interagieren, wie bereits in Kapitel C4 angedeutet. Es ist deshalb anzunehmen, dass die aus den Zentren von Sternen ausgehenden gravitomagnetischen Wellen den Sternzentren ungehindert Energie aus dem umgebenden Vakuum (dem „Nichts") zuführen (vgl. Kap. D1b).

Gravitodynamik

D Anwendungsbeispiele

D1 Gravitomagnetische Strahlung beschleunigter Massen

D1a Gravitomagnetische Strahlung schwingender und rotierender Körper und die gravitomagnetische Synchrotronstrahlung von Erde, Mond und Doppelsternen

Betrachtet man harmonisch schwingende Massen und solche, die sich mit konstanter Umlaufgeschwindigkeit auf kreisförmigen Bahnen bewegen, so ist deren mittlere aus dem umgebenden Vakuum aufgenommene „Strahlungsleistung" (vgl. Kap B 4.5.1 und B 4.5.2):

$$\overline{L}_s = \frac{\omega^4}{3 \cdot c^3} \cdot (m \cdot l)^2 \quad (B.139a) \qquad \overline{L}_r = \frac{2 \cdot \omega^4}{3 \cdot c^3} \cdot (m \cdot R)^2 \quad (B.140a)$$

Dabei bedeuten in (B.139a) bzw. in (B.140a) L_s die Strahlungsleistung der schwingenden schweren Masse m mit l als Amplitude und L_r die Strahlungsleistung der rotierenden schweren Masse m mit R als Radius der Kreisbahn, ferner ω die Kreisfrequenz der Schwingung bzw. Rotation.

Die gesamte in der Zeit t der schweren Masse m zufließende Energie ergibt sich aus obigen Gleichungen zu:

$$E_s = \overline{L}_s \cdot t = \frac{\omega^4}{3 \cdot c^3} \cdot (m \cdot l)^2 \cdot t \quad (D.1a) \qquad E_r = \overline{L}_r \cdot t = \frac{2 \cdot \omega^4}{3 \cdot c^3} \cdot (m \cdot R)^2 \cdot t \quad (D.1b)$$

Für die maximale kinetische Energie der schwingenden bzw. die kinetische Energie der rotierenden Masse gilt (m_{tr} = träge Masse):

$$E_{s\,kin} = \frac{1}{2} m_{tr} \cdot v_{max}^2 = \frac{1}{2} m_{tr} \cdot \omega^2 \cdot l^2 \quad (D.2a) \qquad E_{r\,kin} = \frac{1}{2} m_{tr} \cdot v^2 = \frac{1}{2} m_{tr} \cdot \omega^2 \cdot R^2 \quad (D.2b)$$

Ein Vergleich von Strahlungs- und kinetischer Energie soll die Größenordnung der Gravitationsstrahlung bei verschiedenen schwingenden und rotierenden Objekten wiedergeben: Für das Verhältnis β aus Strahlungs- (D.1a) bzw. (D.1b) und kinetischer Energie (D.2a) bzw. (D.2b) erhält man

$$\beta_s = E_s / E_{s\,kin} = \frac{2}{3} \cdot \frac{\omega^2}{c^3} \frac{m^2}{m_{tr}} \cdot t \qquad \beta_r = E_r / E_{r\,kin} = \frac{4}{3} \cdot \frac{\omega^2}{c^3} \frac{m^2}{m_{tr}} \cdot t$$

oder mit der spezifischen schweren Masse $\sigma_m = m/m_{tr} = 2.584 \cdot 10^{-4}$ dyn$^{1/2}$·cm/g
(vgl. Kap. B4.4):

$$\beta_s = E_S / E_{s\,kin} = \frac{2}{3} \cdot \frac{\sigma_m^2}{c^3} \cdot \omega^2 \cdot m_{tr} \cdot t \quad (D.3a) \qquad \beta_r = E_r / E_{r\,kin} = \frac{4}{3} \cdot \frac{\sigma_m^2}{c^3} \cdot \omega^2 \cdot m_{tr} \cdot t \quad (D.3b)$$

In der folgenden Tabelle D1 sind für einige rotierende bzw. schwingende Massen β-Werte für t = 1 Jahr (= 3,154·10^7 sec) berechnet worden. Dabei ist näherungsweise für das Cl-Atom der β_r - Wert nach (D.3b) eingesetzt und für Mond, Erde und Doppelsternen Kreisbahnen angenommen worden. Das Ergebnis in den letzten beiden Spalten zeigt, dass die aus dem Vakuum aufgenommene Energie während

Tabelle D1: β-Werte für t = 1a = 3,154·10^{7}sec   (c = 3·10^{10} cm/s)

	Periodendauer T sec	ω=2π/T 1/sec	m_{tr} g	β_s(t=1a)	β_r(t=1a)
Federpendel [1])	10^{-3}	6283	1000	2,1·10^{-21}	
Cl-Atom [2])	1,67·10^{-14}	3,77·10^{14}	5,93·10^{-23}		8,8·10^{-25}
Mond	2,59·10^6(= 30d)	2,42·10^{-6}	7,31·10^{25}		4,5·10^{-17}
Erde	3,15·10^7(= 365d)	1,99·10^{-7}	5,97·10^{27}		2,5·10^{-17}
Doppelstern Delta Ori [3])	4,95 ·10^5	1,27·10^{-5}	4,07·10^{34}		6,83·10^{-7}

[1]) Federpendel von 1000g mit einer Resonanzfrequenz von 1000 Hz
[2]) Rotationsschwingung des HCL-Moleküls, Wellenlänge λ = 5μ, T=λ/c=1,67·10^{-14}s
    Masse des Cl-Atoms = 35,46·m_H = 35,46·1,673·10^{-24} g = 5,93·10^{-23} g
[3]) 20,5-fache Sonnenmasse = 20,5· 1,983·10^{33} g = 4,07 ·10^{34} g . T = 5,73 d

der relativ langen Zeit von 1 Jahr im Verhältnis zur kinetischen Energie der Massen sehr gering und daher die Zeitdauer sehr groß sein muss, bis sich die kinetische und potentielle Energie der Masse durch den gravitomagnetischen Energiezufluss merklich vergrößern. Diese Veränderung durch die aus dem umgebenden Raum kommende Energie ist offensichtlich bei allen genannten Beispielen wegen ihrer geringen Größe kaum messbar.

D1b Gravitomagnetische Strahlung von Sternen und ihr Energiezufluss aus dem Vakuum durch Gravitationswellen

Da die Plasmateilchen im Zentrum eines Sterns wegen der hohen Temperatur des Plasmas nicht nur hohe Geschwindigkeiten sondern auch hohe Beschleunigungen erreichen, geben diese Teilchen bei jedem Beschleunigungsvorgang nicht nur elektromagnetische Wellen (Gamma-Photonen) sondern auch gravitomagnetische Wellen (Gamma-Gravitonen) ab, wobei letztere einen Energiezufluss in Richtung Sternzentrum bedeuten (s. Kap. B3.1) und im Gegensatz zu den Photonen ungehindert nach außen gelangen (vgl. Kap. C7), während die Photonen das Sternzentrums nur schwer verlassen können.

Gravitodynamik

Nimmt man z. B. für die **Sonne** in einer **Modellrechnung** an, dass alle Teilchen des Sonnenkerns mit gleicher Frequenz f und gleicher Amplitude l harmonische Schwingungen ausführen, so lässt sich die im Sonnenkern erzeugte mittlere gravitomagnetische Leistung eines Plasmateilchens nach Gl. (B. 139a) von Kap. B4.5.1 berechnen:

$$\overline{L} = \frac{m^2 \cdot \omega^4}{3 \cdot c^3} \cdot \ell^2 = \frac{\sigma_m^2 \cdot m_{tr}^2}{3 \cdot c^3 \cdot \ell^2} \cdot (\omega \cdot \ell)^4 \qquad \omega = 2 \cdot \pi \cdot f \tag{D.4a}$$

Teilchenschwere $m = \sigma_m \cdot m_{tr}$ $\qquad m_{tr}$ = träge Masse eines Plasmateilchens in g

$\sigma_m = 2{,}584 \cdot 10^{-4}\, dyn^{1/2} \cdot cm/g$ = spezifische Schwere (s. Kap. B4.4)

Lichtgeschwindigkeit $c = 3 \cdot 10^{10}\, cm/s \qquad \ell$ = Schwingungsamplitude

Gammakreisfrequenz $\omega = 2 \cdot \pi \cdot f$

Nun kann das Innere der Sonne als ideales Gas betrachtet werden. Aus der kinetischen Gastheorie folgt für die mittlere kinetische Energie der Plasmateilchen mit
der trägen Masse m_{tr}:

$$\overline{E}_{kin} = \frac{1}{2} m_{tr} \overline{\upsilon^2} = \frac{3}{2} k \cdot T \tag{D.4b}$$

mit $k = 1{,}38 \cdot 10^{-16}\, erg/K$ Boltzmann-Konstante, T: Temperatur im Sonnen**ker**n

$\overline{\upsilon^2}$: mittleres Geschwindigkeitsquadrat der Plasmateilchen mit der trägen Masse m_{tr}

Setzt man das mittlere Geschwindigkeitsquadrat aus (D.4b) gleich dem zeitlich gemittelten Quadrat der Teilchengeschwindigkeit der schwingenden Plasmateilchen, so erhält man die Beziehung:

$$\overline{\upsilon^2} = \frac{3 \cdot k \cdot T}{m_{tr}} = (\omega \cdot \ell)^2 / 2 \qquad \omega \cdot \ell = \text{Amplitude der Teilchengeschwindigkeit} \tag{D.4c}$$

Und damit aus (D.4a):

$$\overline{L} = \frac{\sigma_m^2 \cdot m_{tr}^2}{3 \cdot c^3 \cdot \ell^2} \cdot (\omega \cdot \ell)^4 = 12 \cdot \frac{\sigma_m^2 \cdot k^2 \cdot T^2}{c^3 \cdot \ell^2} \tag{D.4d}$$

Einsetzen von
$\sigma_m = 2{,}584 \cdot 10^{-4}\, dyn^{1/2} \cdot cm/g$ (spezifische Schwere, s. Kap. B4.4)
$k = 1{,}38 \cdot 10^{-16}$ erg/K (Boltzmann-Konstante)
$c = 3 \cdot 10^{10}$ cm/s (Lichtgeschwindigkeit)
$T = 15{,}6 \cdot 10^6$ K (Temperatur des Sonnenkerns)

in (D.4d) ergibt die zeitlich gemittelte gravitomagnetische Leistung eines Plasmateilchens im Sonnenkern:

$$\overline{L} = \frac{12 \cdot 2{,}584^2 \cdot 10^{-8} \cdot 1{,}38^2 \cdot 10^{-32} \cdot 15{,}6^2 \cdot 10^{12}}{27 \cdot 10^{30} \cdot \ell^2} = 1{,}38 \cdot 10^{-55} \cdot \frac{1}{\ell^2}\, erg/s \tag{D.4e}$$

Gravitodynamik

Nimmt man ferner an, dass die Masse des Plasmakerns der Sonne halb so groß ist wie die gesamte Sonnenmasse, so erhält man für die Zahl n aller Protonen bzw. Elektronen im Sonnenkern (träge Sonnenmasse M_{trS} =1.989.10^{33} g; träge Masse des Wasserstoffatoms m_{trH}=1,6732.10^{-24} g):

$$n = n_H = \frac{0,5 \cdot M_{trS}}{m_{trH}} = \frac{0,5 \cdot 1,989 \cdot 10^{33} \, g}{1,6732 \cdot 10^{-24} \, g} = 5,9 \cdot 10^{56} \tag{D.4f}$$

und damit für die **gravitomagnetische Leistung** aller Protonen bzw. Elektronen des Kerns:

$$\overline{L}_{gesamt} = n \cdot \overline{L} = 5,9 \cdot 10^{56} \cdot 1,38 \cdot 10^{-55} \cdot \frac{1}{\ell^2} = 81,4 \cdot \frac{1}{\ell^2} \quad erg/s \tag{D.4g}$$

Setzt man hier z. B. für die Schwingungsamplitude **l = 1,5.10^{-16} cm** ein (Kerndurchmesser des Wasserstoffatoms: **ca.10^{-13}cm!**), so erhält man als gravitomagnetische Leistung der Plasmateilchen genau die von der Sonnenoberfläche abgestrahlte **elektromagnetischen Leistung** von **3,7.10^{33} erg/s**. Die zur Schwingungsamplitude l = 1,5.10^{-16} cm gehörende Schwingungsfrequenz f beträgt nach (D.4c) für Protonen **9.10^{22} Hz**, für Elektronen **4.10^{24} Hz** (Gamma-Frequenzen). Dies zeigt, dass die der Sonne aus dem Vakuum zufließende gravitomagnetische Leistung nach dieser Modellrechnung eine beträchtliche Größenordnung erreichen kann.

Allgemein kann der Zustrom von Gravitationswellenenergie aus dem umgebenden Vakuum in Richtung auf das Zentrum eines Gravitationswellen aussendenden Sterns schematisch durch das Wärmestrom-Ersatzschaltbild von Abbildung D1a dargestellt werden. Hier sind die stationären Wärmeströme I eingezeichnet: I_{nuk} im Falle einer

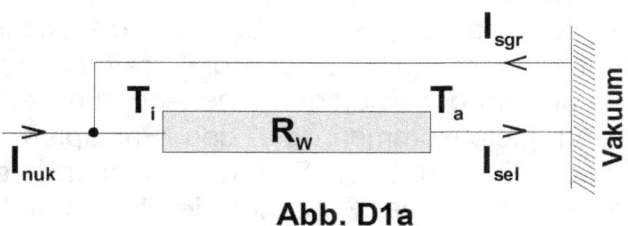

Abb. D1a

nuklearen Energieerzeugung des Zentrums (Kernfusion), I_{sgr} des Energiezuflusses des Zentrums durch Gravitationswellen und I_{sel} des Energieabflusses durch elektromagnetische Strahlung von der Sternoberfläche. Letzterer durchfließt den Wärmewiderstand R_W (Wärmeleitung und Konvektion) und führt zu einem Temperaturgefälle zwischen der Temperatur T_i im Innern und T_a an der Oberfläche des Sterns. Die Temperatur T_i im Zentrum eines Sterns ist auf Grund des anfänglichen gravitativen Kollapses und der adiabatischen Kompression der Sternatmosphäre hoch. Der Zusammenhang zwischen der Temperaturdifferenz $T_i - T_a$ und den Wärmeströmen ergibt sich nach Abbildung D1a aus der Beziehung:

$$I_{Sel} \cdot R_W = (I_{nuk} + I_{Srg}) \cdot R_W = T_i - T_a \tag{D.5a}$$

Die nach dem gravitativem Kollaps von Staub und Gas vorhandene hohe Temperatur T_i im Innern eines Sterns hat einen entsprechend großen Gravitationswellen-Energiestrom I_{sgr} zur Folge.

Gravitodynamik

Man kann davon ausgehen, dass sowohl die Energiezufuhr durch Gravitationswellen als auch die Energiezufuhr durch Kernfusion in einem Stern nebeneinander existieren. Welche Energiezufuhr überwiegt, hängt sicherlich von der Größe und Masse der Sterns ab.

D1c Wechselwirkung von Photonen mit Gravitonen der Sterne

Die Ablenkung von Lichtstrahlen bzw. Photonen in der Nähe der Sonne (allg. von Sternen) führt auf ein elektrodynamisches Impulsproblem, wie Abbildung D1b zeigt.

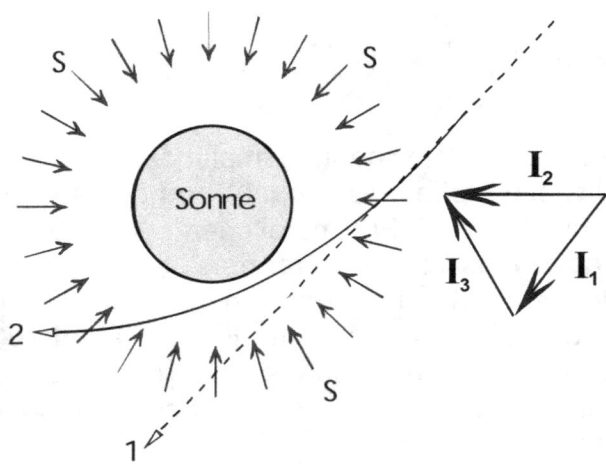

Abb. D1b: Impulsänderung von Photonen in Sonnennähe

Die Ablenkung der Photonen von der Richtung 1 in die Richtung 2 bewirkt eine Änderung des Photonen-Impulses von I_1 um I_3. Da auch bei diesem Vorgang der Impulssatz actio = reactio gilt, müssen die Photonen **zeitgleich** mit ihrer Ablenkung entsprechende **Kräfte** auf alle Teile der Sonne ausüben. Da die Richtung dieser Kräfte vom Ort der Photonen abhängen, müssen auch die Kraftrichtungen auf die Sonne **zeitgleich** mit der Ortsänderung der Photonen eine Änderung erfahren. Das würde jedoch einer Fernwirkung gleichkommen, die den Prinzipien der Physik widerspricht. Es muss daher nach einer anderen Erklärung gesucht werden. Eine Möglichkeit existiert in der Impulsänderung der Photonen des Lichtstrahls durch die auf die Sonne gerichteten Impulsstromdichte $P = S/c$ (s. Gl. (B.40) und (B.40a) von Kap.B2), die man auch analog zur Quantenmechanik als Strom von der Sonne ausgehender Gravitonen deuten kann.

Bei allen denkbaren Prozessen der Impulsänderung und des dabei stattfindenden Energieaustausches zwischen Photonen und Gravitonen ist zu berücksichtigen, dass die Photonen eine positive Energie E_P und die Gravitonen eine negative Energie E_G besitzen (Ableitung von **$E_G = -c \cdot I_G$** s. weiter unten):

$$E_P = c \cdot I_P \quad E_G = -c \cdot I_G \quad I_P \text{ und } I_G \textbf{ Im} \text{pulsbeträge} > 0, \text{ c = Lichtgeschwindigkeit} \quad (D.5b)$$

Für die Impuls- und Energieänderung gilt der **Energiesatz**:

$$E_P + E_G = c \cdot (I_P - I_G) = const \quad (D.5c)$$

und der **Impulssatz**:

$$\vec{I}_P + \vec{I}_G = \vec{I}_0 = \text{const} \tag{D.5d}$$

Für die Änderungen von Energie und Impuls erhält man aus (D.5c) und (D.5d):

$$\Delta E_P + \Delta E_G = c \cdot (\Delta I_P - \Delta I_G) = 0 \quad \text{d.h.:} \quad \Delta E_P + \Delta E_G = 0, \quad \Delta I_P - \Delta I_G = 0 \text{ und } \Delta \vec{I}_P + \Delta \vec{I}_G = 0 \tag{D.5e}$$

Daraus folgt:

$$\Delta E_P = -\Delta E_G \quad \text{und} \quad \Delta I_P = \Delta I_G \quad \text{und} \quad \Delta \vec{I}_P = -\Delta \vec{I}_G \tag{D.5f}$$

Hier sind die beiden Fälle zu unterscheiden

a) $\Delta I_P = \Delta I_G < 0$ und daher nach (D.5b) $\Delta E_P < 0$ und $\Delta E_G > 0$ (D.5g)

b) $\Delta I_P = \Delta I_G > 0$ und daher nach (D.5b) $\Delta E_P > 0$ und $\Delta E_G < 0$ (D.5h)

Der Fall a) bedeutet: Übergang der Energie von Photonen auf Gravitonen

Der Fall b) bedeutet: Übergang der Energie von Gravitonen auf Photonen

Dabei sind die Änderungen der Impulsbeträge gleich, und zwar entweder nach (D.5g) kleiner oder nach (D.5h) größer Null.

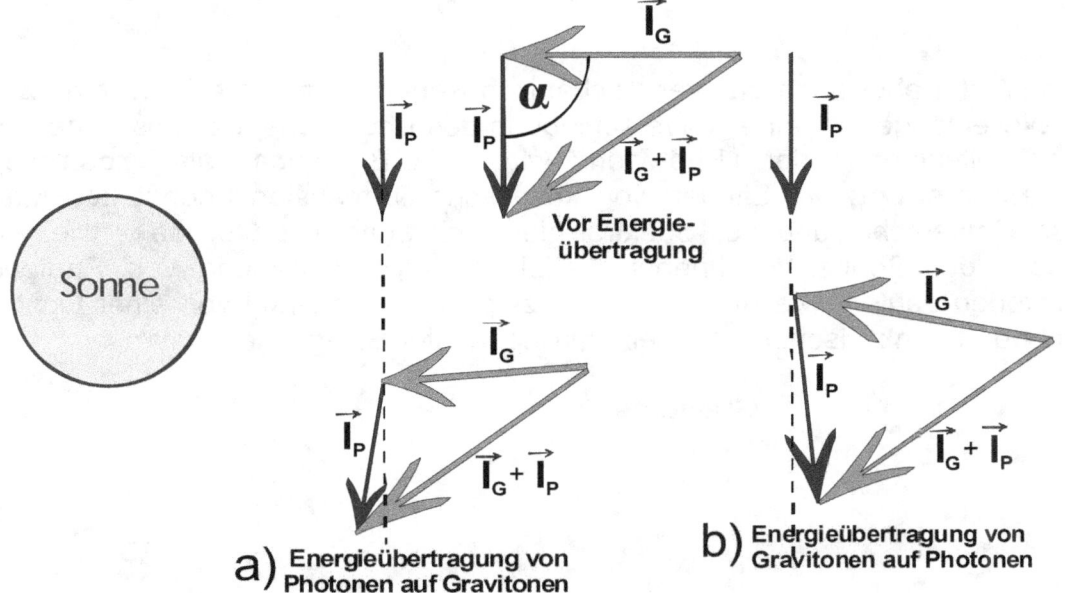

Abb. D1c: Energie- und Impulsänderung von Photonen durch Gravitonen der Sonne

Auf Abbildung D1c sind die Verhältnisse der Energie- und Impulsänderung von Photonen und Gravitonen z. B in der Nähe der Sonne dargestellt. Der Photonenimpuls ist **schwarz**, der Gravitonenimpuls grün eingezeichnet. Die Summe der Vektoren von Photonen- und Gravitonenimpuls ist auf der Abbildung rot gekennzeichnet. Sie bleibt bei allen Änderungen nach (D.5d) konstant.

Das Vektordiagramm für die Lage der Vektoren **vor** dem Energie- und Impulsaustausch ist oben in der Mitte des Diagramms eingezeichnet. Der Gravitonenimpulsvektor dieses Diagramms hat eine zur Ausbreitungsrichtung der Gravitationswellen entgegengesetzte Richtung (analog zur Impulsstromstromdichte P=S/c, vgl. Abbildung D1b). Der Winkel α zwischen Photonen- und Gravitonenimpulsvektor auf der Darstellung beträgt z. B. 90°. Die folgenden Ergebnisse sind aber für alle Winkel **0< α<180°** gültig.

Die beiden Diagramme unten auf der Abbildung D1c zeigen die Änderungen der Impulse von Gravitonen und Photonen durch gegenseitige Wechselwirkung:

a) Unten links sind die Impulsvektoren von I_P und I_G nach (D.5g) um gleiche Längen **gekürzt**. Es resultiert eine Ablenkung der Photonen in Richtung Sonne. Gleichzeitig **verkleinert** sich die Photonenenergie nach (D.5g). Die Gravitonenenergie wird nach (D.5f) um den gleichen Betrag **vergrößert**.

b) Unten rechts sind die Impulsvektoren von I_P und I_G nach (D.5h) um gleiche Längen **vergrößert**. Es resultiert eine Ablenkung der Photonen von der Sonne weg. Gleichzeitig **vergrößert** sich die Photonenenergie nach (D.5h). Die Gravitonenenergie wird nach (D.5f) um den gleichen Betrag **verkleinert**.

Da an der Sonne nur eine Ablenkung der Photonen in **Richtung auf die Sonne** gemessen worden ist (s. Abb. D1b), kann nur unter dem Einfluss von Gravitationswellen eine Energieübertragung von **Photonen auf Gravitonen** stattfinden (Fall a). Die Photonen haben demnach beim Verlassen der Sonnenzone ($\alpha = 0°$).eine kleinere Energie und Impuls als vor dem Eintritt in die Sonnenzone ($\alpha = 180°$).

Daraus folgt aber auch quantenmechanisch wegen $E_P = c \cdot I_P = h \cdot c/\lambda$ eine Zunahme der Wellenlänge d.h. eine Rotverschiebung des Photonenspektrums. Eine Zunahme der Wellenlänge der Photonen wird z. B. auch als **kosmologische Rotverschiebung** auf Längen von kosmischer Dimension beobachtet. Man kann diese Rotverschiebung der Spektrallinien weit entfernter Objekte – wie oben am Beispiel der Sonne beschrieben - als Energieübertragung von Photonen auf Gravitonen deuten, wie Abbildung D1d zeigt: Ein Lichtstrahl von einer Lichtquelle L durchquert den zwischen L und einem Beobachter B liegenden Raum,

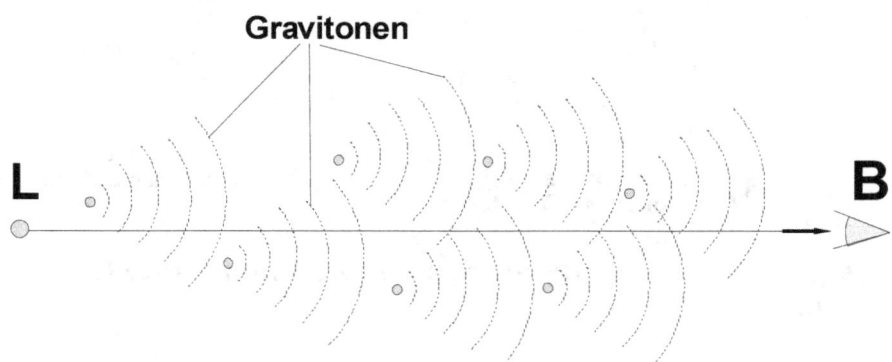

Abb. D1d: Energie- und Impulsübertragung von Photonen auf Gravitonen im Falle der kosmologischen Rotverschiebung

Gravitodynamik 85

in dem sich Gravitonen aussendende Objekte befinden. Auf diese Gravitonen wird von den Photonen des Lichtstrahles die Energie analog Abbildung D1c übertragen, so dass die Wellenlänge des Lichtstrahles größer und damit sein Licht ins Rote verschoben wird, und zwar umso stärker je weiter L von B entfernt ist (**Hubbles Gesetz**), d.h. je mehr Gravitonen aussendende Objekte sich zwischen L und B befinden.

Damit könnte dieser Effekt der Impulsübertragung von Photonen auf Gravitonen eine Fluchtgeschwindigkeit des Objektes L bzw. eine Ausdehnung des Raumes des in Wirklichkeit **statischen Kosmos** vortäuschen.

Ein **statischer Kosmos** muss allerdings auch bei Koexistenz von sich gegenseitig abstoßender Materie und Antimaterie (vgl. Kap E3/E4) eine **unendliche Abmessung** des im Mittel gleichmäßig mit Masse ausgefüllten Raumes besitzen. Denn nur in diesem Fall können sich einseitige Schwerkräfte der Anziehung bzw. Abstoßung im Mittel ausgleichen, so dass es weder einen **Big Crunch** (Kollabieren aller Massen) noch einen **Big Rip** (Auseinanderdriften aller Massen) gibt.

Zur Erläuterung und Ableitung der Energie-Impulsbeziehung $E_G = - c \cdot I_G$ der Gravitationswellen betrachte man die Abbildung D1e, links. Hier soll zur Zeit t = 0 eine Gravitationswelle der Einfachheit halber senkrecht in die Seitenfläche A eines Quaders eindringen.

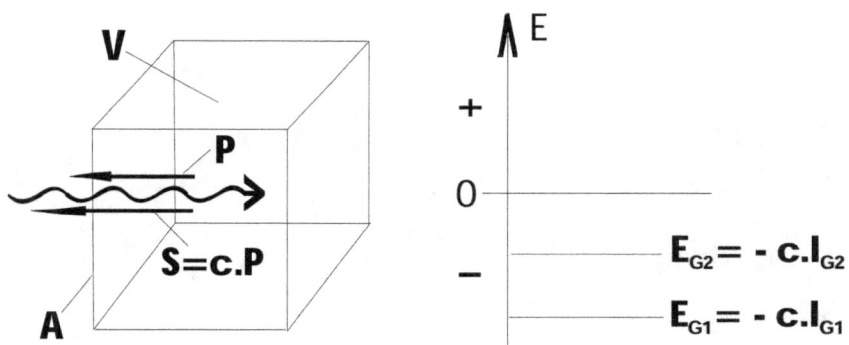

Abb. D1e: *Energie- und Impulsbeziehung $E_G = - c \cdot I_G$ für Gravitonen*

Der Energiesatz (B.77) der Gravitodynamik unter Benutzung von Gleichung (B.40a) lautet:

$$\frac{\partial}{\partial t} u_G = \text{div} \frac{c}{4 \cdot \pi} \vec{G} \times \vec{X} = -c \cdot \text{div} \vec{P} \qquad (j = 0) \qquad (B.77)$$

u_G = Energiedichte des gravitomagnetischen Feldes
P = Impulsstromdichte des gravitomagnetischen Feldes (s. Gl.(B.40a) von Kap. B2)

Durch Integration über die Zeit t erhält man aus (B.77):

$$u_G = \int_0^t \frac{\partial}{\partial t} u_G \cdot dt = -c \cdot \text{div} \int_0^t \vec{P} \cdot dt \qquad (D.5i)$$

Gravitodynamik

Nun gilt für den gravitomagnetischen Wellenimpulsbetrag I_G, der sich nach der Zeit t in V angesammelt hat (dA = vektorielles Flächenelement der Eintrittsfläche A von Abb. D1e, die Vektoren von dA und P zeigen aus V heraus):

$$I_G = \int_A \int_0^t \vec{P} \cdot dt \cdot d\vec{A} \geq 0 \tag{D.5j}$$

Für die Energie E_G der Gravitationswelle, die sich in der Zeit t in dem Volumen V des Quaders angesammelt hat, erhält man aus (D.5i) nach Anwendung des Gaußschen Satzes und Einsetzen von (D.5j):

$$E_G = \int_V u_G \cdot dV = -c \cdot \int_V \text{div} \int_0^t \vec{P} \cdot dt \cdot dV = -c \cdot \int_A \int_0^t \vec{P} \cdot dt \cdot d\vec{A} = -c \cdot I_G \tag{D.5k}$$

Wird nun z. B., wie das Energieniveau-Schema der Abbildung D1e, rechts, andeutet, der **negativen** Energie E_{G1} einer Gravitationswelle mit dem **(positiven)** Impulsbetrag I_{G1} **(positive)** Energie im Volumen V zugeführt, so gelangt die Energie der Gravitationswelle auf das **negative** Niveau E_{G2} mit den dazugehörenden **positiven** Impulsbetrag I_{G2}, **wobei E_{G2} > E_{G1} aber I_{G2} < I_{G1}**.

D2 Das Gravitomagnetfeld von Spiralgalaxien

Die Spiralstruktur und die Rotationskurve von Spiralgalaxien legen die Annahme nahe, dass Spiralgalaxien ein gravitomagnetisches Moment μ besitzen (analog zum elektromagnetischen Moment rotierenden Ladungen in der Elektrodynamik), das im wesentlichen auf das Zentrum der Galaxie konzentriert ist, wo sich die überwiegende Masse der Galaxie mit einem entsprechenden Drehimpuls befindet (s. Abb. D3; Bedeutung von μ: s. Kap.B2.5). Mit dem gravitomagnetischen Moment des Zentrums ist ein Schwerkraftmagnetfeld X verbunden, wie in Abb. D3 angedeutet.

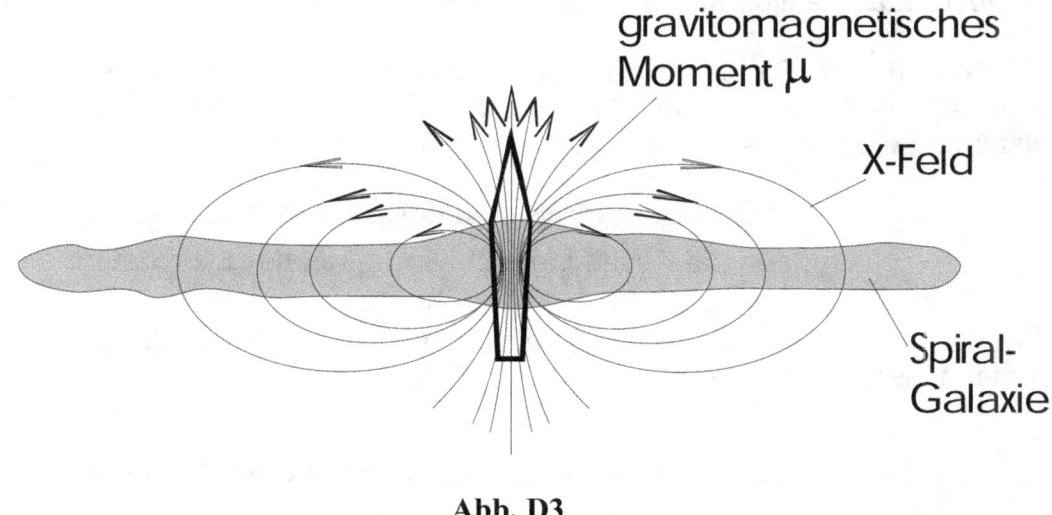

Abb. D3

Aufgrund der gravitomagnetischen Lorentzkraft im X-Feld erfährt eine Masse der Schwere m, die sich auf das Zentrum einer Galaxie zubewegt, eine derartige Ablenkung auf eine in Abb. D4 durch Pfeile dargestellte Bahn, dass sie die Rotation und damit das gravitomagnetische Moment μ des Zentrums verstärkt. Dadurch wird allein durch Massenzuwachs bei anfänglich kleinen Galaxien der Drehimpuls des Zentrums immer weiter vergrößert. Im Zentrum („AGN") hat die Lorentzkraft dagegen eine entgegengesetzte Richtung zur außerhalb des Zentrums wirkenden

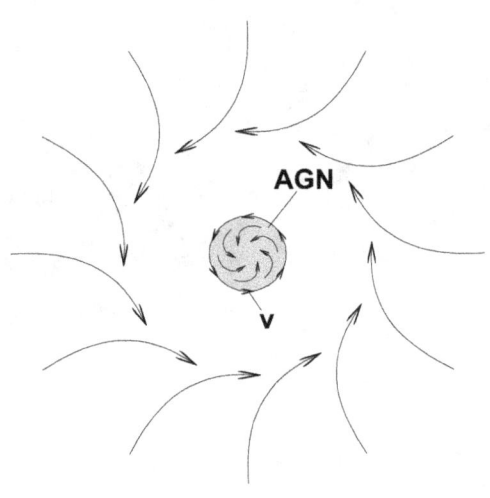

Abb. D4

Gravitodynamik

Lorentzkraft, da das Gravitomagnetfeld dort eine entgegengesetzte Richtung besitzt. (vgl. auch Kap. D8, Abb. D11).

Werden Zwerggalaxien mit einem gravitomagnetischen Moment μ_Z in der Nähe der Ebene einer Spiralgalaxie von dieser angezogen, so wird die Zwerggalaxie nicht nur auf die in Abb. D4 durch Pfeile dargestellte Bahn gezwungen, sondern erfährt nach Glchg. (B.69h) bzw. Abb. B5e auch ein Drehmoment, dass das Moment μ_Z der Zwerggalaxie in die gleiche Richtung wie die des galaktischen Zentrums dreht, so dass das gravitomagnetische Moment der Galaxie zusätzlich verstärkt wird. Zwei Elektromagnete reagieren entgegengesetzt: Sie haben das Bestreben, sich in vergleichbarer Lage antiparallel zueinander auszurichten.

Die Ähnlichkeit der Struktur von Spiralgalaxien und Wirbelstürmen hat einen mathematisch einfachen Grund: So wie für die Bildung der Spiralstruktur von Wirbelstürmen die Corioliskraft

$$\vec{F}_C = 2 \cdot m_{tr} \cdot \vec{v} \times \vec{\omega} \quad \text{mit } \vec{u} = \textbf{Geschwindigkeit der trägen Masse } m_{tr} \text{ in g} \qquad (D.6)$$
$$\text{und } \vec{\omega} = \textbf{Winkelgeschwindigkeit der Erdrotation}$$

verantwortlich ist, kann die Spiralstruktur von Spiralgalaxien auf die gravitomagnetische Lorentzkraft (vgl. Glchg. (B.30a))

$$\vec{F}_L = \frac{m}{c} \cdot \vec{v} \times \vec{X} \quad \text{mit } \vec{u} = \textbf{Geschwindigkeit der schweren Masse m} \qquad (B.30a)$$
$$\text{und } \vec{X} = \textbf{gravitomagnetisches Feld der Spiralgalaxie}$$

zurückgeführt werden. In beiden Fällen ist das vektorielle Produkt für die Ablenkung der Massen von ihrem direkten Weg ins Zentrum und damit für die Spiralstruktur von Wirbelstürmen bzw. Spiralgalaxien verantwortlich.

D3 Die differentielle Rotationsgeschwindigkeit von Galaxien

Im Folgenden soll nun die Geschwindigkeit einer schweren Massen m, die sich auf einer **Kreisbahn** um das Zentrum einer Galaxie bewegt, am Beispiel einer Scheibengalaxie mit Halo (z.B. Gas, Staub, Neutrinos) berechnet werden (s. Abb. D5). Dabei wird die Annahme gemacht, dass sich im Zentrum der Galaxie (r=0) die schwere Hauptmasse M der Galaxie mit einem zeitlich konstanten gravitomagnetischen Moment μ_M befindet, das senkrecht zur Bahnebene steht. Außerdem soll die schwere Masse im Halo mit der überall gleichen und zeitlich konstanten Dichte ρ_{Halo} berücksichtigt werden.

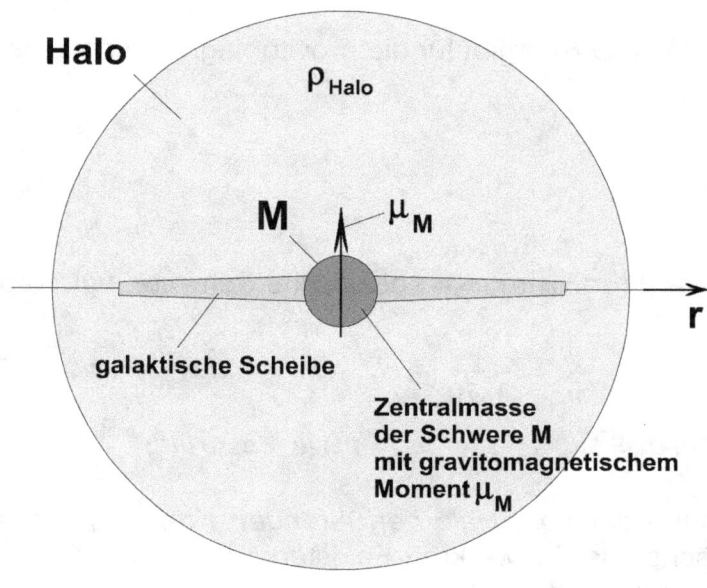

Abb. D5

Es wird ferner angenommen, dass eine um das Zentrum sich bewegende schwere Masse m ein gravitomagnetisches Moment μ_m (Eigendrehung) besitzt. Außer der Schwerkraft und der Zentrifugalkraft sind demnach auch Kräfte wirksam, die durch das X-Feld verursacht werden.

Im Einzelnen sind folgende Kräfte in der **Scheibenebene** zu berücksichtigen:

a) *Die Schwerkraft in Abhängigkeit des Abstands r vom Zentrum (M=Schwere der Zentralmasse, m= Schwere der rotierenden Masse, vgl. Glchg. (B.6b) von Kap. B2):*

$$\vec{F}_m = -\frac{M \cdot m}{r^3} \cdot \vec{r} \tag{D.7}$$

b) *Die gravitomagnetische Lorentzkraft (vgl. (B.30a)):*

$$\vec{F}_L = \frac{m}{c}\left(\vec{v} \times \vec{X}\right) \tag{D.8}$$

Denkt man sich das gravitomagnetische Moment μ_M der Spiralgalaxie auf einen Punkt bei r=0 konzentriert und senkrecht zur Scheibenebene, so gilt für die

Gravitodynamik

Feldstärke X des gravitomagnetischen Momentes μ_M des Zentrums in Abhängigkeit von der Zentrumsentfernung r (vgl. Glchg. (F.24), Kap.F4, Anhang):

$$\vec{X} = -\frac{\vec{\mu}_M}{r^3} + 3\frac{\vec{\mu}_M \cdot \vec{r}}{r^5} \cdot \vec{r} \qquad r \neq 0 \qquad (D.8a)$$

bzw. für die Scheibenebene:

$$\vec{X} = -\frac{\vec{\mu}_M}{r^3} \qquad wegen \quad \vec{\mu}_M \cdot \vec{r} = 0, \quad da \quad \vec{\mu}_M \perp \vec{r} \qquad (D.8b)$$

Einsetzen von (D.8b) in (D.8) ergibt für die gravitomagnetische Lorentzkraft F_L:

$$\vec{F}_L = -\frac{m}{c}\left(\vec{v} \times \frac{\vec{\mu}_M}{r^3}\right) \qquad (D.8c)$$

c) *Die Zentrifugalkraft* ($\sigma = \sigma_m = m/m_{tr}$ = spezifische Schwere, vgl. Kap. B4.4):

$$\vec{F}_{ZF} = \frac{1}{\sigma} \cdot m \frac{v^2}{r^2} \vec{r} \qquad \sigma = \frac{m}{m_{tr}} = \frac{1}{3870}\left[dyn^{1/2} \cdot cm/g = dyn^{-1/2} \cdot cm^2 \cdot \sec^{-2}\right] \qquad (D.9)$$

m = schwere Masse in $dyn^{1/2} \cdot cm$ $\qquad m_{tr}$ = träge Masse in g

d) Bei der Ermittlung der *vom Halo herrührenden Kraft* F_{Halo} in Abhängigkeit vom Radius r wird zunächst die Schwerkraft-Feldstärke G_{Halo} benötigt. Sie berechnet sich mit Hilfe der Beziehung (B.18) aus:

$$\vec{G}_{Halo} \cdot \left(4\pi \cdot r^2 \cdot \frac{\vec{r}}{r}\right) = -\frac{(4\pi)^2}{3} r^3 \cdot \rho_{Halo} \quad mit \quad \rho_{Halo} = Schweredichte\ in\ dyn^{1/2}/cm^2 \qquad (D.10)$$

Daraus ergibt sich die Kraft F_{Halo} auf eine Masse der Schwere m nach (B.14) zu:

$$\vec{F}_{Halo} = \vec{G}_{Halo} \cdot m = -\frac{4\pi \cdot \rho_{Halo}}{3} \vec{r} \cdot m \qquad (10a)$$

e) *Die Kraft auf eine rotierende Masse m mit dem gravitomagnetischen Moment* μ_m:

Die Kraft auf eine Masse m mit dem gravitomagnetischen Moment μ_m (z.B. Eigendrehung) im gravitomagnetischen Feld X ergibt sich zu (vgl. Gleichg. (B.69d) von Kap. B2.5):

$$\vec{F}_\mu = -grad(\vec{\mu}_m \cdot \vec{X}) \qquad (D.11)$$

oder mit (D.8b):

$$\vec{F}_\mu = -grad\left(\vec{\mu}_m \cdot \left(-\frac{\vec{\mu}_M}{r^3}\right)\right) = \vec{\mu}_m \cdot \vec{\mu}_M \cdot grad\left(\frac{1}{r^3}\right) = -3\frac{\vec{\mu}_m \cdot \vec{\mu}_M}{r^5}\vec{r} \qquad (D.11a)$$

Für **dynamisches Gleichgewicht** gilt nun:

Gravitodynamik

$$\vec{F}_{ZF} + \vec{F}_L + \vec{F}_m + \vec{F}_{Halo} + \vec{F}_\mu = 0 \qquad (D.12)$$

d.h.

$$\sigma^{-1} \cdot m \frac{v^2}{r^2}\vec{r} \; - \frac{m}{c}\left(\vec{v} \times \frac{\vec{\mu}_M}{r^3}\right) \; - \frac{M \cdot m}{r^3}\cdot\vec{r} - \frac{4\pi \cdot \rho_{Halo}}{3}\vec{r}\cdot m \; - 3\frac{\vec{\mu}_m \cdot \vec{\mu}_M}{r^5}\vec{r} = 0 \qquad (D.13)$$

Wegen der Annahme der Bewegung der Massen der Spiralgalaxie auf Kreisbahnen in der Ebene ⊥ zu μ_M kann man nun für

$$\vec{v} \times \vec{\mu}_M = -a \cdot v \cdot \mu_M \cdot \frac{\vec{r}}{r} \quad \text{wobei } a = sign\left([\vec{\mu}_M \times \vec{v}]\cdot \vec{r}\right) = \pm 1 \qquad v \geq 0 \textbf{ (!)} \qquad (D.14)$$

setzen mit der Fallunterscheidung a, je nachdem m in der gleichen Richtung rotiert wie das Zentrum (a=+1) oder entgegengesetzt (a= -1). Hierbei ist die Richtung von μ_M relativ zur Zentrumsrotation zu beachten (vgl. Abb. B5b von Kap. B2.5)! Man erhält somit aus (D.13):

$$\sigma^{-1} \cdot m \frac{v^2}{r^2}\vec{r} + \frac{m}{c}a \cdot v \cdot \frac{\mu_M}{r^4}\cdot \vec{r} - \frac{M \cdot m}{r^3}\cdot\vec{r} - \frac{4\pi \cdot \rho_{Halo}}{3}\vec{r}\cdot m - 3\frac{\vec{\mu}_m \cdot \vec{\mu}_M}{r^5}\vec{r} = 0 \qquad (D.15)$$

Man kann annehmen, dass das Skalarprodukt der gravitomagnetischen Momente in (D.15) nach hinreichend langer Zeit den Wert

$$\vec{\mu}_m \cdot \vec{\mu}_M = \mu_m \cdot \mu_M \qquad (D.15a)$$

annimmt, da das X-Feld auf die rotierende Masse ein Drehmoment ausübt, das μ_m parallel zu μ_M ausrichtet (vgl. Kap.B2.5: Abb. B5e). Somit wird aus (D.15):

$$v^2 + \sigma \cdot \frac{a \cdot \mu_M}{c} \cdot \frac{1}{r^2}\cdot v - \sigma \cdot \frac{M}{r} - \frac{4\pi \cdot \sigma \cdot \rho_{Halo}}{3}r^2 - 3 \cdot \sigma \cdot \frac{\mu_m \cdot \mu_M}{r^3 \cdot m} = 0 \qquad (D.15b)$$

Die Lösung der in v quadratischen Gleichung (D.15b) lautet:

$$v = -\frac{a \cdot \sigma \cdot \mu_M}{2\cdot c}\cdot \frac{1}{r^2} \pm \left[\frac{\sigma^2 \cdot \mu_M^2}{4\cdot c^2}\cdot \frac{1}{r^4} + \sigma \cdot \frac{M}{r} + \frac{4\pi \cdot \sigma \cdot \rho_{Halo}}{3}r^2 + 3 \cdot \sigma \cdot \frac{\mu_m \cdot \mu_M}{r^3 \cdot m}\right]^{1/2} \qquad (D.16)$$

Wegen v ≥ 0 (vgl. (D.14)) macht hier physikalisch nur das positive Vorzeichen der Wurzel einen Sinn. D.h. es gilt:

$$v = -\frac{a \cdot \sigma \cdot \mu_M}{2\cdot c}\cdot \frac{1}{r^2} + \left[\frac{\sigma^2 \cdot \mu_M^2}{4\cdot c^2}\cdot \frac{1}{r^4} + \sigma \cdot \frac{M}{r} + \frac{4\pi \cdot \sigma \cdot \rho_{Halo}}{3}r^2 + 3 \cdot \sigma \cdot \frac{\mu_m \cdot \mu_M}{r^3 \cdot m}\right]^{-1/2} \qquad (D.16a)$$

Oder nach einer kleinen Umformung:

$$\upsilon = -\frac{a \cdot \sigma \cdot \mu_M}{2 \cdot c} \cdot \frac{1}{r^2} + \left[\frac{\sigma^2 \cdot \mu_M^2}{4 \cdot c^2} \cdot \frac{1}{r^4} + \sigma \cdot \frac{M}{r} + \frac{4\pi \cdot \sigma \cdot \rho_{Halo}}{3} r^2 + \frac{3 \cdot \sigma \cdot M}{r^3}\left(\frac{\mu_m}{m}\right)\left(\frac{\mu_M}{M}\right)\right]^{1/2}$$
(D.17)

wobei :

$$\sigma = \frac{1}{3870} \, dyn^{1/2} \cdot cm/g = dyn^{-1/2} \cdot cm^2 \cdot s^{-2} \quad (vgl.\ Kap.\ B4.3) \quad (D.17a)$$

$$c = 3 \cdot 10^{10} \, cm/s$$

Verschwinden μ_M und ρ_{Halo}, geht Bewegungsgleichung (D.17) in das **3. Keplersche Gesetz** über.

Ist die Rotationsgeschwindigkeit der Massen einer Galaxie in Abhängigkeit vom Radius bekannt, so lassen sich nach der Bewegungsgleichung (D.17) die Größen M, μ_m, μ_M und ρ_{Halo} der Galaxie bestimmen. Dabei soll im Folgenden lediglich der Fall a=+1 (m hat dieselbe Drehrichtung wie das Zentrum) betrachtet werden.

Eine Umwandlung der Funktion (D.17) in die folgende y-Funktion mit den dimensionslosen Größen y, x, A, B, C und D soll dabei den weiteren Rechengang erleichtern. Dabei liefert y unmittelbar die Rotationsgeschwindigkeit in km/s bzw. x den Radius in kpc:

$$y = -A \cdot x^{-2} + \left[A^2 \cdot x^{-4} + B \cdot x^{-1} + C \cdot x^2 + D \cdot x^{-3}\right]^{1/2} \quad ; \quad y = \frac{\upsilon}{\upsilon_0}; \quad x = \frac{r}{R_0} \quad (D.17b)$$

$$A = \frac{\sigma \cdot \mu_M}{2 \cdot c \cdot \upsilon_0 \cdot R_0^2}, \quad B = \frac{\sigma \cdot M}{\upsilon_0^2 \cdot R_0}, \quad C = \frac{4\pi \cdot \sigma \cdot R_0^2 \cdot \rho_{Halo}}{3 \cdot \upsilon_0^2} = \frac{4\pi \cdot \sigma^2 \cdot R_0^2 \cdot \rho_{tr\,Halo}}{3 \cdot \upsilon_0^2}, \quad (D.17c)$$

$$D = \frac{3 \cdot \sigma \cdot M \cdot (\mu_m/m) \cdot (\mu_M/M)}{R_0^3 \cdot \upsilon_0^2} = \frac{3 \cdot \sigma \cdot \mu_M^2}{M \cdot R_0^3 \cdot \upsilon_0^2} \cdot \gamma \quad (D.17d)$$

wobei:

$$\gamma = (\mu_m/m)/(\mu_M/M) \quad (D.17e)$$

$$\upsilon_0 = 1\,km/sec = 10^5\,cm/sec \quad R_0 = 1\,kpc = 3{,}0869611 \cdot 10^{21}\,cm \quad (D.17f)$$

$$\rho_{Halo} = \sigma \cdot \rho_{tr\,Halo} \quad (\rho_{Halo} = \text{Dichte der schweren Masse in } dyn^{1/2}/cm^2) \quad (D.17g)$$

$$(\rho_{tr\,Halo} = \text{Dichte der trägen Masse in } g/cm^3)$$

$$\sigma = \frac{1}{3870} \, dyn^{1/2} \cdot cm/g = dyn^{-1/2} \cdot cm^2 \cdot s^{-2} \quad (vgl.\ Kap.\ B4.4)$$

$$c = 3 \cdot 10^{10}\,cm/s$$

Für praktische Anwendungen ist die Einführung eines Faktors γ in (D.17d) nützlich, der nach (D.17e) das Verhältnis der **spezifischen** gravitomagnetischen Momente der rotierenden Masse m und der Zentralmasse M bedeutet.

D4 Bestimmung der schweren Masse und des gravitomagnetischen Moments eines Galaxienzentrums

Eine Diskussion der Bewegungsgleichung (D.17b) mit den Daten des übernächsten Kapitels D6 über die Andromeda-Galaxie zeigt, dass der Term Cx^2 nur für sehr große Radien bzw. x und der Term Dx^{-3} nur für sehr kleine Radien bzw. x einen Einfluss auf die Rotationsgeschwindigkeit haben. Man kann daher (D.17b) zunächst näherungsweise schreiben:

$$y = -A \cdot x^{-2} + \left[A^2 \cdot x^{-4} + B \cdot x^{-1}\right]^{1/2} \quad ; \quad y = \frac{\upsilon}{\upsilon_0}; \quad x = \frac{r}{R^0} \qquad (D.18)$$

Den allgemeinen Verlauf dieser Funktion zeigt die Abbildung D5a. Danach besitzt

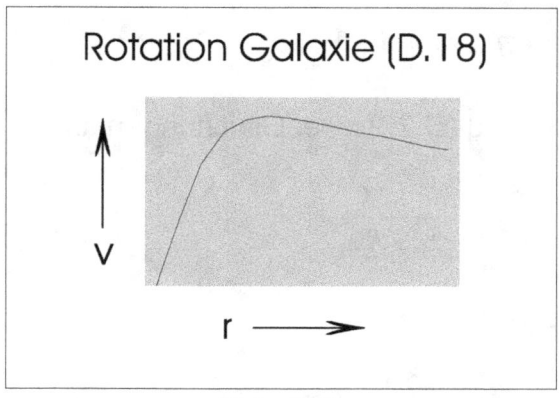

Abb. D5a

diese Funktion ein Maximum. Mit Hilfe (D.18) lässt sich dann über die Lage und Höhe des Maximums eine Bestimmung der Größen M und μ_M einer Galaxie vornehmen. Für die Maximalwerte y_{max} und x_{max} ergibt sich zunächst aus (D.18) die Gleichung:

$$y_{max} = -A \cdot x_{max}^{-2} + \left[A^2 \cdot x_{max}^{-4} + B \cdot x_{max}^{-1}\right]^{1/2} \quad y_{max} = \frac{\upsilon_{max}}{\upsilon_0}; \quad x_{max} = \frac{r_{max}}{R^0} \qquad (D.19)$$

Eine weitere Gleichung erhält man durch Differentiation von (D.18) nach x:

$$\frac{dy}{dx} = 2 \cdot A \cdot x^{-3} + \frac{1}{2}\left(-4 \cdot A^2 \cdot x^{-5} - B \cdot x^{-2}\right) \cdot \left[A^2 \cdot x^{-4} + B \cdot x^{-1}\right]^{-1/2} \qquad (D.20)$$

und Nullsetzen des Differentialquotienten für die Ermittlung des Maximums:

$$\left\{2 \cdot A \cdot x_{max}^{-1} + \frac{1}{2}\left(-4 \cdot A^2 \cdot x_{max}^{-3} - B\right) \cdot \left[A^2 \cdot x_{max}^{-4} + B \cdot x_{max}^{-1}\right]^{-1/2}\right\} \cdot \frac{1}{x_{max}^2} = 0 \qquad (D.21)$$

Gravitodynamik

Außer der trivialen Lösung $x_{max} = \infty$ erhält man daraus durch Nullsetzen der geschweiften Klammer für die Lage x_{max} des Maximums:

$$(4 \cdot A^2 \cdot x_{max}^{-3} + B) = 4 \cdot A \cdot x_{max}^{-1} \cdot [A^2 \cdot x_{max}^{-4} + B \cdot x_{max}^{-1}]^{1/2}$$

oder

$$(4 \cdot A^2 \cdot x_{max}^{-3} + B)^2 = 16 \cdot A^2 \cdot x_{max}^{-2} \cdot [A^2 \cdot x_{max}^{-4} + B \cdot x_{max}^{-1}]$$

oder

$$16 \cdot A^4 \cdot x_{max}^{-6} + B^2 + 8 \cdot A^2 \cdot B \cdot x_{max}^{-6} = 16 \cdot A^4 \cdot x_{max}^{-6} + 16 \cdot A^2 \cdot B \cdot x_{max}^{-3}$$

oder

$$B^2 = 8 \cdot A^2 \cdot B \cdot x_{max}^{-3} \quad oder \quad B = 8 \cdot A^2 \cdot x_{max}^{-3} \tag{D.22}$$

Man erhält also mit (D.19) und (D.22) zwei Gleichungen für die Bestimmung von

$$A = \frac{\sigma \cdot \mu_M}{2 \cdot c \cdot \upsilon_0 \cdot R_0^2} \quad und \quad B = \frac{\sigma \cdot M}{\upsilon_0^2 \cdot R_0}$$

bzw. von μ_M und M und zwar:

$$y_{max} = -A \cdot x_{max}^{-2} + [A^2 \cdot x_{max}^{-4} + B \cdot x_{max}^{-1}]^{1/2} \tag{D.19}$$

und

$$B = 8 \cdot A^2 \cdot x_{max}^{-3} \tag{D.22}$$

Berechnung von A durch Einsetzen von B aus (D.22) in (D.19) liefert:

$$y_{max} = -A \cdot x_{max}^{-2} + [A^2 \cdot x_{max}^{-4} + 8 \cdot A^2 \cdot x_{max}^{-3} \cdot x_{max}^{-1}]^{1/2} = -A \cdot x_{max}^{-2} + 3A \cdot x_{max}^{-2} = 2A \cdot x_{max}^{-2}$$

d.h. $\quad A = \frac{1}{2} y_{max} \cdot x_{max}^2 \tag{D.23}$

Einsetzen von (D.23) in (D.22) ergibt:

$$B = 8 \cdot A^2 \cdot x_{max}^{-3} = 8 \cdot \left(\frac{1}{2} y_{max} \cdot x_{max}^2\right)^2 \cdot x_{max}^{-3} = 2 \cdot y_{max}^2 \cdot x_{max} \tag{D.24}$$

Ergebnis:

$$\boxed{\begin{aligned} A &= \frac{1}{2} y_{max} \cdot x_{max}^2 \quad und \quad B = 2 y_{max}^2 \cdot x_{max} \\ y_{max} &= \frac{\upsilon_{max}}{\upsilon_0}; \quad x_{max} = \frac{r_{max}}{R_0} \quad \upsilon_0 = 1 km/\sec = 10^5 cm/\sec \quad R_0 = 1 kpc = 3{,}0869611 \cdot 10^{21} cm \end{aligned}} \tag{D.25}$$

Einsetzen von A und B aus (D.25) in (D.17c) ergibt für μ$_M$ und M:

$$\frac{\sigma \cdot \mu_M}{2 \cdot c \cdot \upsilon_0 \cdot R_0^2} = \frac{1}{2} y_{max}^2 \cdot x_{max}^2 \quad und \quad \frac{\sigma \cdot M}{\upsilon_0^2 \cdot R_0} = 2 y_{max}^2 \cdot x_{max} \qquad (D.26)$$

d.h.

$$\mu_M = \frac{c \cdot \upsilon_0 \cdot R_0^2}{\sigma} y_{max} \cdot x_{max}^2 = \frac{c}{\sigma} \cdot \upsilon_{max} \cdot r_{max}^2 \qquad (D.27)$$

$$M = 2 \frac{\upsilon_0^2 \cdot R_0}{\sigma} y_{max}^2 \cdot x_{max} = \frac{2}{\sigma} \upsilon_{max}^2 \cdot r_{max} \qquad (D.28)$$

$$y_{max} = \frac{\upsilon_{max}}{\upsilon_0} ; \quad x_{max} = \frac{r_{max}}{R_0} \quad \upsilon_0 = 1 km/\sec = 10^5 cm/\sec \quad R_0 = 1 kpc = 3,0869611 \cdot 10^{21} cm$$

Mit (D.17a) und (D.17f)

$$\sigma = 2,5839793 \cdot 10^{-4} \, dyn^{-1/2} \cdot cm^2 \cdot \sec^{-2} \quad c = 3 \cdot 10^{10} \, cm/s \qquad (D.17a)$$

$$\upsilon_0 = 1 km/\sec = 10^5 cm/\sec \quad R_0 = 1 kpc = 3,0869611 \cdot 10^{21} cm \qquad (D.17f)$$

erhält man damit für μ$_M$ und M alternativ:

$$\mu_M = 1,1 \cdot 10^{62} \cdot y_{max} \cdot x_{max}^2 \quad dyn^{1/2} \cdot cm^2 \qquad (D.29)$$

und

$$M = 2,4 \cdot 10^{35} \cdot y_{max}^2 \cdot x_{max} \quad dyn^{1/2} \cdot cm \qquad (D.30)$$

$$y_{max} = \frac{\upsilon_{max}}{\upsilon_0} ; \quad x_{max} = \frac{r_{max}}{R_0} \quad \upsilon_0 = 1 km/\sec = 10^5 cm/\sec \quad R_0 = 1 kpc = 3,0869611 \cdot 10^{21} cm$$

wobei y$_{max}$ in km/s und x$_{max}$ in kpc einzusetzen sind.

D5 Radius und Geschwindigkeit des Maximums und die Steilheit der Rotationskurve von Galaxien

Aus (D.28) und (D.27) erhält man den Radius r$_{max}$ und die Geschwindigkeit v$_{max}$ des Maximums der Rotationskurve von Galaxien:

$$r_{max} = \left(\frac{2 \cdot \sigma}{c^2} \cdot \frac{\mu_M^2}{M} \right)^{1/3} \quad (D.31) \qquad und \quad \upsilon_{max} = \left(\frac{c \cdot \sigma}{4} \cdot \frac{M^2}{\mu_M} \right)^{1/3} \quad (D.32)$$

Der mittlere Anstieg der Rotationsgeschwindigkeit v$_{max}$ / r$_{max}$ ergibt sich aus dem Verhältnis von (D.32) und (D.31):

Gravitodynamik

$$M / \mu_M = \frac{2}{c} \cdot \frac{v_{max}}{r_{max}}$$

d.h.:

$$\frac{v_{max}}{r_{max}} = \frac{c \cdot M}{2 \cdot \mu_M} = \frac{c}{2} \cdot \frac{1}{(\mu_M / M)} \qquad (D.33)$$

Aus (D.33) ist ersichtlich, dass das Verhältnis aus zentraler schwerer Masse M und zentralem gravitomagnetischen Moment μ_M für den Anstieg v_{max} / r_{max} der Rotationskurve entscheidend ist (μ_M / M = **spezifisches** gravitomagnetisches Moment der schweren Masse M). Bei großem gravitomagnetischen Moment μ_M im Verhältnis zur zentralen schweren Masse M des Zentrums ist die Rotationskurve einer Galaxie nach (D.33) relativ flach – und zwar nach (D.31) über einen großen Bereich von r.

Da dieses Verhalten charakteristisch für **elliptische Galaxien** ist, kann hieraus der Schluss gezogen werden, dass elliptische Galaxien ein relativ großes gravitomagnetisches Moment im Verhältnis zur zentralen schweren Masse M des Zentrums besitzen. Das damit verbundene große Gravitomagnetfeld der Ellipsen verhindert den Zufluss von intergalaktischem Gas zur Galaxie – analog: Abschirmung der Erde gegenüber geladenen Teilchen der Sonne durch das Erdmagnetfeld. Das erklärt die Gasarmut von Ellipsen. Das große gravitomagetische Moment des Zentrums von elliptischen Galaxien kommt durch die Vereinigung von mehreren Scheibengalaxien zustande, deren gravitomagnetischen Momente sich so zu einem Gesamtmoment vereinigen, dass alle einzelnen Momente in die gleiche Richtung zeigen (Anziehung gleicher und Abstoßung unterschiedlicher gravitomagnetischer Pole: vgl. Kap. B2.5: Abb. B5c und Abb. B5.e).

Aus der Steilheit der Rotationskurven von **Spiralgalaxien der Typen Sa bis Sc** kann ferner geschlossen werden, dass bei ihnen wegen der Zunahme der Steilheit der Rotationskurve von **Sa nach Sc** das spezifische gravitomagnetische Moment μ_M / M der Zentralmasse nach (D.33) von **Sa nach Sc** abnimmt.

Durch Einsetzen der Beziehung

$$v_{max} = \omega_{max} \cdot r_{max} = 2\pi \frac{1}{T_{max}} \cdot r_{max} \qquad \omega_{max} = Kreisfrequenz\ des\ Geschw.-Maximums$$

in (D.33) lässt sich auch die Umlaufzeit für Massen im Geschwindigkeit-Maximum einer Galaxie angeben:

$$T_{max} = \frac{4\pi}{c} \frac{\mu_M}{M} \qquad (D.33a)$$

Gravitodynamik

D6 Anwendung der Ergebnisse auf die Andromeda-Galaxie

Wendet man die obigen Ergebnisse auf die Andromedagalaxie an, deren maximale Rotationsgeschwindigkeit bei großen Radien und der dazugehörige Radius bekannt sind, so lassen sich nach (D.29) und (D.30) von Kapitel D4 für diese Galaxie das gravitomagnetische Moment μ_M und die schwere Masse M des Zentrums bestimmen.

Die gemessene Rotationsgeschwindigkeit der Andromeda-Galaxie in Abhängigkeit vom Radius zeigt die Abbildung D7. Hier sind die Rotationsgeschwindigkeiten ab etwa 1 kpc wiedergegeben. Die bei kleinen Radien R < 1 kpc bisher gemessenen

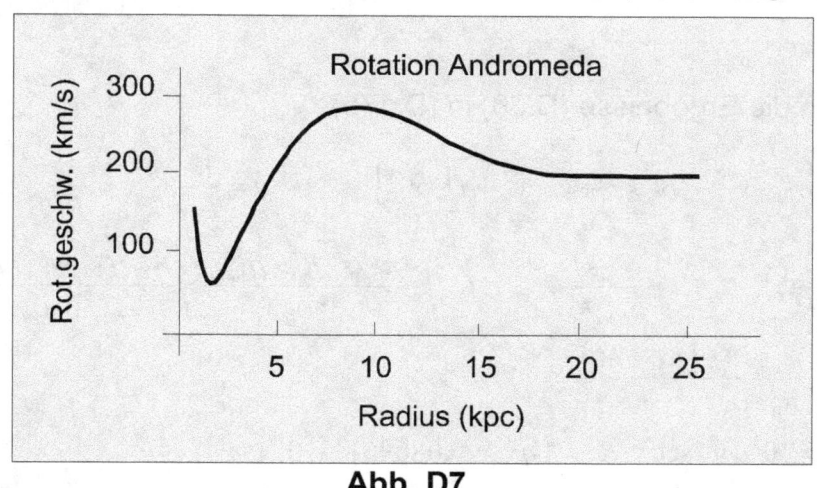

Abb. D7

Rotationsgeschwindigkeiten, die jedoch nach den Ausführungen von Kap D4 für die Ermittlung des gravitomagnetischen Moments μ_M und der schweren Masse M des Zentrums nicht relevant sind, betragen:

- Bei R= 0,2 pc eine Geschwindigkeit von ca. 1000 km/s
- Bei R= 5 pc ein Geschwindigkeitsmaximum von ca. 60 km/s
- Bei R= 20 pc ein Geschwindigkeitsminimum von ca. 0 km/s
- Bei R= 400 pc ein Geschwindigkeitsmaximum von ca. 225 km/s

Wie die Abbildung D7 zeigt, befindet sich ein **Geschwindigkeitsmaximum von 270 km/s** bei etwa **10 kpc Zentrumsentfernung**. Zum Rand der Galaxie hin sinkt die Rotationsgeschwindigkeit nur langsam ab, bleibt aber ab rund 20 kpc Abstand bis zum äußeren Rand **konstant bei 220 km/s**. Einsetzen der Maximum-Werte:

$$\upsilon_{max} = 270 \, km/s \quad d.h. \quad y_{max} = 270 \qquad (D.34a)$$
$$r_{max} = 10 \, kpc \quad d.h. \quad x_{max} = 10 \qquad (D.34b)$$

in (D.29) und (D.30) ergibt für die Andromeda-Galaxie:

$$\boxed{\mu_M = 1{,}1 \cdot 10^{62} \cdot 270 \cdot 100 \; dyn^{1/2} \cdot cm^2 = \mathbf{3{,}0 \cdot 10^{66} \; dyn^{1/2} \cdot cm^2}} \qquad (D.35a)$$

und

$$\boxed{M = 2{,}4 \cdot 10^{35} \cdot 270^2 \cdot 10 \; dyn^{1/2} \cdot cm = \mathbf{1{,}7 \cdot 10^{41} \; dyn^{1/2} \cdot cm}} \qquad (D.35b)$$

bzw. in (D.25):

$$\boxed{A = \frac{1}{2} 270 \cdot 100 = \mathbf{1{,}35 \cdot 10^4} \quad und \quad B = \mathbf{1{,}46 \cdot 10^6}} \qquad (D.36)$$

Die Zahl n der Sonnenmassen im Zentrum der Andromeda errechnet sich daraus zu:

$$\boxed{\begin{array}{l} n = \dfrac{M}{\sigma \cdot M_{tr\,Sonne}} = \dfrac{1{,}7 \cdot 10^{41} \cdot 3870}{1.983 \cdot 10^{33}} = \mathbf{3{,}3 \cdot 10^{11}} \text{ Sonnenmassen} \\ mit \quad M_{tr\,Sonne} = träge\ Sonnenmasse = 1.983 \cdot 10^{33}\,g \end{array}} \qquad (D.37)$$

Setzt man nun die Ergebnisse (D.36) in (D.17b)

$$y = -A \cdot x^{-2} + \left[A^2 \cdot x^{-4} + B \cdot x^{-1} + C \cdot x^2 + D \cdot x^{-3} \right]^{1/2} \quad ; \quad y = \frac{\upsilon}{\upsilon_0} ; \quad x = \frac{r}{R^0} \qquad (D.17b)$$

$$A = \frac{\sigma \cdot \mu_M}{2 \cdot c \cdot \upsilon_0 \cdot R_0^2}, \qquad B = \frac{\sigma \cdot M}{\upsilon_0^2 \cdot R_0}, \qquad C = \frac{4\pi \cdot \sigma \cdot R_0^2 \cdot \rho_{Halo}}{3 \cdot \upsilon_0^2} = \frac{4\pi \cdot \sigma^2 \cdot R_0^2 \cdot \rho_{tr\,Halo}}{3 \cdot \upsilon_0^2}$$

$$D = \frac{3 \cdot \sigma \cdot M \cdot (\mu_m / m) \cdot (\mu_M / M)}{R_0^3 \cdot \upsilon_0^2}$$

$$\upsilon_0 = 1\,km/\sec = 10^5\,cm/\sec \quad R_0 = 1\,kpc = 3{,}0869611 \cdot 10^{21}\,cm \qquad (D.17f)$$

zunächst mit C=0 (ohne Halo) und D=0 (Massen m ohne gravitomagnetisches Moment μ_m) ein, so erhält man für die Rotation der Andromeda die Darstellung der Abbildung D8. Sie stellt mit den Annahmen von Kapitel D3 (gesamte schwere Masse M mit einem zeitlich konstanten und bei r=0 konzentrierten gravitomagnetischen Moment μ_M im Zentrum der Galaxie) nur eine **erste Näherung** für die Rotationsgeschwindigkeit der Andromedagalaxie in Abhängigkeit vom Radius dar.

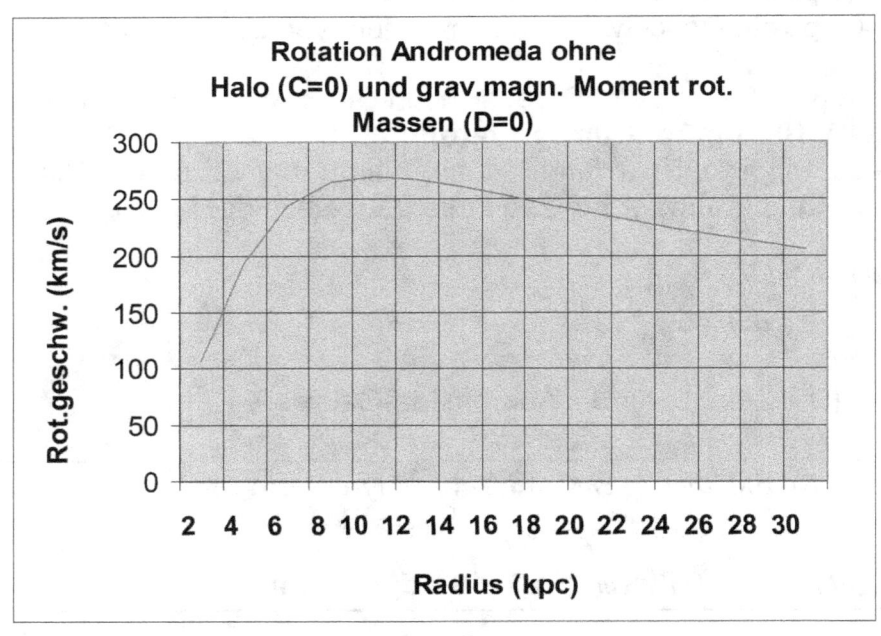

Abb. D8

Berücksichtigt man den zusätzlichen Einfluss der Halomasse auf die Rotationsgeschwindigkeit der Andromeda (Parameter C), so erhält man z.B. mit der Halodichte von 10^{-25} g/cm^3 die Darstellung der Abbildung 8a. Diese Darstellung zeigt, dass bei Berücksichtigung der Halomasse die Rotationskurve bei großen Radien nicht absinkt, wie übrigens auch bei anderen Scheibengalaxien beobachtet wurde.

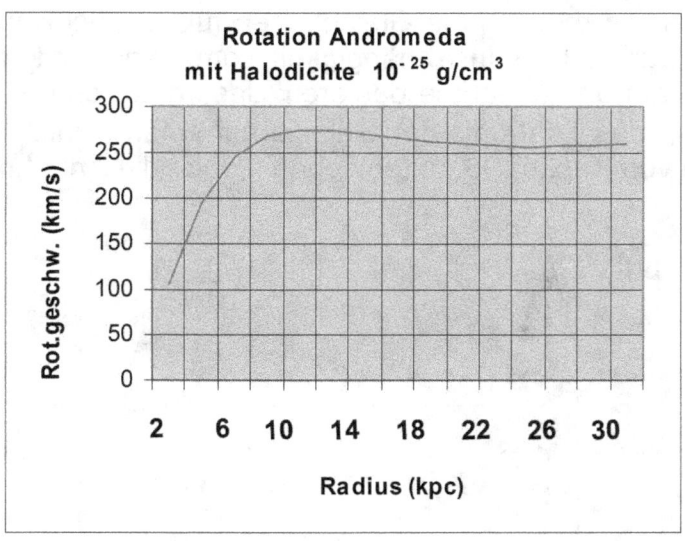

Abb. D8a

Eine weitere Näherung für Andromeda erhält man unter Verwendung des Ausdrucks von (D.17d) von Kapitel D3 für den Parameter D für das gravitomagnetische Moment der rotierenden Massen:

$$D = \frac{3 \cdot \sigma \cdot M \cdot (\mu_m/m) \cdot (\mu_M/M)}{R_0^3 \cdot v_0^2} = \frac{3 \cdot \sigma \cdot \mu_M^2}{M \cdot R_0^3 \cdot v_0^2} \cdot \gamma \qquad (D.17d)$$

$$wobei \quad \gamma = (\mu_m/m)/(\mu_M/M) \qquad (D.17e)$$

Hier bedeutet γ das Verhältnis der spezifischen gravitomagnetischen Momente der Masse m und der Zentralmasse M. Bei entsprechender Wahl des Parameters γ erhält man die Abbildung D8b, in der der Parameter γ Werte von 0 bis $3 \cdot 10^{-8}$ durchläuft.

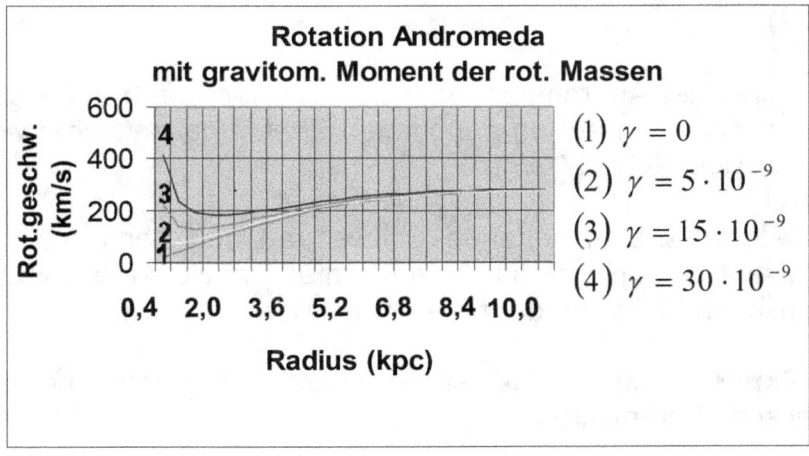

Abb. D8b

Ein Vergleich der Graphik D8b mit Abb. D7 lässt die Annahme zu, dass unterhalb von r=2kpc Massen mit einem spezifischen gravitomagnetischen Moment μ_m/m rotieren, das zwar klein gegenüber dem spezifischen gravitomagnetischen Moment μ_M/M des Zentrums ist, doch - wie ersichtlich - zu einer Anhebung der Rotationskurve führt.

Bei sehr kleinen Radien müssen die Gleichungen für das Schwerkraftfeld G und für das Schwerkraft-Magnetfeld X in Abhängigkeit vom Radius r korrigiert werden, da diese Gleichungen auf der Annahme basieren, dass das Zentrum Kugelform besitzt und das Moment μ_M des Zentrums der Galaxie auf einen Punkt bei r=0 konzentriert ist. Die Ergebnisse von Kapitel D8, unten, legen jedoch die Annahme nahe,

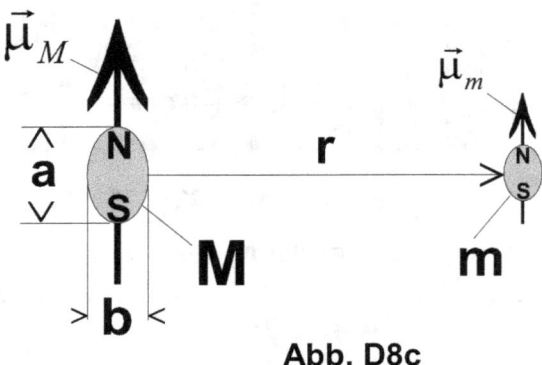

Abb. D8c

dass der Zentralkörper der Schwere M die Form eines Rotationsellipsoides hat, das um seine Längsachse rotiert (vgl. Abb. D8c mit Abb. D11 von Kap. D8). Für einen solchen Körper gilt in seiner unmittelbaren Nachbarschaft nicht mehr das Abstandsgesetz der Schwerkraft $F_m = Mm/r^2$. Außerdem lassen sich über das Schwerkraft-Magnetfeld X in der Umgebung des Rotationsellipsoides in Abhängigkeit von r nur schwer Angaben machen (Glchg. (D.8a) gilt nur für r >> a, b). Eine Bestimmung der Rotationsgeschwindigkeiten in Abhängigkeit von r in der unmittelbaren Umgebung des Zentralkörpers ist daher wegen fehlender Daten unmöglich.

Bei großen Massen, die sich vermutlich in der Nähe des Zentrums befinden, muss ferner mit einer **reduzierten Trägheit** und daher mit einer Verringerung der Zentrifugalkraft und somit größeren Rotationsgeschwindigkeiten gerechnet werden (vgl. Kap. B4.2).

Die Rotationskurve der Andromeda lässt sich demnach grob in 3 Bereiche einteilen, in denen neben der nach außen gerichteten Zentrifugalkraft überwiegend folgende Kräfte herrschen (vgl. Abb. D7):

Bereich I (r<2kpc): Die anziehende Schwerkraft des Zentrums, die abstoßende gravitomagnetische Lorentzkraft und die anziehende Kraft auf die gravitomagnetischen Momente der rotierenden Massen.

Bereich II (2kpc<r<10kpc): Die anziehende Schwerkraft und die abstoßende gravitomagnetische Lorentzkraft.

Bereich III (r>10kpc): Die anziehende Schwerkraft von Zentrum und Halo

Gravitodynamik

Der oberhalb von etwa 20 kpc gemessene flache Verlauf der Kurve nach Abb. D7 kann auf den Einfluss des Halo zurückgeführt werden, wie die Abbildung D8a zeigt. Im Allgemeinen kann davon ausgegangen werden, dass bei Scheibengalaxien die Rotationskurve bei großen Radien sowohl einen flachen als auch einen steigenden oder fallenden Verlauf haben kann, je nachdem wie groß die Dichte des Halo und seine Abhängigkeit vom Radius ist. Neben Gas und Staub im Halo müssen wahrscheinlich auch **Neutrinos** mit ihrer hohen spezifischen Schwere berücksichtigt werden (vgl. Kapitel E2).

Um das gravitomagnetische Moment μ_M des Zentrums der Andromedagalaxie zu veranschaulichen, soll z.B. angenommen werden, dass das gravitomagnetische Moment μ_M allein durch die Rotation der Zentralmasse M verursacht worden ist – analog zum elektromagnetischen Moment einer rotierenden Ladung. Ist dabei die schwere Masse M auf einem rotierenden Ring gleichmäßig verteilt, wie die Abbildung B5b von Kapitel B2.5 zeigt, so ergibt sich nach (B.69g) von Kapitel B2.5 für das

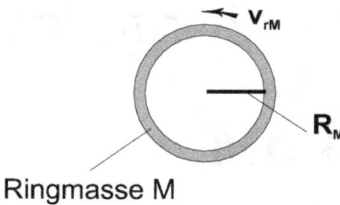

Abb. B 5b

gravitomagnetische Moment μ_M des Zentrums (Schwere Masse M des Ringes mit dem Radius R_M, Umfangsgeschwindigkeit v_{rM}; der Einheitsvektor e_F zeigt vom Betrachter weg!):

$$\vec{\mu}_M = \frac{M \cdot v_{rM}}{2\pi R_M c} \cdot \pi \cdot R_M^2 \cdot \vec{e}_F = \frac{M \cdot v_{rM} \cdot R_M}{2 \cdot c} \cdot \vec{e}_F \qquad (B.69g)$$

Setzt man nun die Werte für μ_M und M aus (D.35a) und (D.35b) in (B.69g) ein, so ergibt sich für den „äquivalenten" Radius R_M der Zentralmasse der Andromedagalaxie:

$$\boxed{\begin{array}{l} R_M = 2\dfrac{\mu_M}{M}\left(\dfrac{c}{v_{rM}}\right) = \dfrac{2 \cdot 2{,}99 \cdot 10^{66}}{1{,}743 \cdot 10^{41}}\left(\dfrac{c}{v_{rM}}\right)cm = 3{,}43 \cdot 10^{25} \cdot \left(\dfrac{c}{v_{rM}}\right)cm \\[2ex] R_M = 1{,}111 \cdot 10^4 \cdot \left(\dfrac{c}{v_{rM}}\right)kpc \qquad 1kpc = 3{,}087 \cdot 10^{21}\,cm \end{array}} \qquad (D.37a)$$

Das ist für R_M ein viel zu hoher Wert, der sich allein aus der Rotation von Massen mit Rotationsgeschwindigkeiten v_{rM}, die klein gegenüber der Lichtgeschwindigkeit c sind, nicht erklären lässt. Außer der Möglichkeit der Verstärkung etwa ähnlich der des Elektromagnetfeldes einer stromdurchflossenen Spule durch einen Weicheisenkern (Ferromagnetismus) – vermutlich durch einen „gravitomagnetischen Spin" der dicht gepackten Elementarteilchen des Zentrums verursacht (s. auch Kap. D3) - kann eine hohe Rotationsgeschwindigkeit der Zentralmasse nahe der Lichtgeschwindigkeit eine Rolle spielen, wie im folgenden Kapitel näher erläutert wird.

D7 Schwerkraft- und Gravitomagnetfeld schnell rotierender Galaxienzentren

Da die Zentralmasse M von Galaxien i. a. groß ist, trifft eine kleinere Masse dM, die aus großer Entfernung in das Zentrum hineingezogen wird und dabei nach Abbildung D4 von Kapitel D2 den Drehimpuls vergrößert, mit einer tangentialen Geschwindigkeitskomponente von näherungsweise Lichtgeschwindigkeit auf die Zentralmasse und rotiert dann mit nahezu Lichtgeschwindigkeit. In diesem Fall muss das Schwerkraftfeld dG_m und das Gravitomagnetfeld dX_m der Teilmasse dM des Zentrums für den Aufpunkt P im Abstand r nach Gleichung (B.150) von Kap. B5.1 berechnet werden. Im Wesentlichen liefern in dieser Gleichung nur die Massen einen Beitrag, deren Radien r in etwa senkrecht zur Rotationsgeschwindigkeit v stehen (s. Abb. D10).

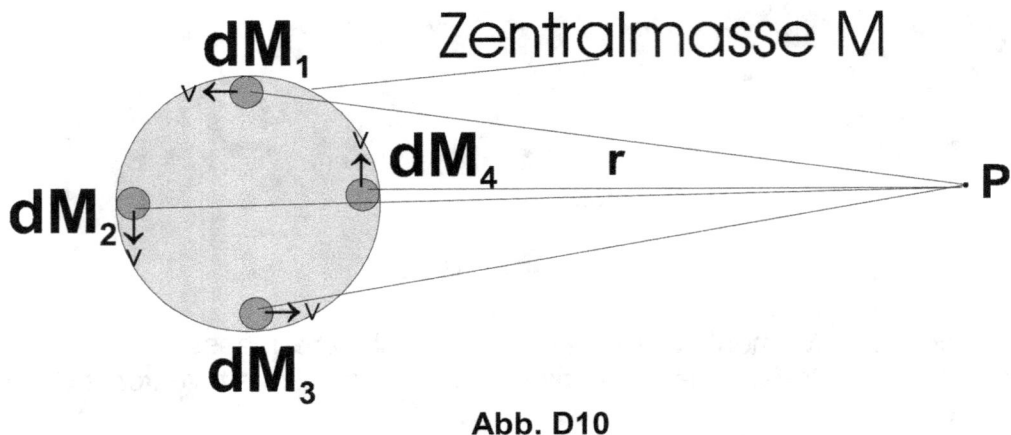

Abb. D10

Das sind die Massen dM_2 und dM_4. Deren Anteil zum Feld G und X beträgt nach (B.152b) von Kap. B5.1:

$$dG_m = \frac{dM}{r^2 \cdot \sqrt{1-(v/c)^2}} \quad , \quad dX_m = \frac{v}{c} \cdot dG_m = \frac{v \cdot dM}{c \cdot r^2 \cdot \sqrt{1-(v/c)^2}} \qquad (D.38)$$

Die Massen dM_1 und dM_3 dagegen, deren Radien bei weit entferntem Punkt P parallel zu v sind, liefern nach Gleichung (B.152a) nur einen geringen Beitrag (im Falle v/c nahezu gleich 1).

Wie ersichtlich, können die Teilfelder dG_m und dX_m für Geschwindigkeiten mit nahezu Lichtgeschwindigkeit nach Gleichung (D.38) wegen des Lorentzfaktors

$$\frac{1}{\sqrt{1-(v/c)^2}}$$

eine beachtliche Größe annehmen. Nach (D.38) wären dann die Zentralmasse und das gravitomagnetische Moment nur scheinbar so groß - d.h. aus relativistischen Gründen. Voraussetzung dieser Überlegungen ist jedoch eine entsprechend hohe

Dichte der rotierenden Zentralmasse, so dass sie von der Fliehkraft nicht auseinander gerissen wird (vgl. auch das folgende Kapitel).

D8 Der gravitomagnetische Mechanismus der Quasare und der Jets

Eine Besonderheit der gravitomagnetischen Lorentzkraft im Innern von Rotationskörpern hoher Dichte, bei denen die Zentrifugalkraft selbst bei hohen Drehzahlen gegenüber der Schwerkraft zu vernachlässigen ist, führt auf folgendes Phänomen:

Da diese Körper trotz starker Rotation wegen ihrer hohen Dichte ohne die gravitomagnetische Lorentzkraft F_L nahezu Kugelform haben, nehmen sie allerdings durch eine entsprechend große Lorentzkraft etwa die Form eines Ellipsoids an, wie die Abbildung D11 zeigt. Denn die Lorentzkraft F_L ist immer - unabhängig von der Drehrichtung und der Schwerepolarität m des rotierenden Körpers – im Innern der Rotationskörper mit ihrer **radialen** Komponente auf die Rotationsachse hin gerichtet. Die Lorentzkraft erhöht daher den radialen Druck auf das Zentrum. Insbesondere besitzt die gravitomagnetische Lorentzkraft F_L eine **axiale** Komponente, die vom Zentrum in Richtung auf die Pole zeigt. Da auch an den Polen und über ihnen bis weit in den Raum hinein eine **axiale** Komponente der Lorentzkraft F_L vorhanden ist, kann aus Nord- und Südpol Materie in Form von **Jets** ausgestoßen werden. Bei analogen Vorgängen der Elektrodynamik gilt genau das Gegenteil: Im Falle eines rotierenden elektrisch geladenen Körpers mit Ladungen gleicher Polarität und homogener Dichte ist die radiale Komponente der elektrodynamischen

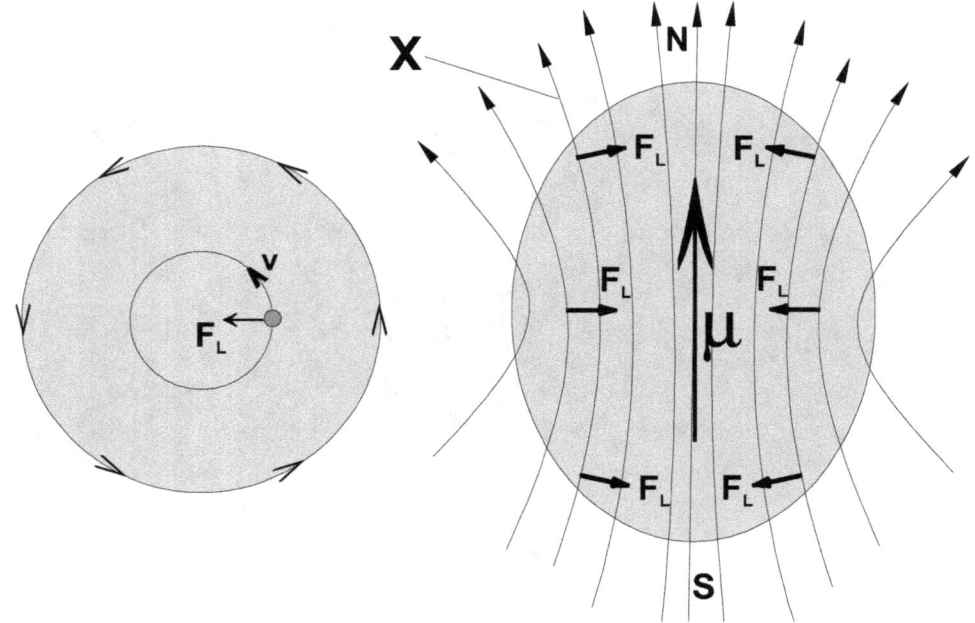

Abb. D11
Rotationskörper hoher Dichte mit gravitomagnetischem Moment µ . Links: Querschnitt senkrecht zur Rotationsachse mit Blickrichtung von S nach N.

Lorentzkraft von der Achse weg nach außen und die axiale auf das Zentrum hin gerichtet. Das gravitomagnetische X-Feld fokussiert durch die **radiale** Komponente der gravitomagnetischen Lorentzkraft F_L über Nord und Südpol die Jets, die über den Polen wegen der **axialen** Komponente von F_L weiter beschleunigt werden. Die Beschleunigung ist besonders groß, wenn die große Achse des Rotationskörpers in Nord-Süd-Richtung relativ zum Durchmesser sehr lang ist, so dass an den Polen nur eine geringe Schwerkraft gegenüber der axialen Komponente der Lorentzkraft herrscht und damit die Jetmaterie die Pole leichter verlassen kann (vgl. Abb. B5d von Kap. B2.5).

Durch den Abfluss der Jetmaterie von den Polen und durch äquatorialen Massenzufluss (Akkretion) strömt zum Ausgleich bei großer gravitomagnetischer Feldstärke und entsprechend großer radialer und axialer Lorentzkraft im Innern des Rotationskörpers heiße Materie des Zentrums zu den Polen und heizt diese auf, so dass die Pole eine enorme Leuchtkraft erhalten – wie bei **Quasaren** beobachtet.

Große gravitomagnetische Feldstärken entstehen beim Kollaps eines massereichen Sterns etwa zu einem **Neutronenstern** dadurch, dass durch die Zunahme der Rotation des kollabierenden Sterns (Drehimpulserhaltung) auch die Schwerkraftmagnetfeldstärke X zunimmt. Nach Gleichung (B.34) (Induktionsgesetz) sorgt dann der Rotor der Schwerkraftfeldstärke G nicht nur für eine zusätzliche Zunahme der Rotation des Neutronensterns sondern auch für einen Drall ("Spin") der Neutronen, die wiederum die Schwerkraft-Magnetfeldstärke erhöhen.

Die Jetmaterie über den Polen bewegt sich wegen der gravitomagnetischen Lorentzkraft F_L auf schraubenförmigen Bahnen um die X-Feldlinien. Dabei wird von der Jetmaterie gravitomagnetische Synchrotronstrahlung (vgl. Kap.B4.5.2) und wegen der unterschiedlich hohen Geschwindigkeiten von Elektronen und Protonen hauptsächlich von den Elektronen des Jetplasmas elektromagnetische Synchrotronstrahlung ausgesandt. Die Leistung L der elektromagnetischen Synchrotronstrahlung berechnet sich z. B. im Falle von Teilchengeschwindigkeiten v<<c laut Elektrodynamik zu (cgs-System):

$$L = \frac{2 \cdot q^2 \cdot \dot{v}^2}{3 \cdot c^3} \qquad \dot{v} = Beschleunigung\ der\ elektrischen\ Ladung\ q \qquad (D.39)$$

Setzt man nun für die Beschleunigung nach (B.30a)

$$|\dot{v}| = \frac{F_L}{m_{tr}} = \frac{m}{m_{tr}} \cdot \left|\left(\frac{\vec{v}}{c} \times \vec{X}\right)\right| \qquad F_L = gravitomagnetische\ Lorentzkraft \qquad (D.40)$$

$$m_{tr} = träge\ Masse$$

so erhält man für die Synchrotronstrahlungsleistung L:

$$L = \frac{2 \cdot q^2 \cdot \sigma_m^2}{3 \cdot c^3} \left(\frac{\vec{v}}{c} \times \vec{X}\right)^2 \qquad mit\ der\ spezifischen\ Schwere\ \sigma_m = \frac{m}{m_{tr}} \qquad (vgl.\ (B.136a))$$

oder unter Benutzung der Komponente $v_\perp$ von v senkrecht zu X:

$$L = \frac{2 \cdot \sigma_m^2}{3 \cdot c^5} \cdot q^2 \cdot v_\perp^2 \cdot X^2 \qquad (D.41)$$

In diese Gleichung sind für $v_\perp$ bzw. q im Falle eines Wasserstoffplasmas die Geschwindigkeit und Ladung der Elektronen bzw. der Protonen einzusetzen. Da die Elektronen die absolut gleiche Ladung q und die gleiche spezifische Schwere σ_m aber eine größere Geschwindigkeit v besitzen wie die Protonen, ist hauptsächlich mit einer elektromagnetischen Synchrotronstrahlung der Elektronen zu rechnen.

Die Synchrotron-Kreisfrequenz ω berechnet sich mit Hilfe der Kreisbeschleunigung der schraubenförmigen Bahnen mit dem Radius r nach (B.30a) zu ($v_\perp$ = Komponente von v senkrecht zu X):

$$F_L = m_{tr} \cdot \dot{v}_\perp = m_{tr} \cdot \omega^2 r = m \cdot \frac{v_\perp}{c} \cdot X \qquad \omega = Synchrotron-Kreisfrequenz \qquad (D.42)$$

Nun gilt für die Kreisfrequenz schraubenförmiger Bahnen:

$$\omega \cdot r = v_\perp \qquad (D.43)$$

Einsetzen von (D.43) in (D.42) liefert die Synchrotron-Kreisfrequenz:

$$\omega^2 r = \frac{m}{m_{tr}} \cdot \frac{\omega \cdot r}{c} \cdot X \qquad d.h.: \quad \omega = \frac{\sigma_m}{c} \cdot X \qquad (D.44)$$

Da die spezifische Schwere σ_m für Elektronen und Protonen gleich ist, strahlen beide elektromagnetisch wegen (D.44) im Falle v<<c unabhängig von ihrer Geschwindigkeit mit einer nur von X abhängigen Frequenz, jedoch nach (D.41) wegen unterschiedlicher Geschwindigkeiten mit unterschiedlicher Leistung.

Neben dieser elektromagnetischen Synchrotronstrahlung, die allein auf die Wirkung des Schwerkraftmagnetfeldes X zurückzuführen ist, findet – wie oben erwähnt – auch ein Zufluss an Energie durch die gravitomagnetische Synchrotronstrahlung in Richtung auf das Jetplasma statt. Die Größenordnung dieses Energiezuflusses aus dem umgebenden Vakuum („aus dem Nichts") ist allerdings schwer anzugeben.

D9 Gravitomagnetische Mechanismen der Pulsare

Man kann sich einen Pulsar auch als einen rotierenden Körper vorstellen, dessen Rotationsachse (= Drehimpulsachse) eine Präzessionsbewegung ausführt, die durch ein Drehmoment N zustande kommt, das ein Gravitomagnetfeld X_1 auf den Pulsar mit dem gravitomagnetischen Moment μ_2 ausübt (s. Abbildung D12a, rechts).

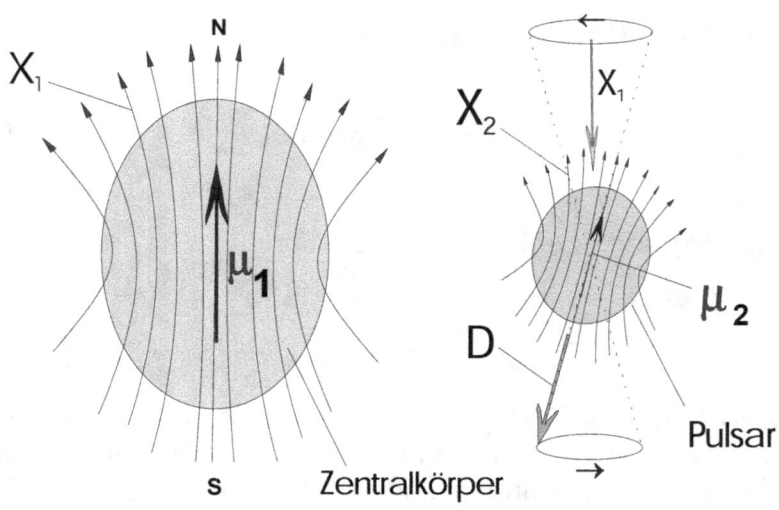

Abb. D12a

Gravitodynamik

Wegen seiner großen Dichte kann der Pulsar im Falle eines hohen gravitomagnetischen Moments Jets besitzen und nach dem gleichen Mechanismus elektromagnetische Synchrotronstrahlung aussenden, wie im vorhergehenden Kapitel D8 beschrieben.

Das Gravitomagnetfeld X_1 kann von einem **Zentralkörper** (Abb. D12a, links) mit dem gravitomagnetischen Moment μ_1 stammen, den der Pulsar als „Planet" umkreist. Die entgegengesetzte Richtung des Drehimpulses D und des gravitomagnetischen Momentes μ_2 geht aus (B.69g) und Abb. B5b (Kap B2.5) hervor.

Es ist aber auch möglich, dass das Drehmoment N von einer **Akkretionsscheibe** schwerer Massen verursacht wird, in deren Zentrum sich der ellipsoidförmige Pulsar befindet. Bei schiefer Achslage des Pulsars relativ zur Rotationsachse der Scheibe können Kräfte F ein Drehmoment auf den Pulsar ausüben (s. Abb. D12b).

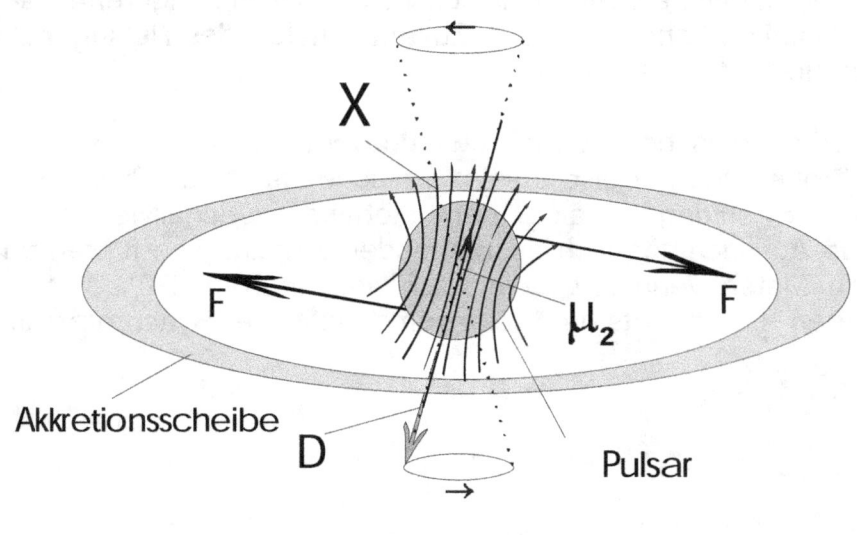

Abb. D12b

Für die Kreisfrequenz ω_P der **Präzession** gilt (vgl. Mechanik):

$$\omega_P = \frac{N}{D} = \frac{N}{\Theta \cdot \omega} \quad \text{mit } D = Drehimpuls \quad N = Drehmoment \quad (D.45)$$

$\omega = Kreisfrequenz\ der\ Pulsarrotation\ (\omega > 0\,!)\ und\ \Theta = Trägheitsmoment\ des\ Pulsars$

wobei im Falle von Abb. D12a nach (B.69h) von Kap. B2.5 gilt:

$$N = \left|\vec{\mu}_2 \times \vec{X}_1\right| = \mu_2 \cdot X_1 \cdot \sin \psi \quad (D.46)$$

$\psi = halber\ Öffnungwinkel\ des\ Präzessionskegels$
$\quad = Winkel\ zwischen\ D\ und\ X_1$
$X_1 = gravitomagnetische\ Feldstärke\ am\ Ort\ des\ Pulsars$

Unter N ist das Drehmoment zu verstehen, dass das Gravitomagnetfeld X1 bzw. die Akkretionsscheibe auf den Pulsar mit seinem Drehimpuls D ausübt. Nach Gleichung (D.45) ist die Kreisfrequenz ω_P der Pulsperiode umso größer (**Millisekundenpulsar**) je kleiner das Trägheitsmoment θ – d.h. je kleiner bzw. langgestreckter der Pulsar – und je kleiner seine Rotationskreisfrequenz ω ist.

Durch äquatorialen Massenzufluß (**Akkretion**) von Gas und Staub, die um den Pulsar als Scheibe rotieren, vergrößert der Pulsar mit der Zeit seinen Drehimpuls D. Diese Vergrößerung von D führt nach Gleichung (D.45) zu einer Verringerung von ω_P, d.h. zu einer Vergrößerung der Pulsperiodendauer des Pulsars. Der Öffnungswinkel 2ψ des Präzessionskegels bleibt bei diesem Vorgang allerdings konstant, so dass die Richtung der auf die Erde abgestrahlten elektromagnetischen Synchrotronstrahlung immer erhalten bleibt.

Als Mechanismus der Pulsare ist aber auch vorstellbar, dass der Pulsar ohne den Einfluss eines Gravitomagnetfeldes X1 eine **Nutation** ausführt. Hierbei rotiert die Figurenachse (= Längsachse) des Pulsars mit der Nutationskreisfrequenz ω_N um seine im Raum unveränderliche Drehimpulsachse, die mit der Figurenachse einen Winkel bildet. Die Nutation kann durch den Zusammenstoß des Pulsars mit einem schweren Körper verursacht worden sein.

Denkbar sind ferner periodische **Dichteschwankungen** im Innern des um seine raumfeste Achse rotierenden Pulsars als Ursache für die Pulsationen der elektromagnetischen Strahlung, analog den stehenden Schallwellen in einer Orgelpfeife. Diese in Achsrichtung sich ausbreitenden Schallwellen führen an Nord- und Südpol zu Materieverlusten, die nach dem in Kap. D8 beschriebenen Mechanismus an den Polen Jets und elektromagnetische Synchrotronstrahlung erzeugen.

Gravitodynamik

D10 Der Reduktionsfaktor der trägen Masse, der Virialsatz und die „Dunkle Materie" von Galaxienhaufen

Man betrachte die folgende Abbildung D13, auf der zwei unterschiedlich große elektrisch neutrale Massen M_1 und M_2 zu sehen sind, die sich aufgrund ihrer

Abb. D13

Schwerkräfte gegenseitig mit der Kraft F anziehen.
Nach (B.127) und (B.130) von Kapitel B 4.2 gilt für die Beschleunigung, die beide Massen durch die Anziehung erfahren, allgemein:

$$\vec{a}_1 = \frac{d\vec{v}_1}{dt} = \frac{\vec{F}}{M_{tr1} \cdot \eta_1} \quad und \quad \vec{a}_2 = \frac{d\vec{v}_2}{dt} = \frac{\vec{F}}{M_{tr2} \cdot \eta_2} \qquad (B127)$$

wobei die Trägheitsreduktionsfaktoren η_1 und η_2 für beide Massen

$$\eta_1 = 1 + \frac{M_{Sgr1}}{M_{tr1}} \quad und \quad \eta_2 = 1 + \frac{M_{Sgr2}}{M_{tr2}} \quad mit \quad M_{Sgr1} \leq 0 \quad M_{Sgr2} \leq 0$$

wegen der negativen Werte von M_{Sgr1} und M_{Sgr2} kleiner als 1 sind („negative Feldträgheit" M_{Sgr} in g). Bei großen absoluten Werten von M_{Sgr1} und M_{Sgr2} können die Beschleunigungen a_1 und a_2 in (B.127) unerwartet hohe Beträge annehmen, so dass ein Beobachter den Eindruck gewinnt, eine zusätzliche Schwerkraft („Dunkle Materie") würde wirksam sein.

Wenn ferner z. B. beide Massen die gleiche Schwere ($M_1=M_2$) und die gleiche träge Masse ($M_{tr1}=M_{tr2}$) aber sehr unterschiedliche reduzierte träge Massen besitzen, kann der Körper mit der größeren reduzierten trägen Masse nahezu ruhen und der andere mit der kleineren reduzierten trägen Masse um ersteren rotieren (z.B. ein Neutronenstern um einen normalen Stern – beide von der gleichen trägen Masse, z.B. 1 Sonnenmasse, aber mit sehr unterschiedlichem Radius und Dichte).

Nach den Gleichungen (B.130) und (B.131) von Kapitel B 4.2 berechnen sich z.B. die η – Werte kugelförmiger Massen mit homogener Dichte ρ in Abhängigkeit von Radius R und ihrer trägen Massen M_{tr} zu:

$$\eta = 1 - \frac{4 \cdot \sigma^2}{5 \cdot c^2} \cdot \frac{M_{tr}}{R} \qquad (B.130)$$

$$mit \quad \sigma = \frac{m}{m_{tr}} = 2{,}584 \cdot 10^{-4} \, dyn^{1/2} \cdot cm/g \quad (= \text{spezifische Schwere, vgl. Kapitel B4.4})$$

bzw. in Abhängigkeit von Radius R und der Dichte ρ zu:

$$\eta = 1 - \frac{4 \cdot \sigma^2}{5 \cdot c^2} \cdot \frac{4\pi \cdot \rho \cdot R^2}{3} = 1 - \frac{16 \cdot \pi \cdot \sigma^2 \cdot \rho \cdot R^2}{15 \cdot c^2} \qquad (B.131)$$

wegen

$$M_{tr} = \frac{4\pi \cdot \rho \cdot R^3}{3} \qquad \rho = \frac{M_{tr}}{V} = \text{Dichte der trägen Masse } M_{tr}$$

Auf den folgenden Graphiken sind die nach (B.130) und (B.131) berechneten η – Werte kugelförmiger Massen dargestellt. Abbildung D 14 zeigt η in Abhängigkeit der trägen Masse M_{tr} als Vielfaches n der Sonnenmasse und des Radius R der Masse (interessant für schwere Massen in den **Zentren von Galaxien**).

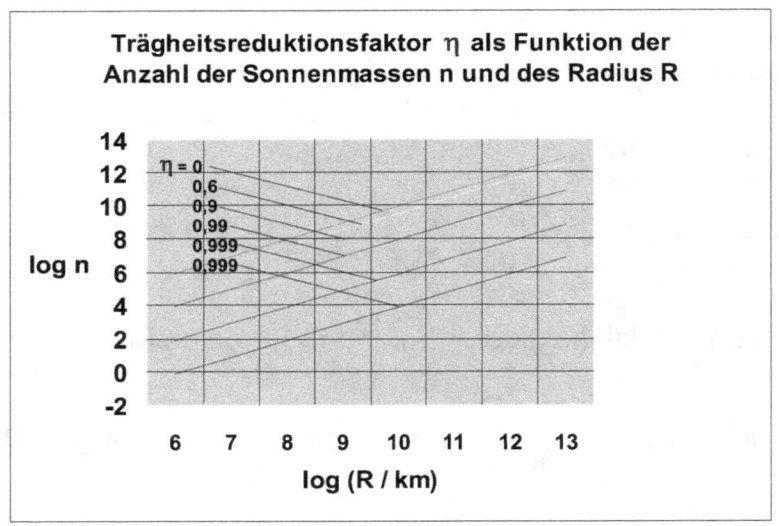

Abb. D14

Abbildung D 15 zeigt η in Abhängigkeit der Dichte ρ und des Radius R der Masse. Diese Darstellung ist für die Anwendung auf große Gaswolken geringer Dichte (z. B. **Hochgeschwindigkeitswolken**) interessant.

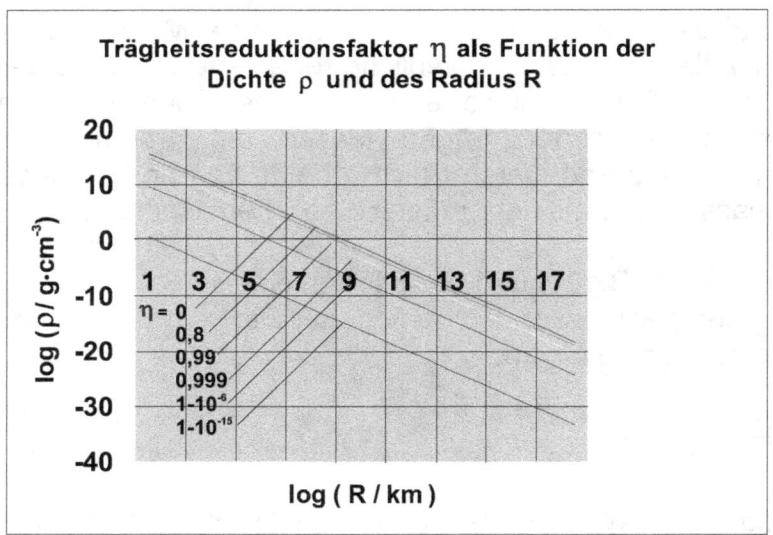

Abb. D15

Gravitodynamik

Oberhalb der Grenzkurve für $\eta=0$ ist nach den Aufführungen von Kapitel B 4.2 keine Existenz von Massen möglich, da hier nach (B.130) und (B.131) die gesamte reduzierte träge Masse verschwindet.

Interessant ist auch der Trägheitsreduktionsfaktor η für eine kugelförmige Masse der Schwere M mit dem Schwarzschildradius R_S:

$$R_S = \frac{2 \cdot M \cdot \sigma}{c^2} = \frac{2 \cdot \sigma^2 \cdot M_{tr}}{c^2} \quad mit \; \sigma = \frac{M}{M_{tr}} \qquad (D.46a)$$

Setzt man diesen Radius in (D.130) ein, so erhält man für den Reduktionsfaktor:

$$\eta = 1 - \frac{4 \cdot \sigma^2}{5 \cdot c^2} \cdot \frac{M_{tr}}{R_S} = 1 - \frac{2}{5} = \frac{3}{5} = 0{,}6 \qquad (D.46b)$$

I. a. ist jedoch der Radius R einer großen Masse M_{tr} hoher Dichte („schwarzes Loch") kleiner als der Schwarzschildradius R_S, so dass der wahre Reduktionsfaktor η kleiner als 0,6 ist.

Eine weitere Besonderheit der Trägheitsreduktion liefert der Virialsatz für Galaxienhaufen in der Zeitmittel-Version. Er lautet allgemein für n Galaxien im Haufen unter Berücksichtigung der Trägheitsreduktion:

$$\boxed{\overline{E_{kin}} = \sum_{i=1}^{n} \frac{M_{tri} \cdot \eta_i \cdot v_i^2}{2} = -\frac{1}{2} \overline{\sum_{i=1}^{n} \vec{F}_i \cdot \vec{r}_i}} \qquad (D.46c)$$

Darin bedeuten:

$\overline{E_{kin}}$ = zeitliches Mittel der kinetischen Energie des Galaxienhaufens

$\vec{F}_i$ = Schwerkraft auf die i – te Galaxie des Haufens

$\vec{r}_i$ = Radiusvektor der i – ten Galaxie des Haufens

M_{tri} = **trägeMasse** der i – ten Galaxie des Haufens

η_i = **Trägheitsreduktionsfaktor** der i – ten Galaxie des Haufens < 1

v_i = Geschwindigkeit der i – ten Galaxie des Haufens

Aus den hohen Geschwindigkeiten v_i der Galaxien des Haufens und der Massenabschätzung für die träge Masse M_{tri} der einzelnen Galaxien des Haufens wird nun bekanntermaßen der Schluss gezogen, dass die Schwerkräfte F_i, die die Galaxien des Haufens aufeinander ausüben, zu klein sind, um den Haufen zusammenzuhalten, und daher eine „Dunkle Materie" im Haufen existieren muss. Nach (D.46c) können die Geschwindigkeiten v_i jedoch groß sein, wenn der Reduktionsfaktor η_i der trägen Massen M_{tri} entsprechend klein ist, ohne dass die F_i große Werte annehmen müssen. Möglich ist daher:

Ursache für die hohen beobachteten Geschwindigkeiten der Galaxien eines Haufens kann daher u. a. (s. Kap. E2: Neutrinos) die Verringerung der trägen Masse der Galaxien durch ihren Reduktionsfaktor sein.

D11 Die gravitomagnetische Induktion

Nach Kapitel B5.2 ist es äußerst unwahrscheinlich, auf experimentellem Weg über die gravitomagnetische Lorentzkraft die Existenz des Gravitomagnetfelds nachweisen zu können. Daher soll im Folgenden untersucht werden, ob es eine experimentelle Möglichkeit gibt, den Nachweis über die gravitomagnetische Induktion zu führen:

Abb. D16 zeigt einen Hohlzylinder, in den zwei Rohrspulen Sp_1 und Sp_2 von mehreren Windungen eingebracht sind. In den Röhren befindet sich eine Flüssigkeit, z.B. Wasser, das die Röhren durchströmen kann. Die Spule Sp_1 ist eine Primärspule, die Spule Sp_2 eine Sekundärspule - analog den Vorrichtungen der Elektrotechnik.

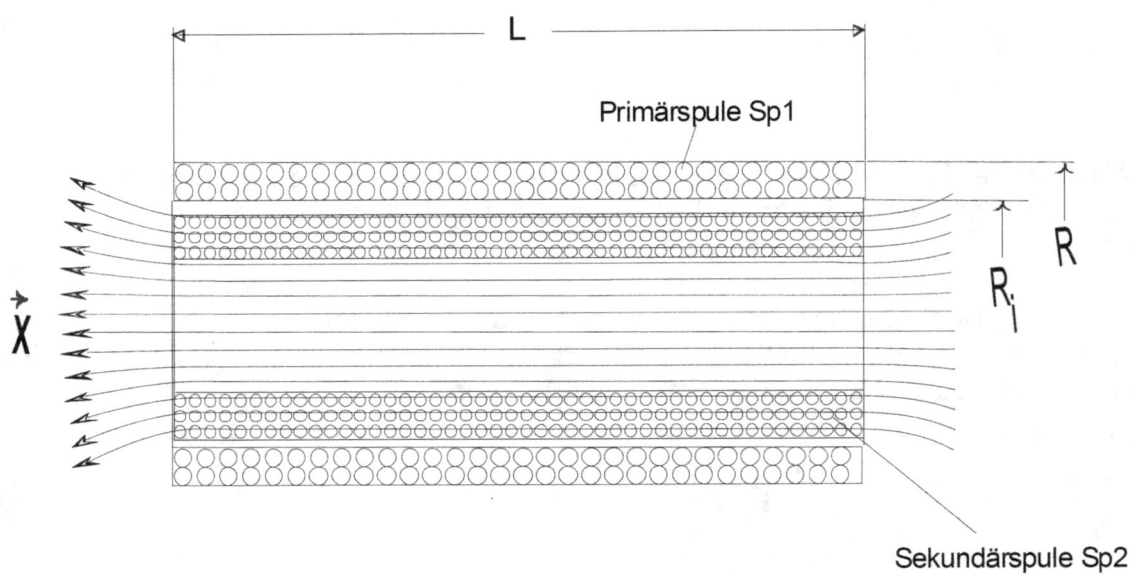

Abb. D16

Nach Gleichung (B.57) und (B.59) von Kapitel B2.3 gilt für die gravitomagnetische Feldstärke X im Innern der Primärspule Sp_1:

$$X = \frac{4\pi}{c} \cdot j \cdot \frac{(R - R_i) \cdot L}{L} = \frac{4\pi}{c} \cdot \frac{I_{Sp1} \cdot n_{Sp1}}{L} \tag{B.57}$$

wobei I_{Sp1} und n_{Sp1} der Schwerestrom bzw. die Rohrwindungszahl in der Primärspule Sp_1 sind. Für die Stromstärke I_{Sp1} ist die pro Sekunde durch die Röhre Sp_1 fließende schwere Flüssigkeitsmasse in $dyn^{1/2} \cdot cm/sec$ einzusetzen.

Nach (B.34) von Kapitel B2 erhält man bei Änderungen des Flüssigkeitsstroms in der Primärspule eine induktive Wirkung auf die Sekundärspule Sp_2. Es gilt mit (B.57):

$$rot\vec{G} = -\frac{1}{c} \cdot \frac{\partial \vec{X}}{\partial t} = -\frac{4\pi}{c^2} \cdot \frac{n_{Sp1}}{L} \cdot \frac{\partial I_{Sp1}}{\partial t} = -1{,}4 \cdot 10^{-20} \cdot \frac{n_{Sp1}}{L} \cdot \frac{\partial I_{Sp1}}{\partial t} \tag{D.47}$$

oder integriert mit A_2 als Querschnitt der Sekundärspule Sp_2:

Gravitodynamik

$$\int rot\vec{G} \cdot d\vec{A}_2 = -\frac{1}{c} \cdot \int \frac{\partial \vec{X}}{\partial t} d\vec{A}_2 = -\frac{4\pi}{c^2} \cdot \frac{n_{Sp1}}{L} \cdot \int \frac{\partial I_{Sp1}}{\partial t} dA_2 = -1{,}4 \cdot 10^{-20} \cdot \frac{n_{Sp1}}{L} \cdot \frac{\partial I_{Sp1}}{\partial t} A_2 \qquad (D.48)$$

Nun gilt nach Stokes für die an der Sekundärspule Sp$_2$ anliegende Gesamtspannung U der durch die Schwerestromänderung der Primärspule Sp$_1$ verursachte Umfangsfeldstärke G mit (D.48):

$$U = n_{Sp2} \cdot \oint \vec{G} \cdot d\vec{s} = n_{Sp2} \cdot \int rot\vec{G} \cdot d\vec{A}_2 = -1{,}4 \cdot 10^{-20} \cdot \frac{A_2}{L} \cdot n_{Sp1} \cdot n_{Sp2} \cdot \frac{\partial I_{Sp1}}{\partial t} \qquad (D.49)$$

wobei n$_{Sp2}$ die Windungeszahl der Sekundärspule Sp$_2$ ist. Nimmt man nun an, dass in der Primärspule Sp$_1$ zunächst ein konstanter Schwerestrom I$_{Sp1}$ fließt, der in der Zeit t mit konstanter Änderungsgeschwindigkeit auf Null gedrosselt wird, so erhält man aus (D.49):

$$U = 1{,}4 \cdot 10^{-20} \cdot \frac{A_2}{L} \cdot n_{Sp1} \cdot n_{Sp2} \cdot \frac{I_{Sp1}}{t} \qquad \frac{\partial I_{Sp1}}{\partial t} = -\frac{I_{Sp1}}{t} \qquad (D.50)$$

Setzt man z.B. für I$_{SP1}$ die in der Praxis z.B. bei **Pumpspeicherwerken** erreichbare Größenordnung 10^3 dyn$^{1/2}$·cm/sec (= 3,87 Tonnen Wasser / Sekunde) und für A$_2$/L die Größenordnung 10^3 cm (=1000m^2/100m) ein, so erhält man z.B. aus (D.50):

$$U = 1{,}4 \cdot 10^{-14} \cdot \frac{n_{Sp1} \cdot n_{Sp2}}{t} \; dyn^{1/2} \qquad (D.51)$$

Ist die Sekundärspule an den Enden verschlossen, so baut sich an einem Ende bei der Drosselung des Primärstromes ein Druck p auf, wobei (vgl. (B.14))

$$p = F/a_2 \qquad a_2 = Rohrquerschnitt\ der\ Sekundärspule \qquad (D.52)$$

mit der Kraft F auf die in der Sekundärwicklung befindlichen Masse m:

$$F = n_{Sp2} \cdot \oint G \cdot dm \qquad dm = \rho \cdot a_2 \cdot ds \qquad (D.52a)$$

$ds = Wegelement\ der\ Sekundärspule\ in\ Umfangsrichtung$

$\rho = Schweredichte\ in\ dyn^{1/2}/cm^2$

Damit erhält man für den Druck p (vgl. (D.49)):

$$p = \frac{n_{Sp2}}{a_2} \cdot \oint G \cdot \rho \cdot a_2 \cdot ds = \rho \cdot n_{Sp2} \cdot \oint G \cdot ds = \rho \cdot U \qquad (D.53)$$

Und mit (D.51) für Wasser in der Sekundärrohrspule:

$$p = \rho \cdot U = 2{,}584 \cdot 10^{-4} \cdot 1{,}4 \cdot 10^{-14} \cdot \frac{n_{Sp1} \cdot n_{Sp2}}{t} \; dyn/cm^2$$

(*Schweredichte* ρ *von Wasser* $= 2{,}584 \cdot 10^{-4} \, dyn^{1/2}/cm^2$)

d.h.:

$$p = 3{,}6 \cdot 10^{-18} \cdot \frac{n_{Sp1} \cdot n_{Sp2}}{t} \; dyn/cm^2 = 3{,}6 \cdot 10^{-19} \cdot \frac{n_{Sp1} \cdot n_{Sp2}}{t} \, Pa \qquad (D.54)$$

$$\left(1Pa = 1\frac{N}{m^2}, \quad 1N = 10^5 \, dyn \right)$$

Wie man an dem enorm kleinen Vorfaktor in (D.54) sieht, ist auch hier mit Hilfe der Induktion – selbst bei hohen Windungszahlen der Primär- und Sekundärrohrspule - wohl kaum ein Nachweis der Feldstärke X möglich.

D12 Die gravitomagnetische Lorentzkraft

Im Folgenden soll ferner in einem Vergleich von elektrodynamischer und gravitodynamischer Lorentzkraft F untersucht werden, ob es eine Möglichkeit gibt, den Nachweis der Feldstärke X experimentell zu führen (Abb. D17):

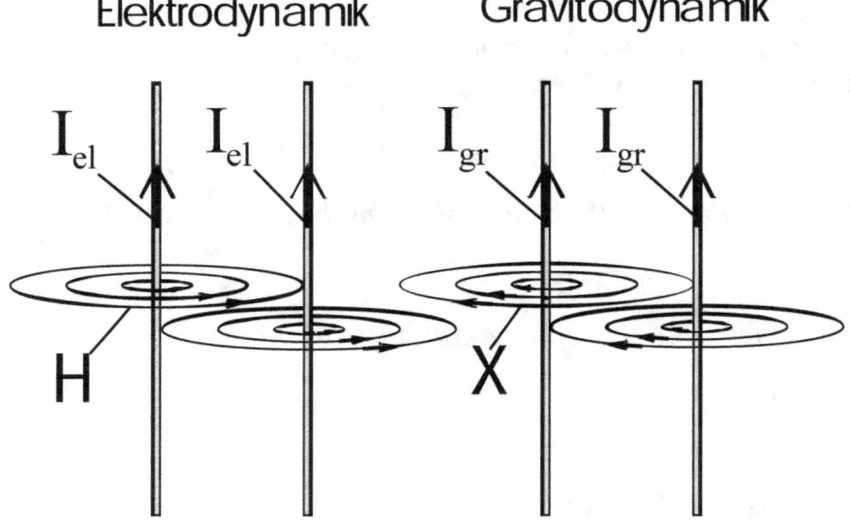

Abb. D17

Die Lorentzkräfte F/l, die zwei parallele mit Flüssigkeit durchströmte Rohre (Abb. D17, rechts) bzw. zwei elektrische Leiter (Abb. D17, links) pro l=1 cm Länge im Abstand von r=1 cm aufeinander ausüben, berechnen sich zu:

    a) Gravitodynamisch nach Gl. (B.30) (**cgs-System, Rohre abstoßend** bei gleichgerichteten Flüssigkeitsströmen):

Gravitodynamik

$$\frac{F_{gr}}{l} = j_{gr} \cdot A \cdot X/c = I_{gr} \cdot X/c \quad (\text{in dyn/cm}) \quad \text{mit} \quad I_{gr} = j_{gr} \cdot A \quad A = \text{Rohrquerschnitt}$$

wobei X sich aus (B.28) mit Hilfe des Stokesschen Satzes ergibt.

$$2 \cdot \pi \cdot r \cdot X = \frac{4 \cdot \pi}{c} I_{gr} \quad \text{d.h.:} \quad X = \frac{2 \cdot I_{gr}}{r \cdot c} \quad \text{und damit:}$$

$$\frac{F_{gr}}{l} = I_{gr} \cdot X/c = \frac{2 \cdot I_{gr}^2}{r \cdot c^2} = \frac{2}{9} \cdot 10^{-20} \cdot \frac{I_{gr}^2}{r} \qquad c = 3 \cdot 10^{10} \, \text{cm/s} \qquad (D.55)$$

b) **Elektrodynamisch (MKSA-System, Leiter anziehend** bei gleichgerichteten elektrischen Strömen):

$$\frac{F_{el}}{l} = \mu_0 \cdot j_{el} \cdot A_L \cdot H = \mu_0 \cdot I_{el} \cdot H \quad \mu_0 = 4 \cdot \pi \cdot 10^{-7} \, \text{Vs/Am} \quad A_L = \text{Leiterquerschnitt}$$

wobei sich H nach Oerstedt ergibt:

$$2 \cdot \pi \cdot r \cdot H = I_{el} \quad \text{d.h.:} \quad H = \frac{I_{el}}{2 \cdot \pi \cdot r} \quad \text{und damit:}$$

$$\frac{F_{el}}{l} = \mu_0 \cdot I_{el} \cdot H = \mu_0 \cdot \frac{I_{el}^2}{2 \cdot \pi \cdot r} = 2 \cdot 10^{-7} \cdot \frac{I_{el}^2}{r} \qquad (D.56)$$

Nach (D.56) ergibt sich für $I_{el} = 1$ A und r = 1cm = 0,01 m:

$$\frac{F_{el}}{l} = \mu_0 \cdot I_{el} \cdot H = \mu_0 \cdot \frac{I_{el}^2}{2 \cdot \pi \cdot r} = 2 \cdot 10^{-7} \cdot \frac{I_{el}^2}{r} \quad \left[(Vs/A \cdot m) \cdot (A^2/m) = VAs/m^2 = N/m\right]$$

$$\frac{F_{el}}{l} = \frac{2 \cdot 10^{-7}}{10^{-2}} = 2 \cdot 10^{-5} \, \text{N/m} = 2 \cdot 10^{-2} \, \text{dyn/cm} \qquad 1N = 10^5 \, \text{dyn}$$

Um die gleiche Kraft pro 1 cm Leiterlänge bei r=1cm Abstand der Rohre gravitodynamisch zu erzielen, muss nach (D.55) gelten:

$$\frac{F_{gr}}{l} = I_{gr} \cdot X/c = \frac{2 \cdot I_{gr}^2}{r \cdot c^2} = \frac{2}{9} \cdot 10^{-20} \cdot I_{gr}^2 = 2 \cdot 10^{-2} \, \text{dyn/cm}$$

daraus folgt:

$$I_{gr}^2 = 9 \cdot 10^{18} \, \text{dyn} \cdot \text{cm}^2/\text{s}^2 \quad \text{oder:} \, I_{gr} = 3 \cdot 10^9 \, \text{dyn}^{1/2} \cdot \text{cm/s} \qquad (D.57)$$

Nun ist die Schwere von 1 $\text{dyn}^{1/2}$.cm der trägen Masse von 3870 g zugeordnet, so dass dem Schwerestrom I_{gr} von (D.57) ein Massestrom I_{tr} von

$$I_{tr} = I_{gr} / \sigma_m = 3870 \cdot 3 \cdot 10^9 \, \left(g/(dyn^{1/2} \cdot cm)\right) \cdot dyn^{1/2} \cdot cm/s = 1{,}16 \cdot 10^{13} \, g/s = 1{,}16 \cdot 10^7 \, t/s$$

entspricht. Das ist ein enorm hoher Wert, der es unmöglich macht, das X-Feld mit irdischen Mitteln nachzuweisen.

Gravitodynamik

E Die Existenz bipolarer schwerer Massen

E1 Das Impuls- und Divergenzproblem der Schwerkraft bei der Paarerzeugung

a) Das Impulsproblem

Die reale Existenz von Massen mit negativer Schwere lässt sich aus der Paarerzeugung ableiten, s. Abb. E1a. Hier ist die durch ein Gammaquant erzeugte Materie und Antimaterie (z. B. Elektron und Positron) mit entgegengesetzter Ladungspolarität $q_1 = -q_2$ und mit den schweren Massen m_1 und m_2 gegenüber einer schweren Masse M mit der elektrischen Ladung Q dargestellt.

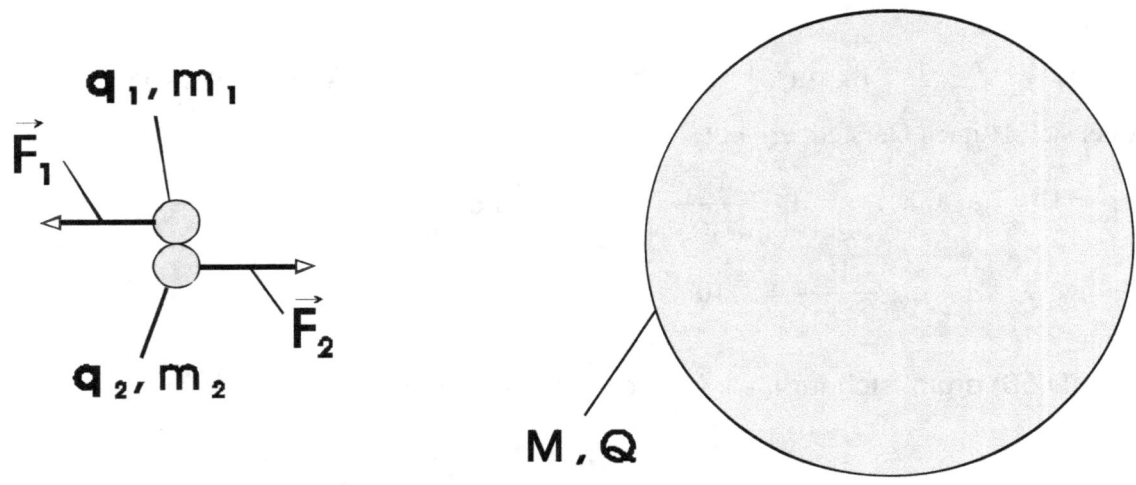

Abb. E1a

Das Schwerkraftfeld und das elektrische Feld von M bzw. Q seien bereits **zu Beginn der Paarerzeugung am Ort der Paarerzeugung** vorhanden. Dann wirken zu Beginn der Paarerzeugung das elektrische Feld von Q auf die Ladungen q_1 und q_2 und auch das Schwerkraftfeld von M auf die schweren Massen m_1 und m_2 ein, ohne dass Q bzw. M in diesem Zeitpunkt der Paarerzeugung eine Gegenkraft von den Ladungen q_1 und q_2 bzw. von den schweren Massen m_1 und m_2 erfährt, da die Felder des Teilchenpaares erst später an M bzw. Q eintreffen. Der Impulssatz fordert nun aber, dass zu **jedem Zeitpunkt** die Kraft von M bzw. Q auf das Teilchenpaar entgegengesetzt gleich der Kraft des Teilchenpaares auf M bzw. Q ist (actio = reactio). Da die Gegenkraft des Teilchenpaares auf M bzw. Q zum Zeitpunkt der Paarerzeugung fehlt, muss die **Gesamtkraft** von M bzw. Q auf das Teilchenpaar von Materie und Antimaterie Null sein, d. h. es gilt wegen des Impulserhaltungssatzes für die an den Paaren angreifenden Kräfte:

$$\vec{F}_1 = -\vec{F}_2 \quad \text{oder} \quad \vec{F}_1 + \vec{F}_2 = 0 \tag{E.1a}$$

Bei den elektrischen Ladungen ist wegen $q_1 = -q_2$ diese Bedingung erfüllt.

Das gleiche muss auch für die schweren Massen m_1 und m_2 gelten, damit der Impulssatz seine Gültigkeit behält. Es ist daher aus Gründen der Impulserhaltung unmöglich, dass Materie und Antimaterie bei der Paarerzeugung mit **monopolarer Schwere** entstehen, da in diesem Falle die Summe der Schwerkräfte von M auf

Gravitodynamik

beide Massen nicht verschwindet und die dazugehörige Gegenkraft auf M fehlt. Materie und Antimaterie müssen also in Hinblick auf die Schwere unterschiedliche Polaritäten wie ihre elektrischen Ladungen besitzen, d. h. es muss analog zu den elektrischen Ladungen bei der Paarerzeugung gelten:

$m_1 = -m_2$ oder $m_1 + m_2 = 0$ (E.1b)

Daraus resultiert aber bereits die Schwerkrafteigenschaft der Antimaterie: Denn wenn normale Materie von normaler Materie angezogen wird, muss folgerichtig die Antimaterie von normaler Materie abgestoßen werden, wie das auf der folgenden Abbildung E1b zum Ausdruck kommt (identisch mit Abb. A2 des Kapitels A3), wobei hier der Materie eine positive und der Antimaterie eine negative schwere Masse zugeordnet worden ist. Die träge Masse kann also eine positive oder negative Schwere besitzen.

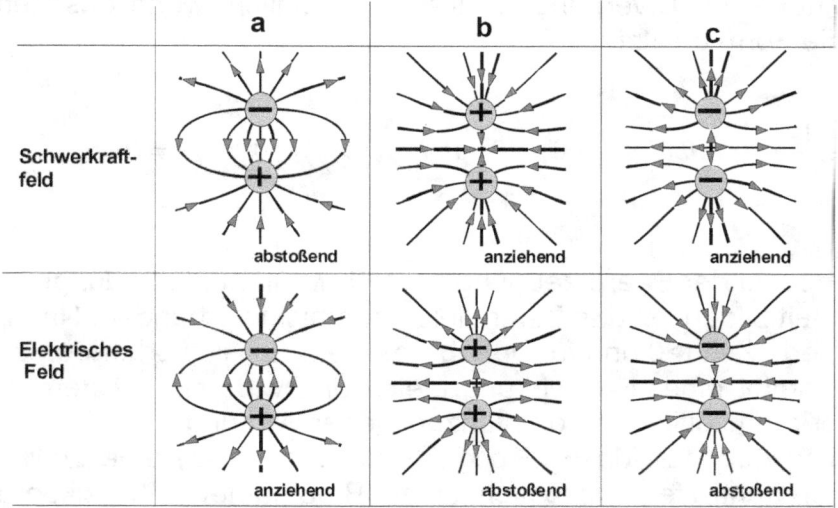

Abb. E1b : Schwerkraftfeld von Materie (+) und Antimaterie (-). Zum Vergleich: Elektrisches Feld

b) Das Divergenzproblem

Im Falle einer **monopolaren** Schwerkraft von Materie und Antimaterie würde außerdem an der Front der Feldausbreitung gelten (s. Abb. E1c):

div F ≠ 0 (E.1c)

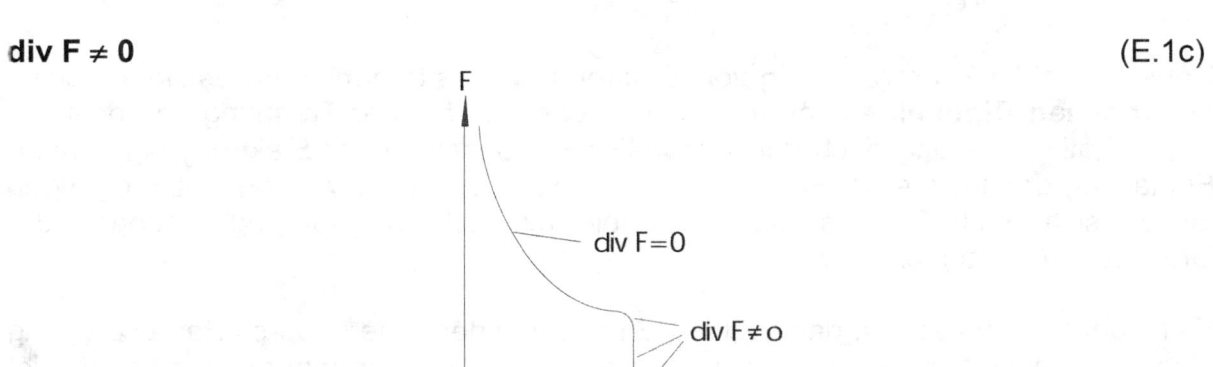

Abb. E1c

Gravitodynamik

Derartige **Feldanomalien** von Zentralfeldern sind jedoch unbekannt und stoßen physikalisch auf Widerspruch. Die Ausbreitung eines monopolaren Schwerkraftfeldes unter der Bedingung **div F = 0** stößt allerdings ebenfalls auf Widerspruch. Ein Vergleich mit der Elektrodynamik soll das näher erläutern: Würde z. B. bei der Paarerzeugung nicht ein Elektron und ein Positron erzeugt sondern zwei Elektronen **oder** zwei Positronen, so müsste im Augenblick der Erzeugung ein elektrisches Zentralfeld E(r,t) aufgebaut werden. Seine Divergenz in **Kugelkoordinaten** lautet außerhalb des Entstehungsortes der Ladung für r>0 (vgl. (B.15)):

$$div\,\vec{E}(r,t) = \frac{1}{r^2}\frac{\partial(r^2 \cdot E_r(r,t))}{\partial r} = 0 \qquad wegen\ \rho = 0\ \ für\ r > 0 \qquad (E.2)$$

Das Verschwinden der Divergenz ist aber nur möglich, wenn das Zentralfeld nach Glchg. (E.2) die Form besitzt:

$$E_r(r,t) = \varepsilon(t)\cdot\frac{1}{r^2} \qquad wobei\ \varepsilon(t=0)=0\ \ und\ \varepsilon(t>0)>0 \qquad r \neq 0 \qquad (E.3)$$

Denn zum Zeitpunkt der Paarerzeugung bei t=0, wenn beide Ladungen praktisch noch eine Einheit bilden, ist das Zentralfeld noch nicht vorhanden. Nach (E.3) müsste dann aber für jede Zeit t>0 und für **beliebiges r** ein E-Feld vorhanden sein. Diese Konsequenz kommt einer Fernwirkung gleich und widerspricht dem physikalischen Prinzip von der raumzeitlichen Fortpflanzung jeder Wirkung.

Außerdem ist wegen der Maxwellschen Gleichung (B.35) eine zeitliche Änderung des elektrischen Zentralfeld unmöglich. Denn (B.35) lautet in Kugelkoordinaten:

$$\frac{\partial E_r(r,t)}{\partial t} = c\cdot(rot\vec{H})_r = c\frac{1}{r\cdot\sin\vartheta}\left[\frac{\partial(\sin\vartheta\cdot H_\alpha)}{\partial\vartheta}-\frac{\partial H_\vartheta}{\partial\alpha}\right]$$

wegen $H_\alpha = H_\vartheta = 0$ (aus Symmetriegründen) gilt nun aber:

$$\left[\frac{\partial(\sin\vartheta\cdot H_\alpha)}{\partial\vartheta}-\frac{\partial H_\vartheta}{\partial\alpha}\right] = 0 \qquad d.\,h.:\ \ \frac{\partial E_r(r,t)}{\partial t} = 0 \qquad (E.4)$$

Daher muss die Paarerzeugung von Elektron **und** Positron mit der Ausbildung eines **elektrischen Dipolfeldes** verbunden sein, das sich bei der Trennung von positiver und negativer Ladung nach den Maxwellschen Gesetzen der Elektrodynamik unter Einhaltung des Impulssatzes in den Raum hinein fortpflanzt. Analoge Überlegungen lassen sich auch für das Schwerkraftfeld mit Hilfe der Grundgleichungen der Gravitodynamik anstellen (vgl. Kap. B2).

Es ist daher naheliegend, dass bei der Entstehung der Materie durch Paarerzeugung nicht nur Teilchen mit entgegengesetzt gleicher Ladung sondern auch mit gleichviel positiver und negativer Schwere entstehen. Denn nur wenn bei der Paarerzeugung Kraftfelder als **Dipolfelder** entstehen, deren **Dipolmomente** bei der Trennung des Teilchenpaares von Null aus anwachsen, können bei der sich anschließenden Ausbreitung elektrischer und gravitativer Felder **eine Verletzung des Impulssatzes und Feldanomalien bzw. Felder mit Fernwirkung vermieden** werden.

Ferner ist der inverse Prozess der Paarerzeugung, die Paarzerstrahlung (**Annihilation**), analog zu obiger Überlegung nur dann möglich, wenn beide Teilchen zusammen **elektrisch** wie **gravitativ** ein Dipolfeld bilden. Demnach können z.B. ein Proton und ein Elektron nicht annihilieren, da sie zwar zusammen ein elektrisches aber kein gravitatives Dipolfeld besitzen. Aus all diesen Überlegungen lässt sich nun folgern:

> **Normale Materie besitzt eine zur Antimaterie entgegengesetzte Polarität der Schwere. Bei der Paarerzeugung entsteht immer Materie und Antimaterie mit <u>exakt</u> gleichviel positiver und negativer Ladung sowie <u>exakt</u> gleichviel positiver und negativer Schwere.**

Im Übrigen ist das **Einsteinsche Äquivalenzprinzip** der **allgemeinen Relativitätstheorie** unvereinbar mit der Schwerepolarität von Materie und Antimaterie. Es werden zwar Materie und auch Antimaterie in einem beschleunigten Bezugssystem in dieselbe Richtung beschleunigt, da hier nur die Massenträgheit eine Rolle spielt. Im Schwerkraftfeld dagegen werden Materie und Antimaterie entgegengesetzt beschleunigt. Beschleunigte Systeme und das Schwerkraftfeld sind daher **nicht äquivalent**.

E2 Der Erhaltungssatz der Schwere und die hohe spezifische Schwere der Neutrinos

Eine Konsequenz obiger Überlegungen ist ferner z. B. bei allen Teilchenprozessen:

> der Erhaltungssatz der Ladung: Summe der Ladungen = const. und
> der Erhaltungssatz der Schwere: Summe der Schweren = const.

Nach dem Erhaltungssatz der Schwere müssen z. B. die beim Betazerfall erzeugten **Neutrinos** genau die Schwere besitzen, die die Materie beim Betazerfall an Schwere verliert:

Die Schwere m der beim Betazerfall beteiligten Teilchen sind in folgender Tabelle zusammengestellt (spezifische Schwere $\sigma = (1/3870)$ $dyn^{1/2} \cdot cm/g$, s. Kap. B4.4, Materie mit **positiver** Schwere, Antimaterie mit **negativer** Schwere, per Definition):

	Träge Masse m_{tr}	Schwere $m = \sigma \cdot m_{tr}$
Elektron	$9{,}107 \cdot 10^{-28}$ g	$m_{e^-} = 2{,}353 \cdot 10^{-31}$ $dyn^{1/2} \cdot cm$
Positron	$9{,}107 \cdot 10^{-28}$ g	$m_{e^+} = -2{,}353 \cdot 10^{-31}$ $dyn^{1/2} \cdot cm$
Proton	$1{,}6723 \cdot 10^{-24}$ g	$m_p = 4{,}3212 \cdot 10^{-28}$ $dyn^{1/2} \cdot cm$
Neutron	$1{,}6745 \cdot 10^{-24}$ g	$m_n = 4{,}3269 \cdot 10^{-28}$ $dyn^{1/2} \cdot cm$
Schwere-Differenz: Neutron - (Proton+Elektron)		$\Delta m_+ = 3{,}3 \cdot 10^{-31}$ $dyn^{1/2} \cdot cm$
Schwere-Differenz: Proton - (Neutron+Positron)		$\Delta m_- = -3{,}3 \cdot 10^{-31}$ $dyn^{1/2} \cdot cm$

Soll der Erhaltungssatz der Schwere gewahrt bleiben, so muss gelten

a) Beta-Minus-Zerfall:
Bei der Umwandlung eines Neutrons (n) in ein Proton (p) und ein Elektron (e^-) wird neben dem Elektron ein Neutrino mit positiver Schwere (ν_+) freigegeben:

$$n \rightarrow p + e^- + \nu_+$$

Die Schweregleichung lautet entsprechend:
$$m_n = m_p + m_{e^-} + m_{\nu_+} \quad \text{oder}: \quad m_{\nu_+} = m_n - m_p - m_{e^-}$$
Nach den Schwerewerten obiger Tabelle erhält man damit für das Neutrino:
$$m_{\nu_+} = \Delta m_+ = +3{,}3 \cdot 10^{-31} \, \text{dyn}^{1/2} \cdot \text{cm}$$

b) Beta-Plus-Zerfall:
Bei der Umwandlung eines Protons (p) in ein Neutron (n) und ein Positron (e^+) wird neben dem Positron ein Antineutrino mit negativer Schwere (**v.**) freigegeben:
$$p \to n + e^+ + \nu_-$$
Die Schweregleichung lautet hier entsprechend:
$$m_p = m_n + m_{e^+} + m_{\nu_-} \quad \text{oder}: \quad m_{\nu_-} = m_p - m_n - m_{e^+}$$
Nach den Schwerewerten obiger Tabelle erhält man damit für das Antineutrino:
$$m_{\nu_-} = \Delta m_- = -3{,}3 \cdot 10^{-31} \, \text{dyn}^{1/2} \cdot \text{cm}$$

Die träge Masse von Neutrino und Antineutrino muss jedoch relativ zu ihren schweren Massen sehr gering sein, damit die Bilanz der trägen Massen und der bei allen Prozessen gebundenen oder freiwerdenden Energien stimmt. Nimmt man z. B. nach heutiger Abschätzung an, dass die träge Neutrinomasse $m_{trv} < 0{,}1 \, eV/c^2 = 1{,}78 \cdot 10^{-34}$ g beträgt, so erhält man für die spezifische Schwere der Neutrinos:

$$|\sigma_\nu| \geq \frac{3{,}3 \cdot 10^{-31}}{m_{trv}} = \frac{3{,}3 \cdot 10^{-31}}{1{,}78 \cdot 10^{-34}} = 1853 \, \text{dyn}^{1/2} \cdot \text{cm}/\text{g}$$

Damit ist die spezifische Schwere der Neutrinos absolut mindestens 10^6-mal größer als die spezifische Schwere

$\sigma = (1/3870) \, \text{dyn}^{1/2}.\text{cm}/\text{g} = 2{,}58 \cdot 10^{-04} \, \text{dyn}^{1/2}.\text{cm}/\text{g}$ (s. Kap. B4.4)

z. B. von Protonen und Neutronen. Wegen dieser hohen spezifischen Schwere der Neutrinos ist es durchaus denkbar, dass die Neutrinos mit der „**Dunklen Materie**" identisch sind, wenn sie in entsprechender Zahl im Kosmos auftreten.

Um dem Erhaltungssatz der Leptonenzahl zu genügen, wird das Neutrino **v₊** als „Antineutrino" mit der Leptonenzahl -1 und das Antineutrino **v.** als „Neutrino" mit der Leptonenzahl +1 bezeichnet. Ordnet man der Materie eine positive Schwere und der Antimaterie eine negative Schwere zu (s. oben), so besitzt das Neutrino **v₊** jedoch eine positive Schwere und das Antineutrino **v.** eine negative Schwere, so dass **v₊** zur Materie und **v.** zur Antimaterie gerechnet werden müssen.

E3 Die bipolare Struktur der schweren Masse des Kosmos und seine Leerräume (Voids)

Die Leerräume (**Hubble-Blasen, Voids**) zwischen den Galaxienhaufen sind aus der Anordnung von Galaxien mit positiver und negativer Schwere bzw. aus Materie- und Antimaterie erklärbar, wie Abbildung E2 anhand von zwei Galaxiengruppen mit unterschiedlicher Polarität veranschaulicht. Durch die **Abstoßung** der Galaxiengruppen unterschiedlicher Polarität wird der zwischen den Gruppen befindliche Raum als Leerraum aufgebläht (s. Kap. E4, unten). Enthält der Raum Massen, werden sie zu den Gruppen hin abgezogen, positive zu den positiven

Gruppen, negative zu den negativen Gruppen. Der gleiche Vorgang läuft auch zwischen den Platten eines elektrischen Kondensators ab, wenn sich zwischen den Platten frei bewegliche elektrische Ladungen befinden (allerdings: positive Ladungen zu den negativen Platten, negative zu den positiven Platten). So wird letzlich der Raum zwischen den Gruppen mit unterschiedlicher Polarität der schweren Massen relativ massefrei.

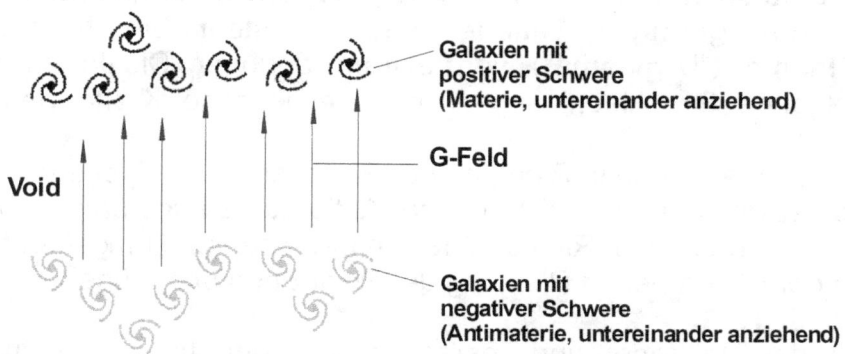

Abb. E2

Für Astronomen ist eine Unterscheidung von Materie und Antimaterie in Hinblick auf das Schwerkraftverhalten der Massen z. B. eines Galaxienhaufens nicht möglich, da alle Massen innerhalb eines Galaxienhaufens mit Antimaterie wegen der gleichen negativen Schwerepolarität aller Galaxien dieses Haufens den gleichen dynamischen Gesetzen der Himmelsmechanik wie in den Materie-Galaxienhaufen unterliegen.

E4 Die Galaxienflucht

Nimmt man die negative schwere Masse als Realität, so lässt sich die Galaxienflucht – sofern diese nicht durch Energie- und Impulsübertragung von Photonen auf Gravitonen vorgetäuscht wird (s. Kap. D1c) – durch die Abstoßung von positiven und negativen schweren Massen erklären. Während wegen der Massenanziehung in einer Galaxie bzw. in einem Galaxienhaufen nur Massen gleicher Polarität versammelt sein können, stoßen sich Galaxien bzw. Galaxienhaufen unterschiedlicher Polarität - wie oben in Kapitel E3 erklärt - ab. Die Galaxien bzw. Galaxienhaufen unterschiedlicher Polarität streben daher auseinander. Und zwar werden die am Rande des Kosmos befindlichen Galaxien bzw. Galaxienhaufen eine größere Beschleunigung erfahren als die im Innern. Dieser Vorgang kann verglichen werden mit einem in einem Ballon eingeschlossenen Gas von z.B. Zimmertemperatur, dessen Moleküle sich beim Platzen des Ballons aufgrund ihrer thermischen Bewegung (⇒Abstoßung) zuerst am Rande beschleunigt nach außen bewegen (Druckgefälle nach außen), während die Moleküle des Zentrums - über die Brownsche Molekularbewegung gemittelt - zunächst an Ort und Stelle unter einem gegenüber dem Rand erhöhten Druck verharren. So scheint die negative Energie des Schwerkraftfeldes identisch mit der „**Dunklen Energie**" zu sein, die den Kosmos aufbläht.

E5 Die Entstehung der bipolaren schweren Masse des Kosmos

Unter Berücksichtigung der Negativ-Schwere-Hypothese kann man sich eine Entstehung der heute existierenden Gesamtmasse des Kosmos mit **gleichviel negativer und positiver Schwere** seit Beginn des Kosmos über **einen längeren Zeitraum** vorstellen. Dabei kann die Teilchenerzeugung auch heute noch anhalten (Permanente Paarerzeugung = "Permanente Schöpfung"). Die Paarerzeugung **muss**

Gravitodynamik

jedoch mit **geringer Teilchendichte** erfolgen, damit sich die entstandenen Teilchenpaare nicht sofort wieder durch **Annihilation** vernichten.

Über die Entstehung der Materie sind folgende Abläufe denkbar, wenn man sich der Einfachheit halber auf die Entstehung des leichten Wasserstoffs beschränkt:
Nach der spontanen Paarerzeugung von **Protonen** und **Antiprotonen** bzw. **Elektronen** und **Positronen** mit **positiver** bzw. **negativer Schwere** in **einem größeren Gebiet mit geringer Teilchendichte** entsteht ein **Wasserstoff-Antiwasserstoff-Plasma** ("Urplasma") von extrem geringer Dichte. In diesem Plasma können folgende Beschleunigungen durch elektrische Kräfte beobachtet werden:
1. Beschleunigung der Elektronen in Richtung der Protonen und umgekehrt
2. Beschleunigung der Positronen in Richtung der Antiprotonen und umgekehrt
3. Beschleunigung der Protonen in Richtung der Antiprotonen und umgekehrt
4. Beschleunigung der Elektronen in Richtung der Positronen und umgekehrt

Die Beschleunigung der Elektronen und Positronen ist wegen ihrer geringen Masse am größten. Schwerkräfte im Vergleich zu den elektrischen Kräften sind in dieser Phase vernachlässigbar. Durch die sich anschließende Vereinigung der elektrisch geladenen
- Elektronen mit den Protonen entsteht nach außen hin ein elektrisch neutraler **schwerepositiver Wasserstoff** und „Rekombinationsstrahlung"
- Positronen mit den Antiprotonen entsteht nach außen hin ein elektrisch neutraler **schwerenegativer Antiwasserstoff** und „Rekombinationsstrahlung"
- Protonen mit den Antiprotonen entsteht **69 MeV -Annihilationsstrahlung** (Proton-Antiproton-Paarzerstrahlung).
- Elektronen mit den Positronen entsteht **511 keV-Annihilationsstrahlung** (Elektron-Positron-Paarzerstrahlung).

Nach der Vereinigung zu elektrisch neutralem schwerepositiven Wasserstoff bzw. zu schwerenegativen Antiwasserstoff tritt nun die wesentlich schwächere Schwerkraft in Aktion. Sie führt zu Mini-Clustern gleicher Schwerepolarität, die im Laufe der Zeit an Größe zunehmen und sich bis zu Galaxiengröße entwickeln können. Parallel zur Clusterbildung setzt eine Abstoßung von schwerepositiven und schwerenegativen Clustern ein, an deren Ende die Anordnung von Materiewolken, Galaxien und Galaxienhaufen am Rand von Leerräumen steht (s. oben).

Im Falle einer über einen längeren Zeitraum bzw. heute noch andauernden Entstehung der Materie ist es denkbar, dass die beobachtete **kosmische Hintergrundstrahlung** von dem Wasserstoff-Antiwasserstoff-Plasma von extrem geringer Dichte ausgehen kann. Bedingung dafür ist: Alle Teilchen müssen in einem vollständigen thermischen Gleichgewicht sein. Die Geschwindigkeitsverteilung aller Teilchen gehorcht der Maxwell-Verteilung. Die Temperatur des Plasmas beträgt 2,725 K.

Denkbar ist auch, dass ein Teil der **kosmischen Strahlung** von dem Materie-Antimaterie- Plasma verursacht wird.

Die **permanente 511 keV-Annihilationsstrahlung** von Elektronen und Positronen (s. oben) kann möglicherweise mit der beobachteten diffusen, großräumig verteilten **511 keV-Strahlung** identisch sein.

Gravitodynamik

Da keine großräumig verteilte **69 MeV–Annihilationsstrahlung** von Protonen und Antiprotonen (s. oben) zu beobachten ist, findet eine derartige Paarzerstrahlung nicht in vergleichbarem Maße statt. Man kann annehmen, dass wegen des geringeren Energiebedarfs der Elektron-Positron-Paarerzeugung wesentlich mehr Elektron-Positron-Paare erzeugt werden als Proton-Antiproton-Paare, so dass für die Proton-Antiproton-Paare wegen ihrer geringen Dichte gar keine Zeit und Möglichkeit zur Paarzerstrahlung gegeben ist. Denn bevor Proton und Antiproton zerstrahlen können, ist durch den Überschuss an Elektronen und Positronen bereits neutraler Wasserstoff und Antiwasserstoff entstanden, die sich wegen der unterschiedlichen Schwerepolarität abstoßen und sich in Clustern von Teilchen gleicher Polarität versammeln (s. oben).

Ferner treffen bei permanenter Entstehung von Teilchen in den Leerräumen von Galaxienhaufen diese als neutrale Teilchen mit großer Geschwindigkeit auf das intergalaktische Gas der Galaxienhaufen. Dadurch wird dieses einerseits wegen der hohen Geschwindigkeit der Teilchen **oberflächlich** aufgeheizt und zur Abgabe von **Röntgenbremsstrahlung** veranlasst. Andererseits setzen diese Teilchen das intergalaktische Gas unter einen erhöhten Druck (**Staudruck**), so dass dieses Gas u. a. durch eine zusätzliche Schwerkraft („Dunkle Materie") zusammengehalten zu werden scheint.

Am Beispiel der Andromedagalaxie soll im Folgenden die Geschwindigkeit von Wasserstoffmolekülen bzw. deren **äquivalente Temperatur** beim Auftreffen auf das Halogas der Andromeda berechnet werden. Für die kinetische Energie der Wasserstoffmoleküle bzw. deren äquivalente Temperatur T beim Auftreffen auf das Halogas im Abstand R vom Zentrum der Andromeda gilt:

$$E_{kin} = \frac{1}{2} m_{tr H_2} \overline{v^2} = \frac{3}{2} k \cdot T = \frac{M \cdot m_{H_2}}{R} = \sigma_m \frac{M \cdot m_{tr H_2}}{R} \qquad (E.12)$$

Hierin bedeuten:

$\overline{v^2}$ = mittleres Geschwindigkeitsquadrat der Wasserstoffmoleküle H_2

$k = 1{,}38 \cdot 10^{-16}$ erg/K = dyn·cm/K = Planck – Boltzmann – Konstante

m_{H_2} bzw. $m_{tr H_2}$ = Schwere bzw. träge Masse des Wasserstoffmoleküls H_2

$\sigma_m = m_{H_2} / m_{tr H_2}$ = spezifische Schwere = $2{,}584 \cdot 10^{-4}$ $dyn^{1/2} \cdot cm/g$

$m_{tr H_2} = 3{,}3 \cdot 10^{-24} g$, M = Schwere Masse der Andromeda = $1{,}7 \cdot 10^{41} dyn^{1/2} \cdot cm$

R = mittlerer Radius der Andromeda = ca. 10 kpc   (1 kpc = $3{,}1 \cdot 10^{21}$ cm)

Daraus folgt für die äquivalente Temperatur T des auf das Halogas der Andromeda mit dem mittleren Radius von z.B. R=10 kpc auftreffenden Wasserstoffgases:

$$T = \frac{2 \cdot \sigma_m}{3 \cdot k} \frac{M \cdot m_{tr H_2}}{R} = \frac{2 \cdot 2{,}584 \cdot 10^{-4} \cdot 1{,}7 \cdot 10^{41} \cdot 3{,}3 \cdot 10^{-24}}{3 \cdot 1{,}38 \cdot 10^{-16} \cdot 10 \cdot 3{,}1 \cdot 10^{21}} = 2{,}3 \cdot 10^{7} \text{ K} \qquad (E.12a)$$

Das ist eine Temperatur, bei der jedes Gas Röntgenstrahlung aussendet.

F Anhang: Elektrodynamik

F1 Zeitlich gemittelte Gesamtkraft zweier harmonisch schwingender elektrischer Dipole

Unter einem elektrischen Dipol versteht man ein Ladungspaar mit entgegengesetzten Ladungen gleicher Größe q, die einen Abstand l voneinander besitzen. Das so genannte Dipolmoment p des Dipols ist ein Vektor und definiert als

$$\vec{p} = q \cdot \vec{l}$$

Darin ist der Vektor von l von der negativen zur positiven Ladung gerichtet. Im Folgenden sollen nur Dipole betrachtet werden, bei denen der Abstand l der Ladungen hinreichend klein ist, so dass bei der Berechnung von Kräften auf einen Dipol im elektrischen Feld mit Feldgradienten gerechnet werden kann.

Unter dieser Vorraussetzung gilt für die Kraft auf einen Dipol mit dem Dipolmoment p=q·l im elektrischen bzw. magnetischen Feld E und H (alle Berechnungen im **cgs-System**):

a) Elektrische Kraft (vgl. Vektorregeln):

$$\vec{F}_{el} = (\vec{p} \cdot \nabla)\vec{E} = \nabla(\vec{p} \cdot \vec{E}) - \vec{p} \times (\nabla \times \vec{E}) = grad(\vec{p} \cdot \vec{E}) - \vec{p} \times rot\vec{E} \qquad (F.1a)$$
$$\nabla = Nablaoperator$$

b) Magnetische Kraft

$$\vec{F}_{magn} = \frac{1}{c}\dot{\vec{p}} \times \vec{H} \qquad wobei: \quad \dot{\vec{p}} = q \cdot \dot{\vec{l}} = q \cdot \vec{v} \qquad (F.1b)$$

$$wegen \; rot\vec{E} = -\frac{1}{c}\dot{\vec{H}} \; (vgl.\,(B.33)) \quad erhält\; man\; aus\; (F.1a)$$

$$\vec{F}_{el} = grad(\vec{p} \cdot \vec{E}) + \frac{1}{c}\vec{p} \times \dot{\vec{H}} = grad(\vec{p} \cdot \vec{E}) + \frac{1}{c}\frac{d}{dt}(\vec{p} \times \vec{H}) - \frac{1}{c}\dot{\vec{p}} \times \vec{H}$$

und mit (F.1b):

$$\vec{F}_{el} = grad(\vec{p} \cdot \vec{E}) + \frac{1}{c}\frac{d}{dt}(\vec{p} \times \vec{H}) - \vec{F}_{magn}$$

c) daraus folgt für die elektrodynamische Gesamtkraft F$_{eldyn}$ (elektrisch + magnetisch):

$$\vec{F}_{eldyn} = \vec{F}_{el} + \vec{F}_{magn} = grad(\vec{p} \cdot \vec{E}) + \frac{1}{c}\frac{d}{dt}(\vec{p} \times \vec{H})$$

Gravitodynamik

Der im Folgenden zu berechnende zeitliche Mittelwert der Gesamtkraft von zwei harmonisch schwingenden Dipolen gleicher Frequenz ergibt sich daraus wegen

$$\frac{1}{T}\int_0^T \frac{1}{c}\frac{d}{dt}(\vec{p}\times\vec{H})\,dt = \frac{1}{T}\frac{1}{c}[\vec{p}\times\vec{H}]_0^T = 0 \quad (p \text{ und } H \text{ periodisch und gleiche Frequenz!})$$

zu

$$\overline{\vec{F}}_{eldyn} = \frac{1}{T}\int_0^T grad(\vec{p}\cdot\vec{E})\,dt = grad\left(\frac{1}{T}\int_0^T \vec{p}\cdot\vec{E}\cdot dt\right) \quad (F.1c)$$

Für einen harmonisch schwingenden Dipol mit dem zeitabhängigen Dipolmoment

$$\vec{p} = \vec{p}_0 \cdot e^{i\omega\cdot t}$$

lautet die in (F.1c) stehende elektrische Feldstärke E als Funktion des Abstands r vom Dipol (vgl. Elektrodynamik):

$$\vec{E} = e^{i\omega(t-r/c)} \cdot \left\{\left(-\frac{\omega^2}{c^2\cdot r} + \frac{3i\omega}{c\cdot r^2} + \frac{3}{r^3}\right)\cdot(\vec{p}_0\cdot\vec{r}_0)\cdot\vec{r}_0 + \left(-\frac{i\omega}{c\cdot r^2} - \frac{1}{r^3} + \frac{\omega^2}{c^2\cdot r}\right)\cdot\vec{p}_0\right\} \quad (F.2)$$

wobei $\vec{r}_0 = \dfrac{\vec{r}}{r}$ einen Einheitsvektor und c die Lichtgeschwindigkeit bedeutet

Die folgende Abbildung F1 zeigt die Lage der Vektoren von Gleichung (F.2):

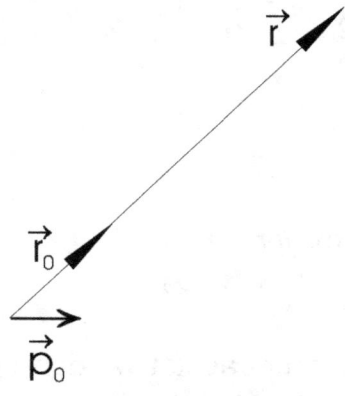

Abb.F1

Gravitodynamik

F1.1 Gesamtkraft zweier longitudinal harmonisch schwingender elektrischer Dipole

Man betrachte zwei elektrische Dipole 1 und 2 von Abb. F2, die im Abstand a voneinander auf der x-Achse longitudinale harmonische Schwingungen (in x-Richtung) mit einer Phasenverschiebung α und einer Kreisfrequenz ω ausführen, d.h. (e_x = Einheitsvektor der x-Achse):

$$\vec{p}_1 = \vec{p}_{01} \cdot \cos\omega t = p_{01} \cdot \cos\omega t \cdot \vec{e}_x \qquad \vec{p}_2 = \vec{p}_{02} \cdot \cos(\omega t - \alpha) = p_{02} \cdot \cos(\omega t - \alpha) \cdot \vec{e}_x \qquad (F.2a)$$

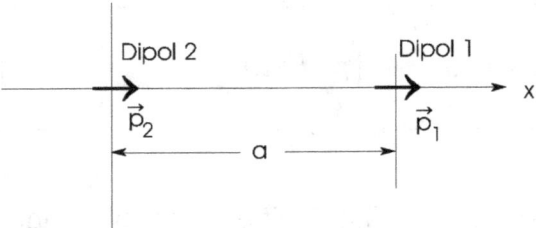

Abb. F2

Die elektrische Feldstärke E_1 und E_2 der Dipole 1 und 2 im Abstand r von den Dipolen beträgt nach (F.2), wenn man nur den Realteil berücksichtigt ($\omega = 2\pi c/\lambda$):

$$\vec{E}_1(\vec{r}) = \cos(\omega t - 2\pi \frac{r}{\lambda}) \left[\left(-\frac{\omega^2}{c^2 r} + \frac{3}{r^3} \right)(\vec{p}_{01} \cdot \vec{r}_{01})\vec{r}_{01} + \left(\frac{\omega^2}{c^2 r} - \frac{1}{r^3} \right)\vec{p}_{01} \right] -$$
$$- \sin(\omega t - 2\pi \frac{r}{\lambda}) \left[\left(\frac{3\omega}{cr^2} \right)(\vec{p}_{01} \cdot \vec{r}_{01})\vec{r}_{01} - \left(\frac{\omega}{cr^2} \right)\vec{p}_{01} \right] \qquad (F.3)$$

$$\vec{E}_2(\vec{r}) = \cos(\omega t - 2\pi \frac{r}{\lambda} - \alpha) \left[\left(-\frac{\omega^2}{c^2 r} + \frac{3}{r^3} \right)(\vec{p}_{02} \cdot \vec{r}_{02})\vec{r}_{02} + \left(\frac{\omega^2}{c^2 r} - \frac{1}{r^3} \right)\vec{p}_{02} \right] -$$
$$- \sin(\omega t - 2\pi \frac{r}{\lambda} - \alpha) \left[\left(\frac{3\omega}{cr^2} \right)(\vec{p}_{02} \cdot \vec{r}_{02})\vec{r}_{02} - \left(\frac{\omega}{cr^2} \right)\vec{p}_{02} \right] \qquad (F.4)$$

Hierin bedeuten:

$$\vec{r}_{01} = \vec{r}_1 / r_1 \qquad \vec{r}_{02} = \vec{r}_2 / r_2 \qquad (F.5)$$

$\vec{r}_{01}, \vec{r}_{02}$: *Einheitsvektoren der Radiusvektoren $\vec{r}_1, \vec{r}_2$,*
die von den Dipolen 1 und 2 ausgehen

Da die Feldstärken auf der x-Achse betrachtet werden sollen, und zwar E_1 am Ort von p_2 und E_2 am Ort von p_1, gilt (e_x = Einheitsvektor der x-Achse) :

$$\vec{p}_{01} \cdot \vec{r}_{01} = \vec{p}_{01} \cdot (-\vec{e}_x) = -p_{01} \qquad wegen \quad \vec{r}_{01} = -\vec{e}_x \qquad \vec{p}_{01} = p_{01} \cdot \vec{e}_x \qquad (F.6)$$
$$\vec{p}_{02} \cdot \vec{r}_{02} = \vec{p}_{02} \cdot \vec{e}_x = +p_{02} \qquad wegen \quad \vec{r}_{02} = +\vec{e}_x \qquad \vec{p}_{02} = p_{02} \cdot \vec{e}_x$$

Gravitodynamik

Man beachte dabei, dass die Radiusvektoren und die Einheitsvektoren von r_1 und r_2 von den Dipolen p_1 und p_2 ausgehen und in Richtung der Dipole p_2 bzw. p_1 zeigen, d.h. entgegengesetzte Richtung haben. Mit (F.6) folgt damit aus (F.3) und (F.4):

$$\vec{E}_1(\vec{r}) = p_{01}\left[\left(\frac{2}{r^3}\right)\cos(\omega t - 2\pi\frac{r}{\lambda}) - \left(\frac{2\omega}{cr^2}\right)\sin(\omega t - 2\pi\frac{r}{\lambda})\right]\cdot\vec{e}_x \qquad (F.7)$$

$$\vec{E}_2(\vec{r}) = p_{02}\left[\left(\frac{2}{r^3}\right)\cos(\omega t - 2\pi\frac{r}{\lambda} - \alpha) - \left(\frac{2\omega}{cr^2}\right)\sin(\omega t - 2\pi\frac{r}{\lambda} - \alpha)\right]\cdot\vec{e}_x \qquad (F.8)$$

Um nach (F.1c) für F_{eldyn} den Gradienten berechnen zu können, müssen (F.7) und (F.8) mit den Dipolmomenten (F.2a) multipliziert werden:

$$\vec{p}_2\vec{E}_1(\vec{r}) = p_{02}p_{01}\cos(\omega t - \alpha)\left[\left(\frac{2}{r^3}\right)\cos(\omega t - \gamma r) - \left(\frac{2\omega}{cr^2}\right)\sin(\omega t - \gamma r)\right] \qquad (F.9)$$

$$\vec{p}_1\vec{E}_2(\vec{r}) = p_{01}p_{02}\cos\omega t\left[\left(\frac{2}{r^3}\right)\cos(\omega t - \gamma r - \alpha) - \left(\frac{2\omega}{cr^2}\right)\sin(\omega t - \gamma r - \alpha)\right] \qquad (F.10)$$

Hier ist zur Vereinfachung gesetzt worden: $\gamma = 2\pi/\lambda$. Die weitere Berechnung ergibt:

$$\vec{p}_2\vec{E}_1 = 2p_{01}p_{02}(\cos\omega t\,\cos\alpha + \sin\omega t\sin\alpha)\Big[\frac{1}{r^3}(\cos\omega t\cos\gamma r + \sin\omega t\sin\gamma r) -$$
$$- \frac{\omega}{cr^2}(\sin\omega t\cos\gamma r - \cos\omega t\sin\gamma r)\Big] \qquad (F.11)$$

$$\vec{p}_1\vec{E}_2 = 2p_{01}p_{02}\cos\omega t\Big[\frac{1}{r^3}(\cos\omega t\,\cos(\gamma r + \alpha) + \sin\omega t\sin(\gamma r + \alpha)) -$$
$$- \frac{\omega}{cr^2}(\sin\omega t\cos(\gamma r + \alpha) - \cos\omega t\sin(\gamma r + \alpha))\Big] \qquad (F.12)$$

Zeitliche Mittelbildung gemäß (F.1c) unter Benutzung von:

$$\overline{\cos^2\omega t} = \overline{\sin^2\omega t} = 1/2 \qquad \overline{\sin\omega t\cos\omega t} = 0 \qquad (F.13)$$

liefert:

Gravitodynamik

$$\overline{\vec{p}_2\vec{E}_1} = p_{01}p_{02}\left[\frac{1}{r^3}(\cos\alpha\cos\gamma\, r + \sin\alpha\sin\gamma\, r) - \frac{\omega}{cr^2}(\sin\alpha\cos\gamma\, r - \cos\alpha\sin\gamma\, r)\right] \quad (F.14)$$

$$\overline{\vec{p}_1\vec{E}_2} = p_{01}p_{02}\left[\frac{1}{r^3}(\cos\alpha\cos\gamma\, r - \sin\alpha\sin\gamma\, r) + \frac{\omega}{cr^2}(\sin\alpha\cos\gamma\, r + \cos\alpha\sin\gamma\, r)\right] \quad (F.15)$$

Gradientenbildung nach (F.1c) zur Berechnung der zeitlich gemittelten Kräfte auf die Dipole 1 und 2:

$$\overline{\vec{F}_{1=}} = grad\,\overline{\vec{p}_1\vec{E}_2} = (d/dr)\overline{\vec{p}_1\vec{E}_2}\vec{r}_{02} = (d/dr)\overline{\vec{p}_1\vec{E}_2}\vec{e}_x \quad (F.16)$$
$$\overline{\vec{F}_{2=}} = grad\,\overline{\vec{p}_2\vec{E}_1} = (d/dr)\overline{\vec{p}_2\vec{E}_1}\vec{r}_{01} = -(d/dr)\overline{\vec{p}_2\vec{E}_1}\vec{e}_x$$
$$da \quad \vec{r}_{01} = -\vec{r}_{02} \quad \vec{r}_{02} = \vec{e}_x \quad \vec{r}_{01} = -\vec{e}_x$$

Berechnung der zeitlich gemittelten Gesamtkraft:

$$\overline{\vec{F}}_{eldyn=} = \overline{\vec{F}_{1=}} + \overline{\vec{F}_{2=}} = p_{01}p_{02}\sin\alpha\cdot(d/dr)\left(-\frac{2}{r^3}\sin\gamma\, r + \frac{2\omega}{cr^2}\cos\gamma\, r\right)\cdot\vec{e}_x$$

$$\overline{\vec{F}}_{eldyn=} = 2p_{01}p_{02}\sin\alpha\cdot\left(\frac{3}{r^4}\sin\gamma\, r - \frac{\gamma}{r^3}\cos\gamma\, r - \frac{2\omega}{cr^3}\cos\gamma\, r - \frac{\omega\gamma}{cr^2}\sin\gamma\, r\right)\cdot\vec{e}_x \quad (F.17)$$

Für r = a und mit der Abkürzung $\delta = 2\pi a/\lambda = \gamma\, a$ bzw. $\gamma = \delta/a$ und $\omega = 2\pi c/\lambda = \delta\cdot c/a$ ergibt sich daraus:

$$\overline{\vec{F}}_{eldyn=} = 2p_{01}p_{02}\sin\alpha\cdot\left(\left(\frac{3}{a^4} - \frac{\delta^2}{a^4}\right)\sin\delta - \left(\frac{\delta}{a^4} + \frac{2\delta}{a^4}\right)\cos\delta\right)\cdot\vec{e}_x \quad (F.18)$$

oder:

$$\overline{\vec{F}}_{eldyn=} = 2\frac{p_{01}p_{02}}{a^4}\sin\alpha\cdot\left((3-\delta^2)\sin\delta - 3\delta\cos\delta\right)\cdot\vec{e}_x \quad (F.19)$$

Setzt man für die Dipolamplituden $p_{01} = q_1\cdot l_1$ und $p_{02} = q_2\cdot l_2$, wobei q die elektrische Ladung und l die Amplitude der Schwingung von z.B. der positiven Ladung +q um die ruhende negative Ladung -q als Mittelpunkt bedeutet, so erhält man aus (F.19):

$$\overline{\vec{F}}_{eldyn=} = \frac{q_1 l_1 \cdot q_2 l_2}{a^4}\cdot 2\cdot\sin\alpha\cdot\left((3-\delta^2)\sin\delta - 3\delta\cos\delta\right)\cdot\vec{e}_x$$

mit $\quad \vec{e}_x = $ Einheitsvektor in x – Richtung

oder umgeformt:

$$\boxed{\vec{F}_{e'dyn=} = 6\frac{q_1 l_1 \cdot q_2 l_2}{a^4} \cdot \left\{ \sin\alpha \cdot \sin\delta - \sin\alpha \cdot \left(\frac{\delta^2}{3}\sin\delta + \delta\cos\delta \right) \right\} \cdot \vec{e}_x \qquad (F.20)}$$

$$\text{wobei} \quad \delta = 2\pi a / \lambda \qquad \alpha = \text{Phasenverschiebung } q_2 \text{ gegenüber } q_1$$

Die Gesamtkraft ist also i. a. von Null verschieden. Es gilt i. a. : **actio non reactio**

F1.2 Gesamtkraft zweier transversal harmonisch schwingender elektrischer Dipole

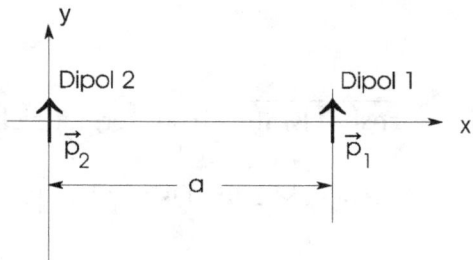

Abb. F3

Nach (F.2) gilt für die auf der x-Achse herrschenden elektrischen Feldstärken von transversal (senkrecht zur x-Achse) schwingenden Dipolen mit den Momenten

$$\vec{p}_1 = \vec{p}_{01} \cdot \cos\omega t \qquad \vec{p}_2 = \vec{p}_{02} \cdot \cos(\omega t - \alpha)$$

wegen (vgl. Abb. F3 und Glchg. (F.5))

$$\vec{p}_{01} \cdot \vec{r}_{01} = \vec{p}_{02} \cdot \vec{r}_{02} = 0$$

unter Berücksichtigung nur des Realteils ($\omega = 2\pi c/\lambda$):

$$\vec{E}_1(\vec{r}) = \cos(\omega t - 2\pi \frac{r}{\lambda})\left(\frac{\omega^2}{c^2 r} - \frac{1}{r^3} \right)\vec{p}_{01} + \sin(\omega t - 2\pi \frac{r}{\lambda})\left(\frac{\omega}{c r^2} \right)\vec{p}_{01}$$

$$\vec{E}_2(\vec{r}) = \cos(\omega t - 2\pi \frac{r}{\lambda} - \alpha)\left(\frac{\omega^2}{c^2 r} - \frac{1}{r^3} \right)\vec{p}_{02} + \sin(\omega t - 2\pi \frac{r}{\lambda} - \alpha)\left(\frac{\omega}{c r^2} \right)\vec{p}_{02}$$

ferner gilt:

$$\vec{p}_1 \vec{E}_2 = \vec{p}_{01} \cdot \vec{p}_{02} \cos(\omega t)\left[\cos(\omega t - 2\pi \frac{r}{\lambda} - \alpha)\left(\frac{\omega^2}{c^2 r} - \frac{1}{r^3} \right) + \sin(\omega t - 2\pi \frac{r}{\lambda} - \alpha)\left(\frac{\omega}{c r^2} \right) \right]$$

$$\vec{p}_2 \vec{E}_1 = \vec{p}_{01} \cdot \vec{p}_{02} \cos(\omega t - \alpha)\left[\cos(\omega t - 2\pi \frac{r}{\lambda})\left(\frac{\omega^2}{c^2 r} - \frac{1}{r^3} \right) + \sin(\omega t - 2\pi \frac{r}{\lambda})\left(\frac{\omega}{c r^2} \right) \right]$$

oder

Gravitodynamik

$$\vec{p}_1\vec{E}_2 = \vec{p}_{o1} \cdot \vec{p}_{o2} \cos(\omega t) \left\{ \begin{array}{l} \left(\dfrac{\omega^2}{c^2 r} - \dfrac{1}{r^3}\right)(\cos(\omega t)\cos(\gamma r + \alpha) + \sin(\omega t)\sin(\gamma r + \alpha)) + \\ \left(\dfrac{\omega}{c r^2}\right)(\sin(\omega t)\cos(\gamma r + \alpha) - \cos(\omega t)\sin(\gamma r + \alpha)) \end{array} \right\}$$

$$\vec{p}_2\vec{E}_1 = \vec{p}_{o1} \cdot \vec{p}_{o2} \begin{pmatrix} \cos(\omega t)\cos(\alpha) \\ + \sin(\omega t)\sin(\alpha) \end{pmatrix} \left\{ \begin{array}{l} \left(\dfrac{\omega^2}{c^2 r} - \dfrac{1}{r^3}\right)(\cos(\omega t)\cos(\gamma r) + \sin(\omega t)\sin(\gamma r)) + \\ \left(\dfrac{\omega}{c r^2}\right)(\sin(\omega t)\cos(\gamma r) - \cos(\omega t)\sin(\gamma r)) \end{array} \right\}$$

$\gamma = 2\pi / \lambda$

mit $\overline{\cos^2(\omega t)} = \overline{\sin^2(\omega t)} = 1/2$ $\overline{\cos(\omega t)\sin(\omega t)} = 0$ ergibt sich für die zeitlichen Mittel:

$$\overline{\vec{p}_1\vec{E}_2} = \dfrac{\vec{p}_{o1} \cdot \vec{p}_{o2}}{2} \left\{ \begin{array}{l} \left(\dfrac{\omega^2}{c^2 r} - \dfrac{1}{r^3}\right)(\cos(\alpha)\cos(\gamma r) - \sin(\alpha t)\sin(\gamma r)) - \\ -\left(\dfrac{\omega}{c r^2}\right)(\sin(\alpha)\cos(\gamma r) + \cos(\alpha)\sin(\gamma r)) \end{array} \right\}$$

$$\overline{\vec{p}_2\vec{E}_1} = \dfrac{\vec{p}_{o1} \cdot \vec{p}_{o2}}{2} \left\{ \begin{array}{l} \left(\dfrac{\omega^2}{c^2 r} - \dfrac{1}{r^3}\right)(\cos(\alpha t)\cos(\gamma r) + \sin(\alpha)\sin(\gamma r)) + \\ \left(\dfrac{\omega}{c r^2}\right)(\sin(\alpha)\cos(\gamma r) - \cos(\alpha t)\sin(\gamma r)) \end{array} \right\} \qquad \gamma = 2\pi / \lambda$$

Gesamtkraft beider Dipole nach (F.1c):

$$\overline{\vec{F}}_{eldyn\perp} = \nabla\left(\overline{\vec{p}_1\vec{E}_2} + \overline{\vec{p}_2\vec{E}_1}\right) = \dfrac{d}{dr}\left(\overline{\vec{p}_1\vec{E}_2}\right) \cdot \vec{r}_{02} + \dfrac{d}{dr}\left(\overline{\vec{p}_2\vec{E}_1}\right) \cdot \vec{r}_{01} = \dfrac{d}{dr}\left(\overline{\vec{p}_1\vec{E}_2} - \overline{\vec{p}_2\vec{E}_1}\right) \cdot \vec{r}_{02} \quad \vec{r}_{01} = -\vec{r}_{02}$$

$\vec{r}_{02} = \vec{e}_x \quad \vec{r}_{01} = -\vec{e}_x \qquad \vec{e}_x$ Einheitsvektor pos. x – Richtung

$$\overline{\vec{F}}_{eldyn\perp} = \dfrac{\vec{p}_{o1} \cdot \vec{p}_{o2}}{2} \sin\alpha \dfrac{d}{dr}\left[-2 \cdot \left(\dfrac{\omega^2}{c^2 r} - \dfrac{1}{r^3}\right)\sin(\gamma r) - 2 \cdot \left(\dfrac{\omega}{c r^2}\right)\cos(\gamma r)\right] \cdot \vec{e}_x \qquad \omega = 2\pi / T$$

$$\overline{\vec{F}}_{eldyn\perp} = \vec{p}_{o1} \cdot \vec{p}_{o2} \sin\alpha \left[\begin{array}{l} -\left(-\dfrac{\omega^2}{c^2 r^2} + \dfrac{3}{r^4}\right)\sin(\gamma r) + \left(\dfrac{2\omega}{c r^3}\right)\cos(\gamma r) - \\ -\gamma\left(\dfrac{\omega^2}{c^2 r} - \dfrac{1}{r^3}\right)\cos(\gamma r) + \gamma\left(\dfrac{\omega}{c r^2}\right)\sin(\gamma r) \end{array} \right] \cdot \vec{e}_x$$

und mit $r = a$, $\delta = 2\pi \cdot a / \lambda$ d.h. $\omega = 2\pi c / \lambda = \delta \cdot c / a$, $\gamma \cdot a = 2\pi \dfrac{a}{\lambda} = \delta$ d.h. $\gamma = \delta / a$:

Gravitodynamik

$$\vec{F}_{eldyn\perp} = \vec{p}_{o1} \cdot \vec{p}_{o2} \sin\alpha \cdot \frac{\delta^4}{a^4}\left[\left(\frac{2}{\delta^2} - \frac{3}{\delta^4}\right)\sin\delta + \left(\frac{3}{\delta^3} - \frac{1}{\delta}\right)\cos\delta\right]\cdot\vec{e}_x$$

oder mit $\vec{p}_{o1} \cdot \vec{p}_{o2} = q_1 \cdot l_1 \cdot q_2 \cdot l_2$:

$$\vec{F}_{eldyn\perp} = \frac{q_1 \cdot l_1 \cdot q_2 \cdot l_2}{a^4} \cdot \sin\alpha \cdot \left[(2\delta^2 - 3)\sin\delta + (3\delta - \delta^3)\cos\delta\right]\cdot\vec{e}_x$$

oder umgeformt:

$$\boxed{\vec{F}_{eldyn\perp} = -3 \cdot \frac{q_1 \cdot l_1 \cdot q_2 \cdot l_2}{a^4} \cdot \left\{\sin\alpha \cdot \sin\delta - \sin\alpha \cdot \left(\frac{2}{3}\delta^2 \sin\delta + \left(\delta - \frac{\delta^3}{3}\right)\cos\delta\right)\right\}\cdot\vec{e}_x \quad (F.21)}$$

wobei $\delta = 2\pi a / \lambda$ $\quad \alpha = $ *Phasenverschiebung* q_2 *gegenüber* q_1

Die Gesamtkraft ist also auch hier i. a. von Null verschieden, so dass für die Kräfte allein i. a. gilt: **actio non reactio**.

Eine in Kapitel F5.1 und F5.2 (s. unten) wiedergegebene Kontrollrechnung, die über die Strahlungsimpulskräfte der beiden interferierenden Dipole Auskunft gibt, zeigt jedoch, dass die Strahlungsimpulskräfte für longitudinal und transversal schwingende elektrische Dipole den Kräften (F.20) und (F.21) genau entgegengesetzt gleich sind. D.h. unter Berücksichtigung der Strahlungsimpulskräfte gilt: **actio = reactio**, wie man auch vom Impulssatz der Elektrodynamik ableiten kann.

Gravitodynamik

F2 Kraft auf schwingenden Dipol mit kompensierter negativer ruhender Ladung

Ein harmonisch schwingender Dipol kann als eine um eine ruhende negative Ladung -q mit der Amplitude l_0 schwingende positive Ladung +q betrachtet werden. Fügt man daher zu dem Feld von Glchg. (F.2) das Feld einer **ruhenden** positiven Ladung +q hinzu, „kompensiert" also das Feld der negativen Ladung, so erhält man das elektrische Feld einer harmonisch mit der Amplitude l_0 schwingenden positiven Ladung:

$$\vec{E} = e^{i\omega(t-r/c)} \cdot \left\{ \left(-\frac{\omega^2}{c^2 \cdot r} + \frac{3i\omega}{c \cdot r^2} + \frac{3}{r^3} \right) \cdot (\vec{p}_0 \cdot \vec{r}_0) \cdot \vec{r}_0 + \left(-\frac{i\omega}{c \cdot r^2} - \frac{1}{r^3} + \frac{\omega^2}{c^2 \cdot r} \right) \cdot \vec{p}_0 \right\} + \frac{q}{r^3} \cdot \vec{r}$$
(F.21a)

wobei $\vec{r}_0 = \dfrac{\vec{r}}{r}$ den Einheitsvektor in Richtung r und c die Lichtgeschwindigkeit bedeutet

Die Kraft auf einen anderen Dipol q·l mit kompensierter negativer ruhender Ladung ergibt sich zu (vgl. (F.1a) bis (F.1c)):

a) Elektrische Kraft (vgl. Vektorregeln):

$$\vec{F}_{el} = (\vec{p} \cdot \nabla)\vec{E} = \nabla(\vec{p} \cdot \vec{E}) - \vec{p} \times (\nabla \times \vec{E}) = grad(\vec{p} \cdot \vec{E}) - \vec{p} \times rot\vec{E} + q \cdot \vec{E} \qquad (F.21b)$$

∇ = Nablaoperator

b) Magnetische Kraft

$$\vec{F}_{magn} = \frac{1}{c} \dot{\vec{p}} \times \vec{H} \qquad \text{wobei: } \dot{\vec{p}} = q \cdot \dot{\vec{l}} = q \cdot \vec{v} \qquad (F.21c)$$

wegen $rot\vec{E} = -\dfrac{1}{c}\dot{\vec{H}}$ erhält man aus (F.21b)

$$\vec{F}_{el} = grad(\vec{p} \cdot \vec{E}) + \frac{1}{c}\vec{p} \times \dot{\vec{H}} + q \cdot \vec{E} = grad(\vec{p} \cdot \vec{E}) + \frac{1}{c}\frac{d}{dt}(\vec{p} \times \vec{H}) - \frac{1}{c}\dot{\vec{p}} \times \vec{H} + q \cdot \vec{E}$$

und mit (F.21c):

$$\vec{F}_{el} = grad(\vec{p} \cdot \vec{E}) + q \cdot \vec{E} + \frac{1}{c}\frac{d}{dt}(\vec{p} \times \vec{H}) - \vec{F}_{magn}$$

c) daraus folgt für die elektrodynamische Gesamtkraft F_{eldyn} (elektrisch + magnetisch):

$$\vec{F}_{eldyn} = \vec{F}_{el} + \vec{F}_{magn} = grad(\vec{p} \cdot \vec{E}) + \frac{1}{c}\frac{d}{dt}(\vec{p} \times \vec{H}) + q \cdot \vec{E}$$

Der im folgenden zu berechnende zeitlichen Mittelwert der Gesamtkraft auf einen harmonisch schwingenden Dipol mit kompensierter negativer ruhender Ladung ergibt sich daher zu

Gravitodynamik

$$\overline{\vec{F}}_{eldyn} = \frac{1}{T}\int_0^T \vec{F}_{eldyn} dt = \frac{1}{T}\int_0^T \left(grad(\vec{p}\cdot\vec{E}) + \frac{1}{c}\frac{d}{dt}(\vec{p}\times\vec{H}) + q\cdot\vec{E} \right) dt \qquad (F.21d)$$

Nun ist aber (s. Kap. F1, oben)

$$\frac{1}{T}\int_0^T \left[\frac{1}{c}\frac{d}{dt}(\vec{p}\times\vec{H}) \right] dt = \frac{1}{T}\frac{1}{c}\left[\vec{p}\times\vec{H}\right]_0^T = 0 \quad \text{da p, H periodisch und gleiche Frequenz}$$

Rührt das E-Feld von einem harmonisch schwingenden Dipol mit ebenfalls kompensierter Ladung q_k her, so lässt sich das letzte Integral in (F.21d) schreiben:

$$\frac{1}{T}\int_0^T q\cdot\vec{E}\cdot dt = \frac{q}{T}\int_0^T \vec{E} dt = \frac{q}{T}\int_0^T \left(\vec{E}_{Dipol} + \frac{q_k\cdot\vec{r}}{r^3} \right)\cdot dt = \frac{q\cdot q_k}{T}\int_0^T \left(\frac{\vec{r}}{r^3}\right)\cdot dt = \frac{q\cdot q_k\cdot\vec{r}}{r^3} \qquad (F.21e)$$

denn

$$\frac{q}{T}\int_0^T \left(\vec{E}_{Dipol}\right)\cdot dt = 0 \quad \text{da } \vec{E}_{Dipol} \text{ periodisch}$$

Der zu berechnende zeitlichen Mittelwert der Gesamtkraft auf einen harmonisch schwingenden Dipol mit kompensierter negativer ruhender Ladung ergibt sich daher zu (vgl. (F.1c)):

$$\boxed{\overline{\vec{F}}_{eldyn} = \frac{1}{T}\int_0^T grad(\vec{p}\cdot\vec{E})\, dt = grad\left(\frac{1}{T}\int_0^T \vec{p}\cdot\vec{E}\cdot dt\right) + \frac{q\cdot q_k\cdot\vec{r}}{r^3}} \qquad (F.21f)$$

Damit erhält man für die Gesamtkraft zweier schwingender Dipole mit kompensierter negativer Ladung (= zweier schwingender Ladungen) das gleiche Ergebnis wie das in Kapitel F1.1 und F1.2 für die Gesamtkraft zweier Dipole berechnete, da sich in der Summe die Terme mit $q\cdot q_k/r^2$ wegen entgegengesetzter Radiusvektoren r gegenseitig herausheben (actio=reactio für ruhende Ladungen).

F3 Gegenseitige Kräfte zweier stationärer elektrischer Dipole

Die Faktoren von (F.20) und (F.21),

$$6\cdot\frac{q_1\cdot l_1\cdot q_2\cdot l_2}{a^4} \quad \text{bzw.} \quad 3\cdot\frac{q_1\cdot l_1\cdot q_2\cdot l_2}{a^4},$$

sind identisch mit der Kraft, die zwei stationäre Dipole (longitudinal bzw. transversal) aufeinander ausüben, wie folgende Rechnung zeigt:
Die Feldstärke E_1 eines elektrischen Dipols 1 mit dem Dipolmoment p_1 als Funktion des Abstandes r_1 erhält man aus (F.2) für $\omega \to 0$ zu:

$$\vec{E}_1 = -\frac{\vec{p}_1}{r_1^3} + 3\cdot\frac{\vec{p}_1\cdot\vec{r}_1}{r_1^5}\cdot\vec{r}_1 \qquad (F.21g)$$

Gravitodynamik

Die Kraft auf einen anderen Dipol 2 mit dem Moment p₂ im Feld des ersten 1 ergibt sich zu (vgl. (F1.a) : rot E=0):

$$\vec{F}_2 = (\vec{p}_2 \cdot grad)\vec{E}_1 = grad\left(\vec{p}_2 \cdot \vec{E}_1\right) = grad\left(-\frac{\vec{p}_1\vec{p}_2}{r_1^3} + 3 \cdot \frac{(\vec{p}_1 \cdot \vec{r}_1)(\vec{p}_2 \cdot \vec{r}_1)}{r_1^5}\right)$$

$$\vec{F}_2 = 3 \cdot \frac{\vec{p}_1\vec{p}_2}{r_1^5} \cdot \vec{r}_1 + 3 \cdot \left[\frac{(\vec{p}_1)(\vec{p}_2 \cdot \vec{r}_1)}{r_1^5} + \frac{(\vec{p}_1 \cdot \vec{r}_1)(\vec{p}_2)}{r_1^5} - 5\frac{(\vec{p}_1 \cdot \vec{r}_1)(\vec{p}_2 \cdot \vec{r}_1)}{r_1^7}\vec{r}_1\right] \qquad (F.21h)$$

Fallunterscheidung:

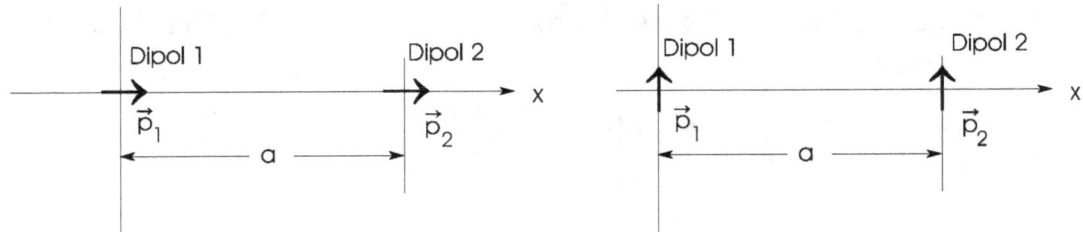

Abb. F4: links: 2 Dipole parallel zur x-Achse (longitudinal),
rechts: 2 Dipole senkrecht zur x-Achse (transversal)

F3.1 Kräfte zweier stationärer, parallel zur x-Achse liegender elektrischer Dipole im Abstand a

$r = a \qquad \vec{r}_1 \cdot \vec{p}_2 = a \cdot p_2 \qquad \vec{r}_1 \cdot \vec{p}_1 = a \cdot p_1 \qquad \vec{r}_1 = a \cdot \vec{e}_x \qquad \vec{p}_1 = p_1 \cdot \vec{e}_x \qquad \vec{p}_2 = p_2 \cdot \vec{e}$

Einsetzen in $(F.21h)$ ergibt als Kraft auf Dipol 2 :

$$\vec{F}_{2=} = 3 \cdot \frac{p_1 p_2}{a^4} \cdot \vec{e}_x + 3 \cdot \left[\frac{(p_1 p_2)}{a^4} \cdot \vec{e}_x + \frac{(p_1 p_2)}{a^4} \cdot \vec{e}_x - 5\frac{(p_1 p_2)}{a^4} \cdot \vec{e}_x\right] = -6 \cdot \frac{p_1 p_2}{a^4} \cdot \vec{e}_x$$

$$\vec{F}_{2=} = -6 \cdot \frac{q_1 l_1 \cdot q_2 l_2}{a^4} \cdot \vec{e}_x \qquad (F.22)$$

F3.2 Kräfte zweier stationärer, senkrecht zur x-Achse liegender elektrischer Dipole im Abstand a

$r_1 = a \qquad \vec{r}_1 \cdot \vec{p}_2 = \vec{r}_1 \cdot \vec{p}_1 = 0 \qquad \vec{r}_1 = a \cdot \vec{e}_x \qquad \vec{p}_1 \cdot \vec{p}_2 = q_1 l_1 \cdot q_2 l_2$

Einsetzen in $(F.21h)$ *ergibt als Kraft auf Dipol 2 :*

$$\vec{F}_{2\perp} = 3 \cdot \frac{p_1 p_2}{a^4} \cdot \vec{e}_x = 3 \cdot \frac{q_1 l_1 \cdot q_2 l_2}{a^4} \cdot \vec{e}_x \qquad (F.23)$$

Damit wäre bewiesen, dass der Faktor von (F.20) bzw. von (F.21),

$$6 \cdot \frac{q_1 \cdot l_1 \cdot q_2 \cdot l_2}{a^4} \quad bzw. \quad 3 \cdot \frac{q_1 \cdot l_1 \cdot q_2 \cdot l_2}{a^4},$$

identisch ist mit der Kraft, die 2 stationäre Dipole entsprechender gegenseitiger Orientierung (longitudinal bzw. transversal) aufeinander ausüben.

Gravitodynamik

Die gegenseitige Kraft, die senkrecht auf der x-Achse stehende statische Dipole aufeinander ausüben, ist ferner absolut nur halb so groß wie die von parallel zur x-Achse liegende Dipole.
Haben beide Dipolmomente die gleiche Richtung, wie oben auf Abb. F4 gezeigt, so gilt:
Parallel zur x-Achse liegende Dipole ziehen sich an (negatives Vorzeichen von $F_{2=}$).
Senkrecht stehende Dipole stoßen sich ab (positives Vorzeichen von $F_{2\perp}$).
Ferner ist analog obiger Berechnung leicht abzuleiten:
Haben beide Dipolmomente die entgegengesetzte Richtung, so gilt:
Parallel zur x-Achse liegende Dipole stoßen sich ab (positives Vorzeichen von $F_{2=}$).
Senkrecht stehende Dipole ziehen sich an (negatives Vorzeichen von $F_{2\perp}$).

Eine Analogie zu den gegenseitigen Kräften, die zwei Magnete aufeinander ausüben, ist unverkennbar!

F4 Gegenseitige Kräfte zweier stationärer magnetischer „Dipole"

Die magnetische Feldstärke eines stationären „magnetischen Dipols 1" mit dem magnetischen Moment μ_1 in der Entfernung r_1 lautet analog zu (F.21g) (vgl. Elektrodynamik):

$$\vec{H}_1 = -\frac{\vec{\mu}_1}{r_1^3} + 3\frac{\vec{\mu}_1 \cdot \vec{r}_1}{r_1^5} \cdot \vec{r}_1 \qquad (F.24)$$

Die Kraft des stationären magnetischen Dipols 1 auf einen zweiten mit dem magnetischen Moment μ_2 lautet analog zu (F.1a):

$$\vec{F}_2 = (\vec{\mu}_2 \cdot grad)\vec{H}_1 = (\vec{\mu}_2 \cdot \nabla)\vec{H}_1 = \nabla(\vec{\mu}_2 \cdot \vec{H}_1) - \vec{\mu}_2 \times (\nabla \times \vec{H}_1) = grad(\vec{\mu}_2 \cdot \vec{H}_1) - \vec{\mu}_2 \times rot\vec{H}_1$$
$$\vec{F}_2 = grad(\vec{\mu}_2 \cdot \vec{H}_1) \qquad \text{letzteres wegen } rot\vec{H}_1 = 0 \qquad (F.25)$$

Nun lassen sich die magnetischen Momente auch durch Ringströme deuten (vgl. Elektrodynamik), d.h.:

$$\vec{\mu}_1 = \frac{I}{c} \cdot A \cdot \vec{e}_F \qquad \vec{e}_F = \text{Einheitsvektor, steht senkrecht zur Ringfläche A} \qquad (F.26)$$
$$\qquad I = \text{Ringstrom}$$

In diesem Fall gilt (F.24) näherungsweise, wenn r_1 groß gegenüber dem Durchmesser des Ringes ist.
Kommt der Strom durch eine elektrische Ladung Q zustande, die gleichmäßig auf einem Ring verteilt ist, der mit der Geschwindigkeit v rotiert, so erhält man für den Strom

$$I = \frac{Q}{2\pi R} \cdot v \qquad (F.27)$$

Gravitodynamik

Die Bedeutung der einzelnen Größen geht dabei aus Abbildung F5 hervor:

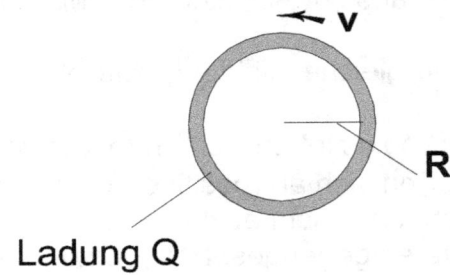

Abb. F5

Damit wird aus (F.26) mit der Ringfläche $A = \pi \cdot R^2$ (der Einheitsvektor e_F steht senkrecht auf der Ringfläche und zeigt zusammen mit μ_1 auf den Betrachter der obigen Abbildung: "Rechte Daumenregel"):

$$\vec{\mu}_1 = \frac{Q \cdot v}{2\pi R \cdot c} \cdot \pi \cdot R^2 \cdot \vec{e}_F = \frac{Q \cdot v \cdot R}{2 \cdot c} \cdot \vec{e}_F \qquad (F.28)$$

Gravitodynamik

F5 Strahlungsimpuls zweier interferierender elektrischer Dipole (Kontrollrechnung)

Im Folgenden soll nun zur Kontrolle der Strahlungsimpuls zweier interferierender Dipole mit den in Kapitel F1.1 und F1.2 berechneten Dipolkräften verglichen werden. Denn nach dem Impulssatz der Elektrodynamik müssen diese den Strahlungsimpulskräften entgegengesetzt gleich sein (actio=reactio).

Das elektrische und magnetische Feld eines harmonisch schwingenden Dipols mit dem Dipolmoment p in der Wellenzone ($r \gg \lambda$, vgl. Elektrodynamik) lautet:

$$\vec{E}_w = \frac{\omega^2}{c^2 r} e^{i(-\rho)} \vec{r}_0 \times (\vec{p} \times \vec{r}_0) \qquad \rho = 2\pi r / \lambda$$

$$\vec{H}_w = -\frac{\omega^2}{c^2 r} e^{i(-\rho)} (\vec{p} \times \vec{r}_0) \qquad \vec{E}_w \perp \vec{H}_w \perp \vec{r}_0 \qquad (F.29)$$

r_0 = Einheitsvektor in Richtung r, ω = Kreisfrequenz

Die Dipolmomente zweier Dipole 1 und 2, die harmonische Schwingungen mit gleicher Frequenz und unterschiedlicher Phase ausführen, lauten als Funktion der Zeit:

$$\vec{p}_1 = \vec{p}_{01} e^{i\omega t} \qquad \vec{p}_2 = \vec{p}_{02} e^{i(\omega t - \alpha)} \qquad \omega = 2\pi c/\lambda, \quad \alpha \text{ Phasenverschiebung} \qquad (F.30)$$

Im Folgenden sollen ausschließlich zwei **parallele Dipole** betrachtet werden (p_{01} und p_{02} parallel). Dann sind die Vektoren von E_1 und E_2 bzw. H_1 und H_2 in der Fernzone parallel (vgl. (F.29)), so dass für die Überlagerung der Felder nur die **Beträge** von E und H interessieren:

$$E_1 = \frac{\omega^2}{c^2 r} p_{01} e^{i(\omega t - \rho)} \cdot \sin\theta \qquad \rho = 2\pi r/\lambda, \quad \theta \text{ Winkel zwischen } \vec{p} \text{ und } \vec{r}_0$$

$$E_2 = \frac{\omega^2}{c^2 r} p_{02} e^{i(\omega t - \rho - 2\pi \cdot \Delta r/\lambda - \alpha)} \cdot \sin\theta$$

$$H_1 = -\frac{\omega^2}{c^2 r} p_{01} e^{i(\omega t - \rho)} \cdot \sin\theta \qquad \vec{E} \perp \vec{H} \perp \vec{r}_0 \qquad (F.31)$$

$$H_2 = -\frac{\omega^2}{c^2 r} p_{02} e^{i(\omega t - \rho - 2\pi \cdot \Delta r/\lambda - \alpha)} \cdot \sin\theta$$

Hierin bedeutet Δr den Gangunterschied zwischen den Wellen von Dipol 1 und 2. Überlagerung der Wellen von Dipol 1 und 2 liefert:

$$E = E_1 + E_2 = \frac{\omega^2}{c^2 r} \sin\theta \, e^{i(\omega t - \rho)} \left(p_{02} e^{-i(2\pi \cdot \Delta r/\lambda + \alpha)} + p_{01} \right)$$

$$H = H_1 + H_2 = -\frac{\omega^2}{c^2 r} \sin\theta \, e^{i(\omega t - \rho)} \left(p_{02} e^{-i(2\pi \cdot \Delta r/\lambda + \alpha)} + p_{01} \right) \qquad |E| = |H| \quad (!) \qquad (F.32)$$

oder:

$$|E| = |H| = \frac{\omega^2}{c^2 r} \sin\theta \left(\cos(\omega t - \rho) + i \cdot \sin(\omega t - \rho) \right) \begin{pmatrix} p_{01} + p_{02} \cos(-\alpha - 2\pi \cdot \Delta r/\lambda) \\ + i \cdot p_{02} \cdot \sin(-\alpha - 2\pi \cdot \Delta r/\lambda) \end{pmatrix} \qquad (F.33)$$

Übergang zum Realteil:

$$|E| = |H| = \frac{\omega^2}{c^2 r} \sin\theta \begin{bmatrix} \cos(\omega t - \rho)(p_{01} + p_{02} \cdot \cos(\alpha + 2\pi \cdot \Delta r/\lambda)) \\ + p_{02} \cdot \sin(\omega t - \rho) \cdot \sin(\alpha + 2\pi \cdot \Delta r/\lambda) \end{bmatrix} \qquad (F.34)$$

Gravitodynamik

138

Die Strahlungsleistung pro Flächeneinheit ergibt sich zu (vgl. (B.39)):

$$S(\theta) = |\vec{S}| = |E| \cdot |H| \cdot \frac{c}{4\pi} \tag{F.35}$$

$$S(\theta,t,r) = \frac{1}{4\pi} \cdot \frac{\omega^4}{c^3 r^2} \cdot \sin^2\theta \cdot \begin{cases} \cos^2(\omega t - \rho)(p_{01} + p_{02} \cdot \cos(\alpha + 2\pi \cdot \Delta r/\lambda))^2 + \\ p^2_{02} \cdot \sin^2(\omega t - \rho) \cdot \sin^2(\alpha + 2\pi \cdot \Delta r/\lambda) + \\ 2 \cdot \cos(\omega t - \rho)(p_{01} + p_{02} \cdot \cos(\alpha + 2\pi \cdot \Delta r/\lambda)) \cdot \\ p_{02} \cdot \sin(\omega t - \rho) \cdot \sin(\alpha + 2\pi \cdot \Delta r/\lambda) \end{cases} \tag{F.36}$$

Zeitliche Mittelwertbildung von S unter Verwendung von:

$$\overline{\cos^2(\omega t - \rho)} = \overline{\sin^2(\omega t - \rho)} = 1/2 \qquad \overline{\cos(\omega t - \rho) \cdot \sin(\omega t - \rho)} = 0 \tag{F.37}$$

$$\overline{S}(\theta,r) = \frac{1}{4\pi} \cdot \frac{\omega^4}{c^3 r^2} \cdot \sin^2\theta \cdot (1/2) \cdot \left[\begin{array}{l} (p_{01} + p_{02} \cdot \cos(\alpha + 2\pi \cdot \Delta r/\lambda))^2 \\ + p^2_{02} \cdot \sin^2(\alpha + 2\pi \cdot \Delta r/\lambda) \end{array} \right] \tag{F.38}$$

$$\overline{S} = \frac{1}{8\pi} \cdot \frac{\omega^4}{c^3 r^2} \cdot \sin^2\theta \cdot \left[\begin{array}{l} p^2_{01} + 2 \cdot p_{01} p_{02} \cdot \cos(\alpha + 2\pi \cdot \Delta r/\lambda) + \\ p^2_{02} \cdot \cos^2(\alpha + 2\pi \cdot \Delta r/\lambda) + \\ p^2_{02} \cdot \sin^2(\alpha + 2\pi \cdot \Delta r/\lambda) \end{array} \right] \tag{F.39}$$

$$\overline{S} = \frac{1}{8\pi} \cdot \frac{\omega^4}{c^3 r^2} \cdot \sin^2\theta \cdot \left[p^2_{01} + p^2_{02} + 2 \cdot p_{01} p_{02} \cdot \cos(\alpha + 2\pi \cdot \Delta r/\lambda) \right] \tag{F.40}$$

Der zeitlich gemittelte Strahlungsimpuls P_S beider Dipole, der sekundlich durch den cm² einer Kugeloberfläche mit $R \gg \lambda$ um die Dipole im Mittelpunkt der Kugel hindurch tritt, errechnet sich zu (vgl. (B.39a)):

$$\overline{P_S} = \overline{S}/c \tag{F.41}$$

Um daraus die zeitlich gemittelte x-Komponente des sekundlichen Strahlungsimpulses berechnen zu können, müssen die Fälle Dipole parallel (=) und senkrecht (⊥) zur x-Achse **getrennt** betrachtet werden.

F5.1 Dipole parallel (=) zur x-Achse (longitudinal)

Man vergleiche dazu die folgende Abbildung F6:

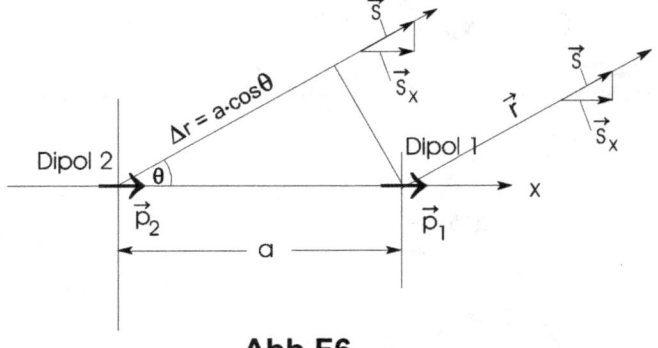

Abb.F6

Gravitodynamik

Einsetzen des Gangunterschiedes Δr = a·cos θ (s. Abb.F6) in (F.40) liefert für die Strahlungsleistung

$$\overline{S_=} = \frac{1}{8\pi} \cdot \frac{\omega^4}{c^3 r^2} \cdot \sin^2\theta \cdot \left[p^2{}_{01} + p^2{}_{02} + 2 \cdot p_{01} p_{02} \cdot \cos(\alpha + \delta\cos\theta)\right] \qquad \delta = 2\pi \cdot a/\lambda \qquad (F.42)$$

Die x-Komponente des sekundlichen Strahlungsimpulses berechnet sich mit (F.41) zu (e_x =Einheitsvektor in x-Richtung):

$$\overline{\vec{P}_{SX=}} = \overline{P_{S_=}} \cdot \cos\theta \cdot \vec{e}_X = \frac{\overline{S_=}}{c} \cdot \cos\theta \cdot \vec{e}_X \qquad (F.43)$$

$\vec{e}_X$ = Einheitsvektor in x – Richtung

Damit erhält man zusammen mit (F.42):

$$\overline{\vec{P}_{SX=}} = \frac{1}{8\pi} \cdot \frac{\omega^4}{c^4 r^2} \cdot \sin^2\theta \cdot \cos\theta \cdot \left[p^2{}_{01} + p^2{}_{02} + 2 \cdot p_{01} p_{02} \cdot \cos(\alpha + \delta\cos\theta)\right] \cdot \vec{e}_x \qquad (F.44)$$

Durch Integration über die volle Kugeloberfläche A erhält man die gesamte Strahlungskraft $F_{SX=}$ in x-Richtung (x-Komponente des gesamten sekundlichen Strahlungsimpulses, vgl. Abb.F7 und Glchg. (B.149)):

$$\overline{\vec{F}_{SX=}} = \int_A \overline{\vec{P}_{SX=}} dA = \int_{\varphi=0}^{2\pi} \int_{\theta=0}^{\pi} \overline{\vec{P}_{SX=}} \cdot r^2 \cdot \sin\theta \cdot d\varphi \cdot d\theta \, \vec{e}_X \qquad (F.45)$$

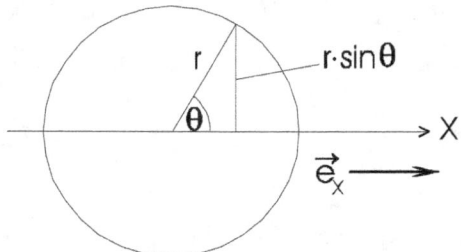

Abb. F7

Einsetzen von (F.44) in (F.45) liefert:

$$\overline{\vec{F}_{SX=}} = \frac{1}{8\pi} \cdot \frac{\omega^4}{c^4 r^2} \int_{\varphi=0}^{2\pi} \int_{\theta=0}^{\pi} \sin^3\theta \cdot \cos\theta \cdot \left[p^2{}_{01} + p^2{}_{02} + 2 \cdot p_{01} p_{02} \cdot \cos(\alpha + \delta\cos\theta)\right] \cdot r^2 \cdot d\varphi \cdot d\theta \, \vec{e}_X$$

$$\overline{\vec{F}_{SX=}} = \frac{1}{4} \cdot \frac{\omega^4}{c^4} \left[\begin{array}{l} \int_{\theta=0}^{\pi} \sin^3\theta \cdot \cos\theta \cdot (p^2{}_{01} + p^2{}_{02}) \\ + \int_{\theta=0}^{\pi} \sin^3\theta \cdot \cos\theta \cdot (2 \cdot p_{01} p_{02} \cdot \cos(\alpha + \delta\cos\theta)) \end{array} \right] \cdot d\theta \, \vec{e}_X \qquad (F.46)$$

Gravitodynamik

Da das erste Integral in der Klammer von (F.46) verschwindet, erhält man für die gesamte Strahlungskraft:

$$\overline{\vec{F}_{SX=}} = \overline{\vec{F}_{SX0=}} \cdot \int_0^\pi \sin^3\theta \cdot \cos\theta \cdot \cos(\alpha + \delta\cos\theta) \cdot d\theta \qquad (F.47)$$

mit der Abkürzung $\quad \overline{\vec{F}_{SX0=}} = \dfrac{1}{2} \cdot \dfrac{\omega^4}{c^4} p_{01} p_{02} \cdot \vec{e}_X$

Lösung des Integrals in (F.47):
Substitution: $u = \cos\theta$, $\quad du = -\sin\theta\, d\theta$, $\quad d\theta = -du/\sin\theta$
Grenzen: $\quad \theta = 0$ bis $\pi \quad \to \quad u = +1$ bis -1

$$\overline{\vec{F}_{SX=}} = -\overline{\vec{F}_{SX0=}} \cdot \int_{+1}^{-1} (1-u^2) \cdot u \cdot \cos(\alpha + \delta \cdot u)\, du$$

$$\overline{\vec{F}_{SX=}} = \overline{\vec{F}_{SX0=}} \cdot \left[\int_{-1}^{+1} u \cdot \cos(\alpha + \delta \cdot u)\, du - \int_{-1}^{+1} u^3 \cdot \cos(\alpha + \delta \cdot u)\, du \right]$$

Substitution: $\quad w = \alpha + \delta \cdot u \qquad u = \dfrac{w-\alpha}{\delta} \qquad du = dw/\delta$

Grenzen: $\quad w_1 = \alpha - \delta \qquad w_2 = \alpha + \delta$

$$\overline{\vec{F}_{SX=}} = \overline{\vec{F}_{SX0=}} \cdot \{A - B\} \qquad (F.48)$$

$$A = (1/\delta^2) \cdot \int_{w_1}^{w_2} (w-\alpha) \cdot \cos w\, dw \qquad B = (1/\delta^4) \cdot \int_{w_1}^{w_2} (w-\alpha)^3 \cdot \cos w\, dw$$

Berechnung von A und B:

$$A = (1/\delta^2) \cdot \int_{w_1}^{w_2} (w-\alpha) \cdot \cos w\, dw = \left[\cos w + w\sin w - \alpha \sin w\right]_{w=\alpha-\delta}^{w=\alpha+\delta}$$

$$B = (1/\delta^4) \cdot \int_{w_1}^{w_2} (w-\alpha)^3 \cdot \cos w\, dw = (1/\delta^4) \cdot \int_{w_1}^{w_2} (w^3 - 3w^2\alpha + 3w\alpha^2 - \alpha^3) \cdot \cos w\, dw$$

mit den Integralen

$$\int w^3 \cos w\, dw = w^3 \sin w - 3\int w^2 \sin w\, dw$$

$$\int w^2 \cos w\, dw = w^2 \sin w - 2\int w \sin w\, dw$$

$$\int w \cos w\, dw = w \sin w - \int \sin w\, dw = w\sin w - \cos w$$

$$\int w^2 \sin w\, dw = -w^2 \cos w + 2\int w \cos w\, dw$$

$$\int w \sin w\, dw = -w \cos w + \sin w$$

Gravitodynamik

ergibt sich für B :

$$B = (1/\delta^4) \cdot \begin{bmatrix} w^3 \sin w - 3(-w^2 \cos w + 2(w\sin w + \cos w)) - \\ -3\alpha(w^2 \sin w - 2(-w\cos w + \sin w)) + \\ +3\alpha^2(w\sin w + \cos w) - \alpha^3 \sin w \end{bmatrix}_{w=\alpha-\delta}^{w=\alpha+\delta}$$

Damit erhält man:

$$\overline{\vec{F}_{SX=}} = \overline{\vec{F}_{SX0=}} \begin{bmatrix} (1/\delta^2)(\cos w + w\sin w - \alpha \sin w) \\ -(1/\delta^4)\begin{pmatrix} w^3 \sin w + 3w^2 \cos w - 6w\sin w - \\ -6\cos w - 3\alpha w^2 \sin w - 6\alpha w\cos w + \\ +6\alpha \sin w + 3\alpha^2 w\sin w + 3\alpha^2 \cos w - \\ -\alpha^3 \sin w \end{pmatrix} \end{bmatrix}_{w=\alpha-\delta}^{w=\alpha+\delta} \quad (F.49)$$

$$\overline{\vec{F}_{SX=}} = \overline{\vec{F}_{SX0=}} \cdot (1/\delta^4)\begin{bmatrix} (\delta^2 - 3w^2 + 6 + 6\alpha w - 3\alpha^2)\cos w + \\ +(\delta^2 w - \delta^2\alpha - w^3 + 6w + 3\alpha w^2 - 6\alpha - 3\alpha^2 w + \alpha^3)\sin w \end{bmatrix}_{w=\alpha-\delta}^{w=\alpha+\delta}$$

$$\overline{\vec{F}_{SX=}} = \overline{\vec{F}_{SX0=}} \cdot (1/\delta^4)\left[(\delta^2 + 6 - 3(w-\alpha)^2)\cos w + (\delta^2(w-\alpha) - (w-\alpha)^3 + 6(w-\alpha))\sin\alpha\right]_{w=\alpha-\delta}^{w=\alpha+\delta}$$

$$\overline{\vec{F}_{SX=}} = \overline{\vec{F}_{SX0=}} \cdot (1/\delta^4)\begin{bmatrix} (\delta^2 + 6 - 3\delta^2)\cos(\alpha+\delta) + (\delta^3 - \delta^3 + 6\delta)\sin(\alpha+\delta) \\ -(\delta^2 + 6 - 3\delta^2)\cos(\alpha-\delta) - (-\delta^3 + \delta^3 - 6\delta)\sin(\alpha-\delta) \end{bmatrix}$$

(F.50)

$$\overline{\vec{F}_{SX=}} = \overline{\vec{F}_{SX0=}} \cdot (1/\delta^4)\left[(6 - 2\delta^2)(\cos(\alpha+\delta) - \cos(\alpha-\delta)) + 6\delta(\sin(\alpha+\delta) - \sin(\alpha-\delta))\right]$$

$$\overline{\vec{F}_{SX=}} = \overline{\vec{F}_{SX0=}} \cdot (1/\delta^4)\left[(6 - 2\delta^2)(-2\sin\alpha\sin\delta) + 6\delta(2\sin\alpha\cos\delta)\right]$$

$$\overline{\vec{F}_{SX=}} = -\overline{\vec{F}_{SX0=}} \cdot (1/\delta^4) 4\sin\alpha\left((3-\delta^2)\sin\delta - 3\delta\cos\delta\right)$$

(F.51)

oder mit $\quad \overline{\vec{F}_{SX0=}} = \frac{1}{2} \cdot \frac{\omega^4}{c^4} p_{01} p_{02} \cdot \vec{e}_X \quad$ (F.47)

$$\overline{\vec{F}_{SX=}} = -\frac{1}{2} \cdot \frac{\omega^4}{c^4} p_{01} p_{02} \cdot (1/\delta^4) 4\sin\alpha\left((3-\delta^2)\sin\delta - 3\delta\cos\delta\right) \cdot \vec{e}_X$$

Setzt man nun für die Dipolmomente $p_{01} = q_1 \cdot l_1$ bzw. $p_{02} = q_2 \, l_2$ und für die Kreisfrequenz

$\omega = \delta \cdot c / a \qquad$ wegen: $\quad \omega = 2\pi c / \lambda \quad$ (F.30) $\qquad$ und $\quad \delta = 2\pi a / \lambda \quad$ (F.42)

ein, so erhält man für die gesamte Strahlungskraft in x-Richtung:

$$\overline{\vec{F}_{SX=}} = -6 \frac{q_1 l_1 \cdot q_2 l_2}{a^4} \cdot \left\{ \sin\alpha \cdot \sin\delta - \sin\alpha \cdot \left(\frac{\delta^2}{3} \sin\delta + \delta \cos\delta \right) \right\} \cdot \vec{e}_X \quad \text{(F.52)}$$

$$\text{mit} \quad \delta = 2\pi a / \lambda \qquad \alpha = \text{Phasenverschiebung } q_2 \text{ gegenüber } q_1$$

Damit ergibt sich aus dem Vergleich mit (F.20):

$$\overline{\vec{F}_{SX=}} = -\overline{\vec{F}_{eldyn=}} \quad \text{(F.53)}$$

D.h., zeitlich gemittelte Strahlungskraft und zeitlich gemittelte elektromagnetische Kraft beider interferierender Dipole sind entgegengesetzt gleich, also gilt – wie auch nach dem Impulssatz der Elektrodynamik nicht anders zu erwarten:
actio = reactio

F5.2 Dipole senkrecht (⊥) zur x-Achse (transversal)

Zur Ermittlung der Strahlungskraft zweier interferierender Dipole betrachte man Abb. F8. Hier sind die zur Berechnung des Gangunterschieds Δr die nötigen Winkel eingetragen.

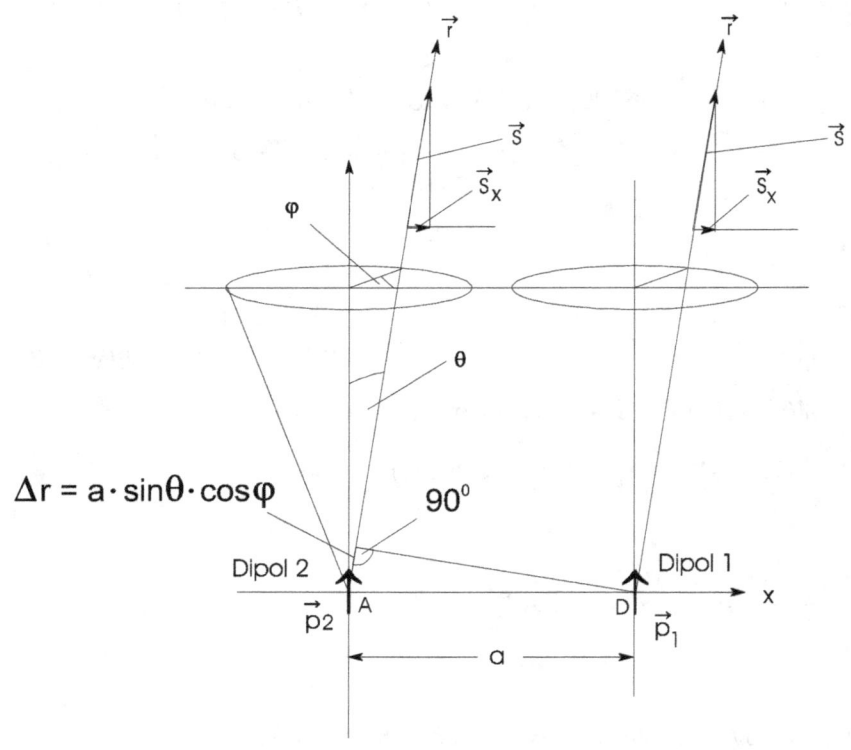

Abb. F8

Einsetzen des Gangunterschiedes $\Delta r = a \cdot \sin\theta \cdot \cos\varphi$ (Abb. F8) in (F.40) liefert für die Strahlungsleistung:

Gravitodynamik

$$\overline{S_\perp} = \frac{1}{8\pi} \cdot \frac{\omega^4}{c^3 r^2} \cdot \sin^2\theta \cdot [p^2{}_{01} + p^2{}_{02} + 2 \cdot p_{01} p_{02} \cdot \cos(\alpha + \delta \sin\theta \cdot \cos\varphi)] \qquad (F.54)$$

Daraus berechnet sich die x-Komponente des sekundlichen Strahlungsimpulses mit (F.41):

$$\overline{\vec{P}_{SX\perp}} = \overline{P_{S\perp}} \cdot \sin\theta \cdot \cos\varphi \cdot \vec{e}_X = \frac{\overline{S_\perp}}{c} \cdot \sin\theta \cdot \cos\varphi \cdot \vec{e}_X \qquad (F.55)$$

$\vec{e}_X = \text{Einheitsvektor in } x - \text{Richtung}$

Damit erhält man zusammen mit (F.54):

$$\overline{\vec{P}_{SX\perp}} = \frac{1}{8\pi} \cdot \frac{\omega^4}{c^4 r^2} \cdot \sin^3\theta \cdot \cos\varphi \cdot [p^2{}_{01} + p^2{}_{02} + 2 \cdot p_{01} p_{02} \cdot \cos(\alpha + \delta \cdot \sin\theta \cos\varphi)] \cdot \vec{e}_X \qquad (F.56)$$

Analog zu (F.45) ergibt sich für die gesamte mittlere Strahlungskraft in x-Richtung:

$$\overline{\vec{F}_{SX\perp}} = \int_{\varphi=0}^{2\pi} \int_{\theta=0}^{\pi} \overline{\vec{P}_{SX\perp}} \cdot r^2 \cdot \sin\theta \cdot d\varphi \cdot d\theta \, \vec{e}_X \qquad \text{nach} \quad (F.45)$$

und mit (F.56):

$$\overline{\vec{F}_{SX\perp}} = \frac{1}{8\pi} \cdot \frac{\omega^4}{c^4} \cdot \int_{\varphi=0}^{2\pi} \int_{\theta=0}^{\pi} \sin^4\theta \cdot \cos\varphi \cdot \begin{bmatrix} p^2{}_{01} + p^2{}_{02} \\ + 2 \cdot p_{01} p_{02} \cdot \cos(\alpha + \delta \cdot \sin\theta \cdot \cos\varphi) \end{bmatrix} \cdot d\varphi \cdot d\theta \cdot \vec{e}_x$$

Aufspaltung des obigen Integrals in Teilintegrale:

$$\overline{\vec{F}_{SX\perp}} = \frac{1}{8\pi} \cdot \frac{\omega^4}{c^4} \cdot (A+B) \qquad A = \int_{\varphi=0}^{2\pi} \int_{\theta=0}^{\pi} \sin^4\theta \cdot \cos\varphi \cdot [p^2{}_{01} + p^2{}_{02}] \cdot d\varphi \cdot d\theta \cdot \vec{e}_x$$

$$B = \int_{\varphi=0}^{2\pi} \int_{\theta=0}^{\pi} \sin^4\theta \cdot \cos\varphi \cdot [2 \cdot p_{01} p_{02} \cdot \cos(\alpha + \delta \cdot \sin\theta \cdot \cos\varphi)] \cdot d\varphi \cdot d\theta \cdot \vec{e}_x$$

$$A = \int_{\varphi=0}^{2\pi} \int_{\theta=0}^{\pi} \sin^4\theta \cdot \cos\varphi \cdot [p^2{}_{01} + p^2{}_{02}] \cdot d\varphi \cdot d\theta \cdot \vec{e}_x = \int_{\varphi=0}^{2\pi} \cos\varphi \cdot d\varphi \int_{\theta=0}^{\pi} \sin^4\theta \cdot [p^2{}_{01} + p^2{}_{02}] \cdot d\theta \cdot \vec{e}_x$$

$$A = [\sin(2\pi) - \sin(0)] \cdot \int_{\theta=0}^{\pi} \sin^4\theta \cdot [p^2{}_{01} + p^2{}_{02}] \cdot d\theta \cdot \vec{e}_x = 0$$

D.h.

$$\overline{\vec{F}_{SX\perp}} = \frac{1}{8\pi} \cdot \frac{\omega^4}{c^4} \cdot \int_{\varphi=0}^{2\pi} \int_{\theta=0}^{\pi} \sin^4\theta \cdot \cos\varphi \cdot [2 \cdot p_{01} p_{02} \cdot \cos(\alpha + \delta \cdot \sin\theta \cdot \cos\varphi)] \cdot d\varphi \cdot d\theta \cdot \vec{e}_x$$

Setzt man nun für die Dipolmomente $\quad p_1 = q_1 \cdot l_1 \qquad p_2 = q_2 l_2$

so erhält man für die Strahlungskraft:

$$\overline{\vec{F}_{SX\perp}} = \frac{1}{4\pi} \cdot \frac{q_1 q_2}{a^2} \frac{l_1 l_2}{a^2} \cdot \delta^4 \cdot \int_{\varphi=0}^{2\pi} \int_{\theta=0}^{\pi} \sin^4\theta \cdot \cos\varphi \cdot \cos(\alpha + \delta \cdot \sin\theta \cdot \cos\varphi) \cdot d\varphi \cdot d\theta \cdot \vec{e}_x \qquad (F.57)$$

mit $\quad \delta = 2\pi a / \lambda \qquad \alpha = \text{Phasenverschiebung } q_2 \text{ gegenüber } q_1$

Gravitodynamik

oder mit

$$\cos(\alpha + \delta \cdot \sin\theta \cdot \cos\varphi) = \cos\alpha \cdot \cos(\delta \cdot \sin\theta \cdot \cos\varphi) - \sin\alpha \cdot \sin(\delta \cdot \sin\theta \cdot \cos\varphi)$$

erhält man aus (F.57):

$$\overline{\overline{F_{SX\perp}}} = \frac{q_1 q_2}{a^2} \frac{l_1 l_2}{a^2} \cdot \vec{e}_x \cdot (I_1 + I_2) \qquad (F.58)$$

wobei:

$$I_1 = \frac{\delta^4}{4\pi} \cdot \cos\alpha \cdot \int_{\varphi=0}^{2\pi} \int_{\theta=0}^{\pi} \sin^4\theta \cdot \cos\varphi \cdot \cos(\delta \cdot \sin\theta \cdot \cos\varphi) \cdot d\varphi \cdot d\theta \qquad (F.59)$$

$$I_2 = -\frac{\delta^4}{4\pi} \cdot \sin\alpha \cdot \int_{\varphi=0}^{2\pi} \int_{\theta=0}^{\pi} \sin^4\theta \cdot \cos\varphi \cdot \sin(\delta \cdot \sin\theta \cdot \cos\varphi) \cdot d\varphi \cdot d\theta \qquad (F.60)$$

1. Untersuchung der Integranden

$$y_1(\varphi) = \sin^4\theta \cdot \cos\varphi \cdot \cos(\delta \cdot \sin\theta \cdot \cos\varphi)$$
$$y_2(\varphi) = \sin^4\theta \cdot \cos\varphi \cdot \sin(\delta \cdot \sin\theta \cdot \cos\varphi)$$

auf Symmetrie bezüglich $\varphi = \pi$.

Es gelten:

$\textit{wegen} \quad \cos(\pi \pm \varepsilon) = -\cos(\varepsilon) \qquad \cos(-\beta) = \cos(\beta) \qquad \sin(-\beta) = -\sin(\beta)$

$$y_1(\pi + \varepsilon) = \sin^4\theta \cdot (-\cos\varepsilon) \cdot \cos(-\delta \cdot \sin\theta \cdot \cos\varepsilon) = -\sin^4\theta \cdot \cos\varepsilon \cdot \cos(\delta \cdot \sin\theta \cdot \cos\varepsilon)$$

$$y_1(\pi - \varepsilon) = \sin^4\theta \cdot (-\cos\varepsilon)\cos(-\delta \cdot \sin\theta \cdot \cos\varepsilon) = -\sin^4\theta \cdot \cos\varepsilon \cdot \cos(\delta \cdot \sin\theta \cdot \cos\varepsilon)$$

und

$$y_2(\pi + \varepsilon) = \sin^4\theta \cdot (-\cos\varepsilon) \cdot \sin(-\delta \cdot \sin\theta \cdot \cos\varepsilon) = \sin^4\theta \cdot \cos\varepsilon \cdot \sin(\delta \cdot \sin\theta \cdot \cos\varepsilon)$$

$$y_2(\pi - \varepsilon) = \sin^4\theta \cdot (-\cos\varepsilon) \cdot \sin(-\delta \cdot \sin\theta \cdot \cos\varepsilon) = \sin^4\theta \cdot \cos\varepsilon \cdot \sin(\delta \cdot \sin\theta \cdot \cos\varepsilon)$$

d.h. wegen $\quad y_1(\pi + \varepsilon) = y_1(\pi - \varepsilon) \quad$ und $\quad y_2(\pi + \varepsilon) = y_2(\pi - \varepsilon)$
sind beide Integranden bezüglich $\varphi = \pi$ symmetrisch.

Man kann daher für (F.59) und (F.60) schreiben:

$$I_1 = \frac{\delta^4}{2\pi} \cdot \cos\alpha \cdot \int_{\varphi=0}^{\pi} \int_{\theta=0}^{\pi} \sin^4\theta \cdot \cos\varphi \cdot \cos(\delta \cdot \sin\theta \cdot \cos\varphi) \cdot d\varphi \cdot d\theta \qquad (F.61)$$

$$I_2 = -\frac{\delta^4}{2\pi} \cdot \sin\alpha \cdot \int_{\varphi=0}^{\pi} \int_{\theta=0}^{\pi} \sin^4\theta \cdot \cos\varphi \cdot \sin(\delta \cdot \sin\theta \cdot \cos\varphi) \cdot d\varphi \cdot d\theta \qquad (F.62)$$

2. Untersuchung der Integranden

$$y_1(\varphi) = \sin^4\theta \cdot \cos\varphi \cdot \cos(\delta \cdot \sin\theta \cdot \cos\varphi)$$
$$y_2(\varphi) = \sin^4\theta \cdot \cos\varphi \cdot \sin(\delta \cdot \sin\theta \cdot \cos\varphi)$$

auf Symmetrie bezüglich $\varphi = \pi/2$.

Gravitodynamik

Es gelten:

$$wegen \quad \cos\left(\frac{\pi}{2} \pm \varepsilon\right) = \mp\sin(\varepsilon) \quad \cos(-\beta) = \cos(\beta) \quad \sin(-\beta) = -\sin(\beta)$$

$$y_1\left(\frac{\pi}{2}+\varepsilon\right) = \sin^4\theta \cdot (-\sin\varepsilon) \cdot \cos(-\delta \cdot \sin\theta \cdot \sin\varepsilon) = -\sin^4\theta \cdot \cos\varepsilon \cdot \cos(\delta \cdot \sin\theta \cdot \cos\varepsilon)$$

$$y_1\left(\frac{\pi}{2}-\varepsilon\right) = \sin^4\theta \cdot (\sin\varepsilon) \cdot \cos(\delta \cdot \sin\theta \cdot \sin\varepsilon) = \sin^4\theta \cdot \cos\varepsilon \cdot \cos(\delta \cdot \sin\theta \cdot \cos\varepsilon)$$

und

$$y_2\left(\frac{\pi}{2}+\varepsilon\right) = \sin^4\theta \cdot (-\sin\varepsilon) \cdot \sin(-\delta \cdot \sin\theta \cdot \sin\varepsilon) = \sin^4\theta \cdot \sin\varepsilon \cdot \sin(\delta \cdot \sin\theta \cdot \sin\varepsilon)$$

$$y_2\left(\frac{\pi}{2}-\varepsilon\right) = \sin^4\theta \cdot (\sin\varepsilon) \cdot \sin(\delta \cdot \sin\theta \cdot \sin\varepsilon) = \sin^4\theta \cdot \sin\varepsilon \cdot \sin(\delta \cdot \sin\theta \cdot \sin\varepsilon)$$

Da wegen

$$y_1\left(\frac{\pi}{2}+\varepsilon\right) = -y_1\left(\frac{\pi}{2}-\varepsilon\right), \quad gilt:$$
$$I_1 = 0 \tag{F.63}$$

Damit erhält man wegen der Symmetrie von y_2 bezüglich π/2 für

$$I_2 = -\frac{\delta^4}{\pi} \cdot \sin\alpha \cdot \int_{\varphi=0}^{\pi/2} \int_{\theta=0}^{\pi} \sin^4\theta \cdot \cos\varphi \cdot \sin(\delta \cdot \sin\theta \cdot \cos\varphi) \cdot d\varphi \cdot d\theta \tag{F.64}$$

und für (F.58):

$$\vec{F}_{SX\perp} = -\frac{q_1 q_2}{a^2} \frac{l_1 l_2}{a^2} \cdot \sin\alpha \cdot \vec{e}_x \cdot \frac{\delta^4}{\pi} \cdot \int_{\varphi=0}^{\pi/2} \int_{\theta=0}^{\pi} \sin^4\theta \cdot \cos\varphi \cdot \sin(\delta \cdot \sin\theta \cdot \cos\varphi) \cdot d\varphi \cdot d\theta \tag{F.65}$$

oder

$$\vec{F}_{SX\perp} = -\frac{q_1 q_2}{a^2} \frac{l_1 l_2}{a^2} \cdot \sin\alpha \cdot \vec{e}_x \cdot I(\delta) \quad wobei: \tag{F.66}$$

$$I(\delta) = \frac{\delta^4}{\pi} \cdot \int_{\varphi=0}^{\pi/2} \int_{\theta=0}^{\pi} \sin^4\theta \cdot \cos\varphi \cdot \sin(\delta \cdot \sin\theta \cdot \cos\varphi) \cdot d\varphi \cdot d\theta \tag{F.67}$$

Da (F.67) nicht auf Anhieb einer analytischen Lösung zugeführt werden konnte, wurde (F.67) numerisch per Computer berechnet und mit der Gesamtkraft (F.21) für senkrecht zur x-Achse schwingende Dipole verglichen. Mit hinreichender Genauigkeit ergibt sich aus der numerischen Berechnung:

$$I(\delta) = -3 \cdot \sin\delta + 2 \cdot \delta^2 \cdot \sin\delta + 3 \cdot \delta \cdot \cos\delta - \delta^3 \cdot \cos\delta \tag{F.68}$$

Gravitodynamik

Damit erhält man aus (F.66):

$$\overline{\vec{F}_{SX\perp}} = -\frac{q_1 q_2}{a^2}\frac{l_1 l_2}{a^2}\cdot \sin\alpha\left(-3\cdot\sin\delta + 2\cdot\delta^2\cdot\sin\delta + 3\cdot\delta\cdot\cos\delta - \delta^3\cdot\cos\delta\right)\cdot\vec{e}_x \qquad (F.69)$$

oder

$$\overline{\vec{F}_{SX\perp}} = 3\cdot\frac{q_1 l_1 \cdot q_2 l_2}{a^4}\cdot\left\{\sin\alpha\cdot\sin\delta - \sin\alpha\cdot\left(\frac{2}{3}\delta^2\sin\delta + \left(\delta - \frac{\delta^3}{3}\right)\cos\delta\right)\right\}\cdot\vec{e}_x \qquad (F.70)$$

wobei $\delta = 2\pi a/\lambda$ $\quad \alpha =$ Phasenverschiebung q_2 gegenüber q_1

Ein Vergleich mit der Gesamtkraft (F.21) liefert als Ergebnis:

$$\overline{\vec{F}_{SX\perp}} = -\overline{\vec{F}_{eldyn\perp}} \qquad (F.71)$$

D.h.: zeitlich gemittelte Strahlungskraft und zeitlich gemittelte elektromagnetische Kraft interferierender Dipole sind auch im Fall senkrecht zur x-Achse schwingender Dipole entgegengesetzt gleich. Es gilt also auch hier – wie nach dem Impulssatz der Elektrodynamik nicht anders zu erwarten:

actio = reactio

G Anhang: Gravitodynamik

Im Folgenden werden an Hand von zwei auf der x-Achse liegenden harmonisch schwingenden Massen die Kräfteverhältnisse näher untersucht. Dabei werden zwei Fälle unterschieden:

1. ein Paar parallel (=, longitudinal) zur x-Achse schwingende Massen,
2. ein Paar senkrecht (⊥, transversal) zur x-Achse schwingende Massen.

Alle relevanten Größen sind dabei im **cgs-System** (vgl. **Kap.B2**)angegeben.

G1 Retardierte Schwerkräfte schwingender Massen

G1.1 Zeitlich gemittelte Gesamtkraft zweier longitudinal harmonisch schwingender Massen

Man betrachte zwei um je einen Mittelpunkt (x=0, y=0 und x=a, y=0) longitudinal (parallel zur x-Achse) harmonisch schwingende Massen, Abbildung G1. Dabei wird die Annahme gemacht, dass die **Amplituden l** der Schwingungen **klein** sind gegenüber dem Abstand a der Schwingungsmittelpunkte.

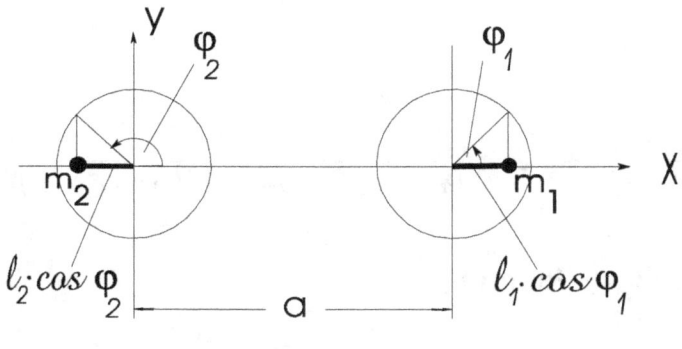

Abb. G1

Für die Phasenwinkel der schwingenden Massen soll gelten:

$$\varphi_1 = \omega t, \quad \varphi_2 = \omega t - \alpha \quad \text{Phasenwinkel von } m_1 \text{ bzw. } m_2 \tag{G.1}$$
$$\omega = 2\pi/T = Winkelgeschwindigkeit, \quad T = Periodendauer, \quad t = Zeit,$$
$$\alpha = Phasenverschiebung \text{ von } m_2 \text{ gegenüber } m_1$$

D.h. die Masse 2 eilt mit dem Phasenwinkel α und mit gleicher konstanter Winkelgeschwindigkeit ω der Masse 1 hinterher. Betrachtet man nun die Phasenwinkel der Schwerkraft vom Standpunkt je eines Beobachters auf beiden Massen, so sehen die Beobachter wegen der Signallaufzeit der Änderungen der Schwerkraft für die Phasen unterschiedliche Werte, je nachdem man von 1 nach 2 blickt oder umgekehrt, und zwar:

$$\varphi_{1\delta} = \omega t - \delta \quad \text{Phasenwinkel von } m_1 \text{ am Ort von } m_2 \text{ bzw. von } m_2 \text{ "gesehen"} \tag{G.2.1}$$
$$\varphi_{2\delta} = \omega t - \alpha - \delta \quad \text{Phasenwinkel von } m_2 \text{ am Ort von } m_1 \text{ bzw. von } m_1 \text{ "gesehen"} \tag{G.2.2}$$

Darin bedeuten:

Gravitodynamik

$\delta = 2\pi a / \lambda$ = *Phasenverschiebung wegen der Signallaufzeit von 1 nach 2 und umgekehrt*
λ = *Wellenlänge der Gravitationswellen* = $2 \cdot \pi \cdot c / \omega = c \cdot T$
c = *Ausbreitungsgeschwindigkeit der Gravitationswellen*

Für die Schwerkraftfeldstärke G einer Masse m in der Entfernung r gilt nun allgemein:

$$\vec{G} = -\frac{m}{r^2} \cdot \frac{\vec{r}}{r} \qquad \text{wobei } m = \text{schwere Masse}, \quad \vec{r} = \text{Radiusvektor} \qquad (G.3)$$

Alle Größen von (G.3) sind – wie bereits oben erwähnt – im **cgs-System** gerechnet: **G** in **dyn$^{1/2}$/cm**, **r** in **cm** und **m** (= **schwere Masse** = "**Schwere**") in **dyn$^{1/2} \cdot$ cm (Einheit von m: vgl. Kap.B2)**. Für die Feldstärken G von m_1 und m_2 auf der x-Achse im Abstand a ergibt sich damit unter Berücksichtigung von (G.1), (G.2.1) und (G.2.2):

G_1 *am Ort von* m_2 :

$$G_1 = \frac{m_1}{(a + l_1 \cos\varphi_{1\delta} - l_2 \cos\varphi_2)^2} \vec{e}_x = \frac{m_1}{(a + l_1 \cos(\omega t - \delta) - l_2 \cos(\omega t - \alpha))^2} \vec{e}_x \qquad (G.4.1)$$

G_2 *am Ort von* m_1 :

$$G_2 = \frac{-m_2}{(a + l_1 \cos\varphi_1 - l_2 \cos\varphi_{2\delta})^2} \vec{e}_x = \frac{-m_2}{(a + l_1 \cos(\omega t) - l_2 \cos(\omega t - \delta - \alpha))^2} \vec{e}_x \qquad (G.4.2)$$

$\vec{e}_x$ = **Einheitsvektor in x – Richtung**

und
Für die Schwerkraft auf die Massen gilt (vgl. (B.14) v. Kap. B2):
$$\vec{F}_{1=} = m_1 \cdot \vec{G}_2 \qquad \vec{F}_{2=} = m_2 \cdot \vec{G}_1 \qquad (G.4.3)$$
und damit für die Gesamtkraft $\vec{F}_{gr=} = \vec{F}_{1=} + \vec{F}_{2=}$

d.h.:

$$\vec{F}_{gr=} = m_1 \cdot m_2 \cdot \left[\frac{1}{(a + l_1 \cos(\omega t - \delta) - l_2 \cos(\omega t - \alpha))^2} - \frac{1}{(a + l_1 \cos(\omega t) - l_2 \cos(\omega t - \delta - \alpha))^2} \right] \cdot \vec{e}_x$$

oder mit den Abkürzungen:
$$u_1 = \frac{l_1}{a} \qquad u_2 = \frac{l_2}{a}$$

$$\vec{F}_{gr=} = \vec{F}_{1=} + \vec{F}_{2=} = \frac{m_1 \cdot m_2}{a^2} [z_1 - z_2] \cdot \vec{e}_x$$

$$z_1 = (1 + u_1 \cos(\omega t - \delta) - u_2 \cos(\omega t - \alpha))^{-2} \qquad z_2 = (1 + u_1 \cos(\omega t) - u_2 \cos(\omega t - \delta - \alpha))^{-2}$$

Gravitodynamik

und mit der **Vorraussetzung** *(s. oben)* : $l \ll a$ bzw. $u \ll 1$ *erhält man mit der*

Reihenentwicklung $(1+x)^n = 1 + n \cdot x + \dfrac{n \cdot (n-1)}{2} \cdot x^2 + \cdots$ *n beliebig,* $|x| < 1$

die Näherungen : (*Abbruch der Reihe nach quadratischem Glied*)

$$z_1 = 1 - 2(u_1 \cos(\omega t - \delta) - u_2 \cos(\omega t - \alpha)) + 3 \cdot (u_1 \cos(\omega t - \delta) - u_2 \cos(\omega t - \alpha))^2$$

$$z_2 = 1 - 2(u_1 \cos(\omega t) - u_2 \cos(\omega t - \delta - \alpha)) + 3 \cdot (u_1 \cos(\omega t) - u_2 \cos(\omega t - \delta - \alpha))^2$$

Das zeitliche Mittel der Gesamtkraft errechnet sich daraus zu:

$$\overline{F}_{gr=} = (1/T) \int_0^T F_{gr=} dt = (1/T) \frac{m_1 \cdot m_2}{a^2} \int_0^T [z_1 - z_2] \cdot e_x \, dt \qquad T = Periodendauer \qquad (G.5)$$

Mit Hilfe folgender trigonometrischer Beziehungen für das zeitliche Mittel (θ beliebig und zeitunabhängig):

$$\overline{\cos(\omega t - \theta)} = \overline{\sin(\omega t - \theta)} = \overline{\cos(\omega t)\sin(\omega t)} = 0 \, ; \quad \overline{\cos^2(\omega t - \theta)} = \overline{\sin^2(\omega t - \theta)} = 1/2 \quad und$$

$$\overline{\cos(\omega t - \theta_1)\cos(\omega t - \theta_2)} =$$

$$\overline{[\cos(\omega t)\cos(\theta_1) + \sin(\omega t)\sin(\theta_1)] \cdot [\cos(\omega t)\cos(\theta_2) + \sin(\omega t)\sin(\theta_2)]}$$

$$= \overline{\begin{cases} \cos^2(\omega t)\cos(\theta_1)\cos(\theta_2) + \sin^2(\omega t)\sin(\theta_1)\sin(\theta_2) \\ + \cos(\omega t)\sin(\omega t)[\cos(\theta_1)\sin(\theta_2) + \sin(\theta_1)\cos(\theta_2)] \end{cases}}$$

$$\overline{\cos(\omega t - \theta_1)\cos(\omega t - \theta_2)} = \frac{1}{2}(\cos(\theta_1)\cos(\theta_2) + \sin(\theta_1)\sin(\theta_2)) = \frac{1}{2}\cos(\theta_1 - \theta_2) \qquad (G.5.1)$$

ergibt sich aus (G.5):

$$\overline{F}_{gr=} = (1/T) \frac{m_1 \cdot m_2}{a^2} \int_0^T \begin{bmatrix} 3 \cdot (u_1 \cos(\omega t - \delta) - u_2 \cos(\omega t - \alpha))^2 \\ - 3 \cdot (u_1 \cos(\omega t) - u_2 \cos(\omega t - \delta - \alpha))^2 \end{bmatrix} \cdot e_x \, dt$$

$$\overline{F}_{gr=} = \frac{m_1 \cdot m_2}{a^2} 3 \cdot \left[\frac{u_1^2 + u_2^2}{2} - u_1 u_2 \cos(\delta - \alpha) - (\frac{u_1^2 + u_2^2}{2} - u_1 u_2 \cos(\delta + \alpha)) \right] \cdot e_x$$

und mit

$$\cos(\delta - \alpha) - \cos(\delta + \alpha) = 2 \cdot \sin\delta \cdot \sin\alpha \qquad (G.5.2)$$

erhält man daraus

$$\boxed{\overline{F}_{gr=} = -\frac{m_1 \cdot m_2}{a^2} \cdot \frac{l_1 \cdot l_2}{a^2} \cdot 2 \cdot \sin\alpha \cdot 3 \cdot \sin\delta \cdot e_x = -6 \frac{m_1 l_1 \cdot m_2 l_2}{a^4} \cdot \sin\alpha \cdot \sin\delta \cdot e_x \qquad (G.6)}$$

α = *Phasenverschiebung von* m_2 *gegenüber* m_1, l_1, l_2 = *Schwingungsamplitude*
$\delta = 2\pi a / \lambda$ = *Phasenverschiebung wegen der Signallaufzeit von 1 nach 2 und umgekehrt*

d.h. die zeitlich gemittelte Gesamtkraft ist i. a. nicht Null (actio **non** reactio), sondern hängt von α und δ ab!

G1.2 Zeitlich gemittelte Gesamtkraft zweier transversal harmonisch schwingender Massen

Zur Berechnung der x-Komponenten der Schwerkraftfeldstärken betrachte man Abbildung G2:

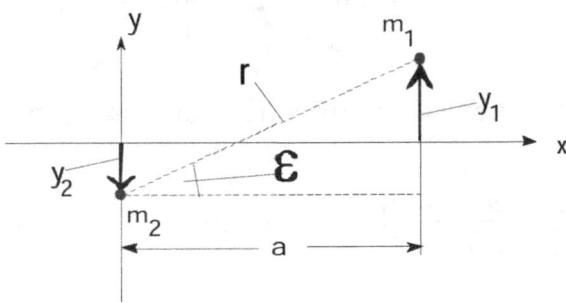

Abb. G2

Dabei wird auch hier wie in Kap. G1 die Annahme gemacht, dass die Amplituden l der Schwingungen klein sind gegenüber dem Abstand a der Schwingungsmittelpunkte. Für die Feldstärken G von m_1 und m_2 gilt:

$$\vec{G}_1 = \frac{m_1}{r_1^2} \cos\varepsilon_1 \cdot \vec{e}_x \qquad x-\text{Komponente der Feldstärke von } m_1 \text{ am Ort von } m_2$$

$$\vec{G}_2 = -\frac{m_2}{r_2^2} \cos\varepsilon_2 \cdot \vec{e}_x \qquad x-\text{Komponente der Feldstärke von } m_2 \text{ am Ort von } m_1$$

$$r_i^2 = a^2 + (y_{i1} - y_{i2})^2 = a^2 \cdot \left[1 + \left(\frac{y_{i1} - y_{i2}}{a}\right)^2\right] \qquad \cos\varepsilon_i = \frac{a}{r_i} \qquad i = 1, 2$$

$$y_{11} = l_1 \cos(\omega t - \delta_1) \qquad y_{12} = l_2 \cos(\omega t - \alpha) \qquad \delta_1 = 2\pi \cdot r_1 / \lambda$$

$$y_{21} = l_1 \cos(\omega t) \qquad y_{22} = l_2 \cos(\omega t - \delta_2 - \alpha) \qquad \delta_2 = 2\pi \cdot r_2 / \lambda$$

$$\vec{G}_1 = \frac{m_1}{r_1^3} a \cdot \vec{e}_x \qquad\qquad \vec{G}_2 = -\frac{m_2}{r_2^3} a \cdot \vec{e}_x$$

d.h.:

$$\vec{G}_1 = \frac{m_1}{a^2 \cdot \left[1 + (u_1 \cos(\omega t - \delta_1) - u_2 \cos(\omega t - \alpha))^2\right]^{3/2}} \cdot \vec{e}_x \qquad u_1 = \frac{l_1}{a} \qquad u_2 = \frac{l_2}{a}$$

und

$$\vec{G}_2 = \frac{-m_2}{a^2 \cdot \left[1 + (u_1 \cos(\omega t) - u_2 \cos(\omega t - \delta_2 - \alpha))^2\right]^{3/2}} \cdot \vec{e}_x \qquad u_1 = \frac{l_1}{a} \qquad u_2 = \frac{l_2}{a}$$

$\vec{e}_x = Einheitsvektor\ in\ x-Richtung$

Gravitodynamik

Für die Schwerkraft auf die Massen gilt (vgl. Gl. (G.4.3)):
$$\vec{F}_{1\perp} = m_1 \cdot \vec{G}_2 \qquad \vec{F}_{2\perp} = m_2 \cdot \vec{G}_1$$

und damit für die Gesamtkraft $\vec{F}_{gr\perp} = \vec{F}_{1\perp} + \vec{F}_{2\perp}$

$$\vec{F}_{gr\perp} = \frac{m_1 m_2}{a^2} \begin{pmatrix} [1 + (u_1 \cos(\omega t - \delta_1) - u_2 \cos(\omega t - \alpha))^2]^{-3/2} \\ -[1 + (u_1 \cos(\omega t) - u_2 \cos(\omega t - \delta_2 - \alpha))^2]^{-3/2} \end{pmatrix} \cdot \vec{e}_x$$

Mit den Näherungen

$l_1 \langle\langle a \quad l_2 \langle\langle a \quad d.h.: u_1 \langle\langle 1 \quad u_2 \langle\langle 1 \quad$ und $\quad \delta_1 = \delta_2 = \delta = 2\pi \cdot a / \lambda$

erhält man

mittels Re*ihenentwicklung* $(1+x)^n = 1 + n \cdot x + \dfrac{n \cdot (n-1)}{2} \cdot x^2 + \cdots \quad$ n *beliebig* $\quad |x| < 1$

durch Abbruch nach dem linearen Glied die Näherung :

$$\vec{F}_{gr\perp} = \frac{m_1 m_2}{a^2} \begin{pmatrix} 1 - \dfrac{3}{2}(u_1 \cos(\omega t - \delta) - u_2 \cos(\omega t - \alpha))^2 - 1 \\ + \dfrac{3}{2}(u_1 \cos(\omega t) - u_2 \cos(\omega t - \delta - \alpha))^2 \end{pmatrix} \cdot \vec{e}_x$$

Ferner gilt (vgl. Kap. G1)

für das **zeitliche Mittel** *der* cos− *und* sin− *Funktionen*
(θ *beliebig, zeitunabhängig, vgl.* (A.5.1)) :

$\overline{\cos(\omega t - \theta)} = \overline{\sin(\omega t - \theta)} = \overline{\cos(\omega t)\sin(\omega t)} = 0 \qquad \overline{\cos^2(\omega t - \theta)} = \overline{\sin^2(\omega t - \theta)} = 1/2$

und $\quad \overline{\cos(\omega t - \theta_1)\cos(\omega t - \theta_2)} =$

$\overline{[\cos(\omega t)\cos(\theta_1) + \sin(\omega t)\sin(\theta_1)] \cdot [\cos(\omega t)\cos(\theta_2) + \sin(\omega t)\sin(\theta_2)]}$

$= \overline{\begin{Bmatrix} \cos^2(\omega t)\cos(\theta_1)\cos(\theta_2) + \sin^2(\omega t)\sin(\theta_1)\sin(\theta_2) \\ + \cos(\omega t)\sin(\omega t)[\cos(\theta_1)\sin(\theta_2) + \sin(\theta_1)\cos(\theta_2)] \end{Bmatrix}}$

$= \dfrac{1}{2}(\cos(\theta_1)\cos(\theta_2) + \sin(\theta_1)\sin(\theta_2)) = \dfrac{1}{2}\cos(\theta_1 - \theta_2) \qquad (G.5.1)$

Damit erhält man für das zeitliche Mittel der Gesamtkraft:

$$\overline{\vec{F}}_{gr\perp} = \frac{1}{T}\int_0^T \vec{F}_{gr\perp} dt = \frac{m_1 m_2}{a^2} \frac{3}{2} \begin{pmatrix} -\dfrac{u_1^2}{2} - \dfrac{u_2^2}{2} + \dfrac{2}{2}u_1 u_2 \cos(\delta - \alpha) \\ +\dfrac{u_1^2}{2} + \dfrac{u_2^2}{2} - \dfrac{2}{2}u_1 u_2 \cos(\delta + \alpha) \end{pmatrix} \cdot \vec{e}_x \qquad (G.6.1)$$

und mit Gl.(G.5.2):
$\cos(\delta - \alpha) - \cos(\delta + \alpha) = 2 \cdot \sin\delta \cdot \sin\alpha \qquad (G.5.2)$

ergibt sich aus (G.6.1):

$$\overline{F}_{gr\perp} = \frac{m_1 m_2}{a^2} u_1 u_2 \cdot 3 \cdot \sin\alpha \cdot \sin\delta \cdot e_x = 3 \cdot \frac{m_1 l_1 \cdot m_2 l_2}{a^4} \cdot \sin\alpha \cdot \sin\delta \cdot e_x \qquad (G.7)$$

α = *Phasenverschiebung von m_2 gegenüber m_1*, l_1, l_2 = *Schwingungsamplitude*
$\delta = 2\pi a / \lambda$ = *Phasenverschiebung wegen der Signallaufzeit von 1 nach 2 und umgekehrt*

d.h. auch hier ist die zeitlich gemittelte Gesamtkraft i. a. nicht Null (actio **non** reactio), sondern hängt von α und δ ab!

G2 Energiebilanz bei Flussänderungen der Feldstärke X und deren negative Energiedichte (vgl. auch Kap. B2.4)

Es soll nun auf einem anderen Weg als in Kap. B2.4 an Hand einer virtuellen Verschiebung die negative Energiedichte des Schwerkraftfeldes X berechnet werden: Der Zusammenhang der Gleichungen (B.30) für die gravitomagnetische Lorentz-Kraftdichte, (B.34) des gravitomagnetischen Induktionsgesetzes und (B.32) für die Energiedichte des X-Feldes ergibt sich wie folgt, vgl. Abb. G3:

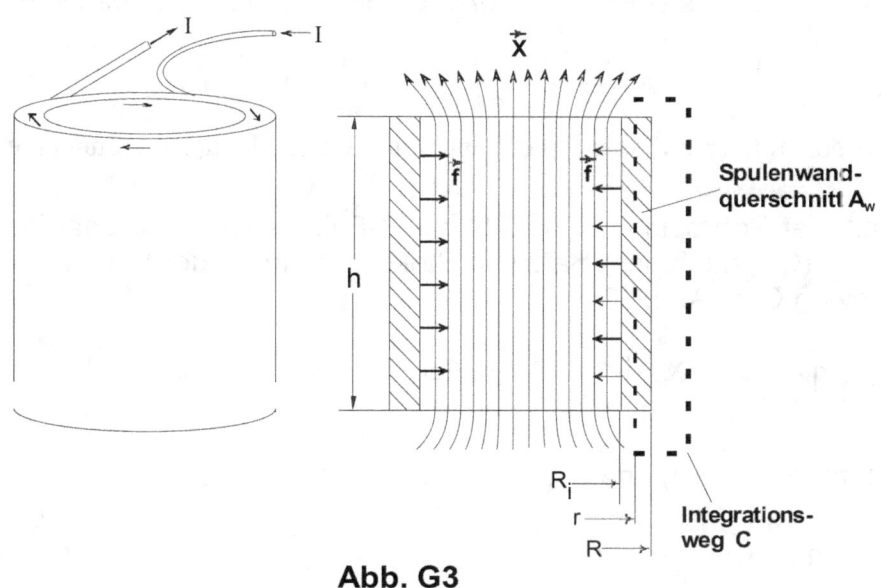

Abb. G3

Auf Abb. G3 ist links eine Rohrspule aus Masse mit negativer Schwere mit n Windungen abgebildet, in der eine Flüssigkeit mit positiver Schwere wie in Abbildung B3 mit der Schwerestromstärke I strömt. Die rechte Seite der Abbildung zeigt den axialen Querschnitt der Spule und das Gravitomagnetfeld X, das sich - ähnlich dem Elektromagnetfeld bei stromdurchflossenen Spulen - im Innern der Rohrspule aufbaut. Die Richtung von X ist jedoch der von H entgegengesetzt wegen des per Definition negativen Vorzeichens in (B.28) im Vergleich zu (B.27). Die Vektoren der Stromstärke I und Stromdichte j zeigen daher im rechten Spulenwandquerschnitt von Abb. G3 auf den Betrachter. Die gravitomagnetische Lorentzkraft der Spulenwand ist gemäß (B30) auf das Spuleninnere gerichtet (im Gegensatz zu Magnetspulen!). Es soll gelten: $h \gg R$ und $R \gg R-R_i$.

Das Rechenbeispiel der Rohrspule von Abb. G3 umgeht die separate Berechnung der auftretenden Energieänderungen und Kräfte des G-Feldes, das im Außenraum des Spulenrohres Null ist, wenn - wie hier im Beispiel angenommen - positive und negative schwere Masse pro Rohrlängeneinheit gleich groß sind (analog: gleich viel pos. und neg. Ladungen im Draht einer elektromagnetischen Spule).
Wird der Radius der Rohrspule um dR erweitert (virtuelle Verschieburg), so sind bei Gültigkeit des Energiesatzes folgende virtuelle Energieänderungen nach (B.30) und (B.34) zu betrachten:

a) Virtuelle Arbeit der radialen gravitomagnetischen Gesamtkraft

Die radiale Gesamtkraft F auf die Spulenwand, die durch X und die Stromdichte $j = n \cdot I / A_W$ in der Spulenwand verursacht wird, ergibt sich mit (B.30) zu:

Gravitodynamik

$$F = 2\pi R \cdot \int |\vec{f}| \cdot dA_W = \frac{2\pi R}{c} \int |\vec{j} \times \vec{X}_r| \cdot dA_W \qquad A_W = (R - R_i) \cdot h \qquad (G.8)$$

(dA_W: Flächenelement des Spulenwandquerschnitts A_W. F und f sind in das Innere der Rohrspule gerichtet. j zeigt im rechten Spulenwandquerschnitt von Abb. G3 auf den Betrachter. X_r = Feld in der Spulenwand)

Das X_r-Feld in der Spulenwand zwischen R_i und R nimmt von innen nach außen ab, wie sich aus (B.28) durch Integration über den Teilquerschnitt der Spulenwand zwischen r und R ergibt (Vektor von dA_W entgegengesetzt zu dem von j):

$$\int \text{rot}\vec{X}_r \cdot d\vec{A}_W = -\int \frac{4\pi}{c} \cdot \vec{j} \cdot d\vec{A}_W = -\frac{4\pi}{c} \cdot \vec{j} \cdot \int d\vec{A}_W = \frac{4\pi}{c} \cdot j \cdot (R - r) \cdot h \qquad (G.9)$$

Annahme : j = const. über Zylinderwandquerschnitt, d.h. Zahl n der Windungen entsprechend hoch

Da außerhalb der Rohrspule für h >> R das X-Feld vernachlässigbar ist, gilt für die linke Seite von (G9) nach dem Satz von Stokes im Innern der Spulenwand (Integrationsweg C, s. Abb.G3):

$$\int \text{rot}\vec{X}_r \cdot d\vec{A}_W = \oint_C \vec{X}_r \cdot d\vec{s} = X_r \cdot h \qquad X_r = \text{Feldstärke in der Spulenwand} \qquad (G.10)$$

Damit erhält man mit (G9) und (G.10) die folgende Gleichung:

$$X_r \cdot h = \frac{4\pi}{c} \cdot j \cdot (R - r) \cdot h \qquad \text{d.h.:} \qquad X_r = \frac{4\pi}{c} \cdot j \cdot (R - r) \qquad (G.10a)$$

und aus (G.8) wird dann mit (G.10a), da X senkrecht zu j:

$$F = \frac{2\pi R}{c} \int |\vec{j} \times \vec{X}_r| \cdot dA_W = \frac{2\pi R}{c} \frac{4\pi}{c} j^2 \int_{R_i}^{R} (R - r) \cdot h \cdot dr = \frac{2\pi R}{c} \frac{4\pi}{c} j^2 \frac{(R - R_i)^2}{2} \cdot h \qquad (G.11)$$

Nach (G.10a) gilt für die Feldstärke X im Innern der Rohrspule ($r = R_i$):

$$X = X_{R_i} = \frac{4\pi}{c \cdot h} \cdot j \cdot (R - R_i) \cdot h \qquad (G.12)$$

oder mit n=Windungszahl des Spulenrohrs, I=Schwerestromstärke im Spulenrohr:

$$n \cdot I = A_W \cdot j = (R - R_i) \cdot h \cdot j \qquad X = \frac{4\pi}{c \cdot h} \cdot n \cdot I \qquad (G.13)$$

Somit ergibt sich durch Einsetzen von (G.12) in (G.11) bei Vergrößerung des Spulenradius um dR folgende zu leistende virtuelle Arbeit (F und dR entgegengesetzt):

$$\boxed{dE_{rad} = F \cdot dR = +\frac{4\pi^2 R}{c^2 \cdot h} \cdot \frac{c^2 \cdot h^2}{16\pi^2} X^2 \cdot dR = +\frac{h \cdot R}{4} X^2 \cdot dR} \qquad (G.14)$$

Gravitodynamik

Das positive Vorzeichen in (G.14) bedeutet, dass dem System Energie **zugeführt** wird. Bei einer Spule, die vom elektrischen Strom durchflossen wird, ist es genau umgekehrt: Hier haben F und dR die gleiche Richtung. dE_{rad} bekäme in diesem Fall ein negatives Vorzeichen, da dem System Energie **entnommen** wird.

b) Virtuelle Arbeit der Schwerkraft-Umfangsfeldstärke

Nach (B.34) gilt (gravitomagnet. Induktionsgesetz): $\quad \mathrm{rot}\vec{G} = -\frac{1}{c}\frac{\partial \vec{X}}{\partial t}$ (B.34)

oder nach Integration über den Spulenquerschnitt ($A_{SP} = \pi \cdot R^2$):

$$\int \mathrm{rot}\vec{G} \cdot d\vec{A}_{SP} = -\frac{1}{c}\frac{\partial}{\partial t}\int \vec{X} \cdot d\vec{A}_{SP} \qquad d\vec{A}_{SP} \text{ gleiche Richtung wie } \vec{X} \qquad (G.15)$$

Nun gilt nach Stokes für die den X-Fluss umfassende Spannung U:

$$\int \mathrm{rot}\vec{G} \cdot d\vec{A}_{SP} = \oint \vec{G} \cdot d\vec{s} = U \qquad U = \text{Umfangsspannung im } G-\text{Feld} \qquad (G.16)$$

Somit erhält man für (G.16) zusammen mit (G.15):

$$U = \int \mathrm{rot}\vec{G} \cdot d\vec{A}_{SP} = -\frac{1}{c}\frac{\partial}{\partial t}\int \vec{X} \cdot d\vec{A}_{SP} = -\frac{1}{c} X \frac{dA_{SP}}{dt}$$

$$U = -\frac{1}{c} \cdot X \cdot 2\pi \cdot R \cdot \frac{dR}{dt} \qquad \text{mit } A_{SP} = \pi \cdot R^2 \text{ bzw. } dA_{SP} = 2\pi R \cdot dR \qquad (G.17)$$

Für die virtuelle Arbeit der Umfangsfeldstärke G, die an dem Schwerestrom I im Spulenrohr aus n Windungen verrichtet wird, gilt damit zusammen mit (G.13):

$$\boxed{dE_{Umfang} = -n \cdot U \cdot I \cdot dt = -\frac{1}{c} \cdot X \cdot 2\pi \cdot R \cdot dR \cdot \frac{c \cdot h}{4 \cdot \pi} \cdot X = -\frac{h \cdot R}{2} X^2 \cdot dR} \qquad (G.18)$$

Das negative Vorzeichen in (G.18) bedeutet, dass die Schwerkraft-Umfangsfeldstäke G der Umfangsspannung U die gleiche Richtung wie I hat, so dass bei Vergrößerung von R Energie an den Schwerestrom im Rohr abgegeben wird, d.h. dem System **entzogen** wird (s. auch Kap. B2.4, unten). Bei einer Spule, die vom elektrischen Strom durchflossen wird, ist es genau umgekehrt: Da in diesem Fall die elektrische Umfangsfeldstärke E die entgegengesetzte Richtung wie I hat, bekommt dE_{Umfang} im elektrischen Fall ein positives Vorzeichen, da dem System Energie **zugeführt** wird.

c) Die negative Energiedichte des Schwerkraft-Magnetfeldes X

Die Änderung $dE_{X\text{-Feld}}$ der Feldenergie von X bei der Vergrößerung des Spulenradius um dR ergibt sich nun aus der Energiebilanz von entnommener Energie dE_{Umfang} und zugeführter Energie dE_{rad}:

$$dE_{X\text{-Feld}} = dE_{Umfang} + dE_{rad} \qquad (G.19)$$

Einsetzen von (G.14) und (G.18) ergibt:

Gravitodynamik

$$dE_{X-Feld} = -\frac{h \cdot R}{2} X^2 \cdot dR + \frac{h \cdot R}{4} X^2 \cdot dR = -\frac{h \cdot R}{4} X^2 \cdot dR = -\frac{X^2}{8 \cdot \pi} \cdot h \cdot 2 \cdot \pi \cdot R \cdot dR \quad (G.20)$$

oder mit $\quad dV = h \cdot 2 \cdot \pi \cdot R \cdot dR \quad$ als differentielle Volumenvergrößerung von X : $\quad$ (G.21)

$$dE_{X-Feld} = u_X \cdot dV = -\frac{X^2}{8 \cdot \pi} \cdot dV \quad \text{mit } u_X \text{ als Energiedichte des X-Feldes} \quad (G.22)$$

Damit erhält man für die Energiedichte des X-Feldes, wie bereits in Kap. B2.4 auf anderem Weg abgeleitet:

$$\boxed{u_X = -\frac{1}{8\pi} \cdot X^2} \quad \text{G.23)}$$

D.h. die Energiedichte des Gravitomagnetfeldes X ist **negativ** - entgegen der Energiedichte des Elektromagnetfeldes H (vgl. Gleichgn. (B.31) und (B.32)). Zusammen mit der Aussage über die Energiedichte im G-Feld (vgl. Kap.B1) gilt also:

Der feldfreie Raum enthält mehr Energie als ein mit G- oder X- Feld erfüllter Raum!

Gravitodynamik

G 3 Der Feldtensor der Gravitodynamik, Lorentztransformation und gravitomagnetische Lorentzkraft

Im Folgenden sollen nun die Maxwellschen Gleichungen der Gravitationsdynamik (vgl. Tabelle, Kap. B2)

$$\text{rot}\vec{X} - \frac{1}{c}\frac{\partial \vec{G}}{\partial t} = -\frac{4\pi}{c}\vec{j} \quad (B.38) \qquad \text{div}\vec{G} = -4\pi \cdot \rho \quad (B.16)$$

$$\vec{j} = \rho \cdot \vec{v} \quad (B.26)$$

in vierdimensionale Vektor- bzw. Tensorschreibweise umgeformt werden.

Werden die Gleichungen (B.16) und (B.38) explizit angeschrieben, so erhält man mit der Abkürzung l = ict und (B.26) folgende Zusammenstellung:

$$\begin{array}{ccccc}
0 & +\frac{\partial X_z}{\partial y} & -\frac{\partial X_y}{\partial z} & -\frac{\partial i \cdot G_x}{\partial l} & = -\frac{4\pi}{c}\rho \cdot v_x \\
-\frac{\partial X_z}{\partial x} & 0 & +\frac{\partial X_x}{\partial z} & -\frac{\partial i \cdot G_y}{\partial l} & = -\frac{4\pi}{c}\rho \cdot v_y \\
+\frac{\partial X_y}{\partial x} & -\frac{\partial X_x}{\partial y} & 0 & -\frac{\partial i \cdot G_z}{\partial l} & = -\frac{4\pi}{c}\rho \cdot v_z \\
\frac{\partial i \cdot G_x}{\partial x} & +\frac{\partial i \cdot G_y}{\partial y} & +\frac{\partial i \cdot G_z}{\partial z} & 0 & = -\frac{4\pi}{c}i \cdot \rho \cdot c
\end{array} \quad (G.24)$$

Man kann nun obiges Gleichungssystem in vierdimensionaler Schreibweise zusammenfassen:

$$\vec{\nabla}^{(4)} \cdot \hat{F}^{(4)} = -\frac{4\pi}{c}\vec{s}^{(4)} \quad (G.25)$$

mit

$$\vec{\nabla}^{(4)} = \begin{pmatrix} \partial/\partial x \\ \partial/\partial y \\ \partial/\partial z \\ \partial/\partial l \end{pmatrix} \quad \text{und} \quad \vec{s}^{(4)} = \begin{pmatrix} \rho \cdot v_x \\ \rho \cdot v_y \\ \rho \cdot v_z \\ i \cdot c \cdot \rho \end{pmatrix} \quad \text{bzw.} \quad \hat{F}^{(4)} = \begin{pmatrix} 0 & X_z & -X_y & -i \cdot G_x \\ -X_z & 0 & X_x & -i \cdot G_y \\ X_y & -X_x & 0 & -i \cdot G_z \\ i \cdot G_x & i \cdot G_y & i \cdot G_z & 0 \end{pmatrix} \quad (G.26)$$

Hierin sind ∇ und s vierdimensionale Vektoren bzw. F ein vierdimensionaler antisymmetrischen Tensor, der Feldtensor der Gravitodynamik.
Ein Vergleich mit dem Feldtensor der Elektrodynamik zeigt: Man erhält den Tensor F der Gravitationsdynamik aus dem der Elektrodynamik, indem man in dem der Elektrodynamik die Komponenten von H durch die von X und die von E durch die von G ersetzt.
Die hier zu einer Einheit im Feldtensor $F_{\nu\mu}$ (ν, μ = 1,2,3,4) zusammengefassten gravitomagnetischen Felder X und G lassen sich wie in der Elektrodynamik bei einer Lorentztransformation transformieren. Dabei gehen bei einem Übergang von einem ruhenden (ungestrichenen) zu einem in x-Richtung mit der Geschwindigkeit v_x bewegten (gestrichenen) System die Komponenten von F nach folgenden Transformationsformeln über in die von F':

Gravitodynamik

$$X'_x = X_x \qquad G'_x = G_x$$

$$X'_y = \frac{1}{\sqrt{1-\beta^2}}(X_y + \beta \cdot G_z) \qquad G'_y = \frac{1}{\sqrt{1-\beta^2}}(G_y - \beta \cdot X_z) \qquad (G.27)$$

$$X'_z = \frac{1}{\sqrt{1-\beta^2}}(X_z - \beta \cdot G_y) \qquad G'_z = \frac{1}{\sqrt{1-\beta^2}}(G_z + \beta \cdot X_y)$$

Damit geht der Feldtensor von (G.26) über in den lorentztransformierten:

$$\hat{F}^{(4)'} = \begin{pmatrix} 0 & \frac{X_z - \beta \cdot G_y}{\sqrt{1-\beta^2}} & -\frac{X_y + \beta \cdot G_z}{\sqrt{1-\beta^2}} & -i \cdot G_x \\ -\frac{X_z + \beta \cdot G_y}{\sqrt{1-\beta^2}} & 0 & X_x & -i\frac{G_y - \beta \cdot X_z}{\sqrt{1-\beta^2}} \\ \frac{X_y + \beta \cdot G_z}{\sqrt{1-\beta^2}} & -X_x & 0 & -i\frac{G_z + \beta \cdot X_y}{\sqrt{1-\beta^2}} \\ i \cdot G_x & i\frac{G_y - \beta \cdot X_z}{\sqrt{1-\beta^2}} & i\frac{G_z + \beta \cdot X_y}{\sqrt{1-\beta^2}} & 0 \end{pmatrix} \qquad (G.28)$$

Bei einer konstanten Geschwindigkeit des gestrichenen Systems tritt also zu dem Schwerkraftfeld G eine zusätzliche Feldstärke G_L hinzu, so dass sich die Schwerkraftfeldstärke auch in folgender Form darstellen lässt:

$$\vec{G}' = \begin{pmatrix} G_x \\ \frac{1}{\sqrt{1-\beta^2}}\left(G_y - \frac{\upsilon_x}{c} \cdot X_z\right) \\ \frac{1}{\sqrt{1-\beta^2}}\left(G_z + \frac{\upsilon_x}{c} \cdot X_y\right) \end{pmatrix} = \begin{pmatrix} G_x \\ \frac{1}{\sqrt{1-\beta^2}}G_y \\ \frac{1}{\sqrt{1-\beta^2}}G_z \end{pmatrix} + \vec{G}_L \qquad (G.29)$$

wobei

$$\vec{G}_L = \frac{1}{\sqrt{1-\beta^2}}\frac{\vec{\upsilon}}{c} \times \vec{X} \qquad \upsilon_y = \upsilon_z = 0 \qquad (G.30)$$

die der gravitomagnetische Lorentzkraft (B.30a) entsprechende Feldstärke ist, in der hier noch der Lorentzfaktor hinzutritt. Sie ist formal identisch mit der Lorentzkraft der Elektrodynamik, wenn man in (G.29) G durch E und X durch H ersetzt. Bemerkenswert ist hier genauso wie in der Elektrodynamik, dass die Lorentzkraft unmittelbar aus den Transformationsformeln der Relativitätstheorie abgeleitet werden kann.

Sachverzeichnis

A

Absorption von Gravitationswellen 69
Abstoßung der Galaxiengruppen unterschiedlicher Polarität 120
Abstoßung von positiver und negativer Schwere 13, 121
actio = reactio 5, 73, 82, 131, 133, 137, 142, 146
actio non reactio 6, 129, 131
Akkretionsscheibe 107
Andromeda Zahl n der Sonnenmassen 98
Andromedagalaxie 93, 97, 123
Andromedagalaxie Geschwindigkeitsmaximum 97
Annihilation 119, 122
Annihilationsstrahlung 122, 123
Antennendipole 5
Antimaterie 12
Äquivalenzprinzip 119

B

Bahnebene 89
Beta-Minus-Zerfall 119
Beta-Plus-Zerfall 120
Betazerfall 119
Bewegungsgleichung 93
bipolare schwere Masse 121
bipolare Struktur der schweren Masse 120

C

cgs-System 8, 17, 124, 147
Comptoneffekt 77
Corioliskraft 88

D

Determinantenregel für Vektorprodukte 40
differentielle Rotationsgeschwindigkeit von Galaxien 89
Dipole 10
Dipolfelder 118
Dipolmomente 9, 118, 124, 125, 135, 137
Divergenz 18, 118
Divergenz des Rotors 19, 20
Divergenzgleichungen 22
Drehimpuls 87, 102, 107
Drehmoment 29, 32, 91, 106, 107
Dunkle Energie 121
Dunkle Materie 48, 109, 111, 120, 123
dynamisches Gleichgewicht 90

E

Einheitsvektoren 23
elektrischer Dipol 124
elektrodynamische Gesamtkraft 132
Elektromagnete 31, 88
elliptische Galaxien 96
Emission von Gravitationswellen 69
Energiedefizit 68
Energiedichte des Gravitomagnetfeldes 33
Energiedichte des Schwerefeldes 33
Energieerhaltungssatz 5
Energiemangel der Gravitationswellen 68
Energiesatz der Elektrodynamik 34, 36
Energiesatz der Gravitodynamik 33, 36
Energiezufluß aus dem Vakuum 79
Erhaltungssatz der Ladung 119
Erhaltungssatz der Schwere 119
Existenz negativer Schwere 116

F

Feldanomalien 118
Feldenergiedichte 18
Feldenergiestromdichte 18, 23, 36, 39, 69
Feldimpuls der Gravitodynamik 39
Feldimpulsstromdichte 18, 39, 69

G

Galaxiengruppen 120
Galaxienhaufen 121, 122
Galaxienzentrum 93, 102
Gasarmut von Ellipsen 96
Gaußscher Satz 20, 34
Gesamtkraft zweier Dipole 133
Gravitationskonstante 54
Gravitationsstrahlungsenergie 34
Gravitationswellen 56, 63, 69
Gravitodynamik 17, 18
Gravitomagnete 14, 29, 31
Gravitomagnetfeld 11, 14, 17, 153
Gravitomagnetfeld von Spiralgalaxien 87
gravitomagnetische Induktion 112
gravitomagnetische Lorentzkraft 60, 89, 114, 153
Gravitomagnetische Strahlung 78
gravitomagnetische Strahlung von Sternen 79
gravitomagnetische Strahlungsimpulskraft 55
gravitomagnetische Strahlungsleistung 54
gravitomagnetische Synchrotronstrahlung 55
gravitomagnetischer Mechanismus der Pulsare 106
gravitomagnetischer Mechanismus der Quasare und der Jets 104
gravitomagnetisches Moment 30, 87, 89, 101
Graviton 82
Gravitostatik 21

H

Halo 89, 99, 101
Halodichte 99, 101
Halomasse 99
harmonisch schwingende Massen 63, 66
harmonisch schwingender Dipol 125, 132
Hilfsvektor Z 63
Hohlzylinder 153
Hubble-Blasen 120
Hubbles Gesetz 85

I

Impulserhaltungssatz 5
Impulssatz der Gravitodynamik 39, 41, 42, 43
Induktion 27, 112
Induktionsgesetz 18, 25
Interferenzbild 5
interferierende elektrische Dipole 5, 131, 137
interferierende Schwerkraft-Dipole 73
intergalaktisches Gas 96, 123

J

Jetmaterie 105
Jetplasma 105
Jets 104

K

Keplersches Gesetz 92
Kommutativgesetz der Polaritäten 13
kompensierte negative ruhende Ladung 132
Kontinuitätsgleichung 19, 20
Kontinuitätsgleichung der Hydrodynamik 21
kosmische Hintergrundstrahlung 122
Kreisbahn 91
Kreisfrequenz der Präzession 107
Kugelwelle 63

L

Leerräume 120
Lenz'sche Regel 26
lokalen Gruppe 12
longitudinal harmonisch schwingende elektrische Dipole 126
longitudinal harmonisch schwingende Massen 147
Lorentzkraft 114
Lorentz-Kraft 18

M

Massendipol 10
Materie und Antimaterie 13, 119
Maximum der Rotationskurve 93
Maxwellsche Gleichungen 9, 11, 18

Maxwellsche Spannungen 42
Maxwellscher Spannungstensor 39, 41, 43
Maxwellscher Verschiebungsstrom 20
Maxwell-Verteilung 122
Millisekundenpulsar 107

N

Nablaoperator ∇ 41
negative Energie 20, 31, 68
negative Energiedichte 15, 153, 155
negative Feldenergie 47
negative gravitomagnetische Strahlung 78
negative Schwere 10, 12, 19, 153
negative schwere Masse 116
negativer Feldimpuls 43
Negativ-Schwere-Hypothese 116, 121
Neutrinos 77, 101, 119
Newton-Coulomb-Kräfte 9
Newtonsche Grundgleichung 47
Nutation 108

P

Paarerzeugung 116, 118, 119, 122
Paarzerstrahlung 123
Paradoxon der Gravitationswellen 57, 67
Paradoxon der Gravitodynamik 67
Permanente Schöpfung 121
Planwelle 22
Poissonsche Gleichung 18
Polarität 121
positive Schwere 12, 19, 153
Potential im Zentralfeld 18
Poyntingsscher Strahlungsvektor 36
Präzession 106, 107
Präzessionskreisfrequenz 107
Pulsar 106, 107
Pulsar Zentralkörper 107

Q

Quasare 104, 105
Quasare Ellipsoid 104
Quellenfreiheit des Rotors 19

R

Reduktion der Trägheit 43
Reduktion träger Masse 47
Reduktionsfaktor 109
Reduktionsfaktor träger Masse 48
reduzierte träge Masse 48
Reflexion von Gravitationswellen 69

Rekombinationsstrahlung 122
relativistische Schwerkraftpendeluhr 60
retardierte Schwerkräfte 7, 19, 147
Retardierung 5, 6
Ringströme 135
Rohrspule 112, 153
Röntgenbremsstrahlung 123
Rotationsgeschwindigkeit der Andromeda-Galaxie 97
Rotationsgeschwindigkeit Galaxie 92
Rotorbildung 21, 22
Rotorgleichungen 22
Rotverschiebung, gravitative 82
Rotverschiebung, kosmologische 84

S

Scheibenebene 89
Scheibengalaxie 89
Schwarzschildradius 111
Schwere 19, 148
schwere Masse 19
Schwerepolarität 13, 104
Schwerestrom 30
Schwerestromstärke 153
Schwerkraftdipol 13, 66, 70, 71, 73
Schwerkraft-Dipole 71
Schwerkraft-Dipolmoment 66
Schwerkraft-Feldstärke 17
Schwerkraft-Magnetfeld 11, 14
Schwerkraftpendeluhr 60
Sekundärstrahlung schwerer Massen 73
Sekundärstrahlungsleistung 74
spezifische Schwere 53
spezifische Schwere der Neutrinos 101, 119
spezifisches gravitomagnetisches Moment 92, 100
Spiralgalaxie 89
Spiralgalaxie Gravitomagnetfeld 87
stationäre elektrische Dipole 133
stationäre magnetische „Dipole" 135
statischer Kosmos 86
Staudruck 123
Steilheit der Rotationskurve von Galaxien 95
Strahlungsdruck 69
Strahlungsimpuls 137
Strahlungsimpulskraft 73, 131, 137
Strahlungsimpulskraft der Gravitationswellen 73
Strahlungskraft 140, 142
Strahlungsleistung rotierender schwerer Massen 55, 78
Strahlungssog 69

Synchrotronstrahlung 105
Synchrotronstrahlung von Erde, Mond und Doppelsternen 78

T

Teilfelder 102
thermisches Gleichgewicht 122
träge Masse 19
transversal harmonisch schwingende elektrische Dipole 129
transversal harmonisch schwingende Massen 150

U

Umfangsfeldstärke 155
Umfangsspannung 26
Urplasma 122

V

Vakuum-Energiedefizit 85
Vektorpotential 63
Verhältniss schwerer zu träger Masse 53
Virialsatz 109
Virtuelle Arbeit 153
virtuelle negative schwere Masse 12, 15
virtueller Plattenkondensator 15
Voids 120

W

Wasserstoff-Antiwasserstoff-Plasma 122
Wasserstoffplasma 105
Wellenabsorber 69
Wellengleichung 21, 63
Wellensender 69
Wellenzone 67, 137
Wirbelfreiheit 18
Wirbelstürme 88

Y

y-Funktion 92

Z

Zahl n der Sonnenmassen von Andromeda 98
Zeitdilatation 60, 61
zeitlich gemittelte Strahlungsimpulskraft 73
zeitlich gemittelte Strahlungskraft 142, 146
Zentralmasse 102
Zentrifugalkraft 89
Zwei-Körperproblem 19
Zwerggalaxie 88

www.ingramcontent.com/pod-product-compliance
Lightning Source LLC
Chambersburg PA
CBHW081813220526
45470CB00006B/2302